全国计算机技术与软件专业技术资格（水平）考试参考用书

软考通关——信息系统项目管理师
（考点精炼+专题冲刺）

张立台　主编　/　光环国际软考教研中心　编著

清华大学出版社
北京

内 容 简 介

本书的核心目标是帮助考生顺利通过软考的高项考试。

作者十多年来一直从事软考高项的考试培训工作，根据数万名考生的反馈，发现大部分考生都已工作，学习时间不够充足，因此考生们都希望花更少的时间顺利通过考试。但如何做到？

必须有重点、有针对性地学知识、练技能。

学习哪些重点知识？对于备考高项的考生而言，什么是"重点知识"？答案就在高项历年考试的题目当中，重点知识就是那些试题中常考的知识点。本书第二篇把这些重点知识，称为"考点精炼"。"考什么学什么"这样才高效省力。

练习哪些技能？练习能够将学到的知识灵活运用到考试中，并能答对题拿到分数的技能。例如：面对一个案例，如何用挣值分析的方法去计算项目绩效、预测未来成本？大论文采用什么结构、突出什么内容就能够分数合格？这是本书第三篇的内容，称之为"专题冲刺"。

除了备考考生，本书也适合那些正在学习项目管理知识，希望将知识用于实际工作的项目经理，因为本书第三篇的内容集中体现了作者"一针见血地把握问题主要矛盾"的方法论。

图书在版编目（CIP）数据

软考通关：信息系统项目管理师：考点精炼+专题冲刺 / 张立台　主编；光环国际软考教研中心编著. —北京：清华大学出版社，2019（2023.4重印）
全国计算机技术与软件专业技术资格（水平）考试参考用书
ISBN 978-7-302-52902-6

Ⅰ. ①软… Ⅱ. ①张… ②光… Ⅲ. ①信息系统—项目管理—资格考试—自学参考资料 Ⅳ. ①G202

中国版本图书馆 CIP 数据核字（2019）第 084985 号

责任编辑：杨迪娜
封面设计：常雪影
责任校对：徐俊伟
责任印制：沈　露

出版发行：清华大学出版社
　　　　　网　　　址：http://www.tup.com.cn, http://www.wqbook.com
　　　　　地　　　址：北京清华大学学研大厦 A 座　　　　邮　　编：100084
　　　　　社 总 机：010-83470000　　　　　　　　　　邮　　购：010-62786544
　　　　　投稿与读者服务：010-62776969, c-service@tup.tsinghua.edu.cn
　　　　　质量反馈：010-62772015, zhiliang@tup.tsinghua.edu.cn
印 装 者：三河市铭诚印务有限公司
经　　销：全国新华书店
开　　本：185mm×230mm　　印　张：22.75　　防伪页：1　　字　数：499 千字
版　　次：2019 年 7 月第 1 版　　　　印　次：2023 年 4 月第 10 次印刷
定　　价：69.00 元

产品编号：082760-01

前　言

这本书是作者 10 年软考培训工作经验的总结。

计算机技术与软件专业技术资格（水平）考试（简称"软考"）目前有三个级别共 27 个专业资格，其中高级资格的"信息系统项目管理师"（简称"高项"）是报考人数最多、占比最高的一个专业。本书通过分析高项考试的特点，帮助考生制定备考策略，学习相关知识，掌握重点难点，体会管理精髓。

本书共分为三篇 17 个章节：

- 第一篇　备考准备篇，重点讲述高项考试各科目的特点，并基于这些特点给出了高效备考的复习建议。这部分内容的核心目的是帮助考生做好考前准备。
- 第二篇　考点学习篇，这部分内容是对高项考试范围的精选，也就是常考的重点考点。如果说 924 页的高项官方教程覆盖了 99.9% 的考试范围，那么这部分精华则覆盖了 95% 的考试范围。本章还包括真题精选，分布在各小节考点梳理之后，方便考生"学完就练"。
- 第三篇　应试专题篇，以应试专题为结构、以知识讲解为导入，以技能训练为手段，以成功通过为目标，以思维的进阶和认知的升级为理想。这是本书的精华。

请让我陪你一起经历一段辛苦、刺激的软考备考之旅！

本书相关说明

为便于大家对软考的交流和讨论，建立读者交流 QQ 群：241045757

光环国际·张立台

目　录

第一篇　备考准备篇

第二篇　考点学习篇

第三篇　应试考题篇

第一篇　备考准备篇

凡事预则立，不预则废。

在开始做一件事情之前，要做好准备。

做好准备，对于软考高项的备考尤其重要。

本篇，通过介绍软考的性质、软考高项的考试范围、常见的备考误区、科学的备考建议等内容，让读者明确高项的考试特点，进而制订一份高效、科学的备考计划。

本篇关键词：

　　准备

说明：

　　"软考"是"计算机技术与软件专业技术资格（水平）考试"的简称。

　　"高项"是软考中的一个专业，指的是高级资格的"信息系统项目管理师"考试。

第1章　软考的前世今生

本章帮助考生全面了解软考的基本信息，并把握软考的特点和价值。

1.1　什么是软考

软考官方 logo 如图 1-1 所示。

图 1-1　软考的官方 logo

软考是：

- "计算机技术与软件专业技术资格（水平）考试"的简称。
- 工业和信息化部与人力资源社会保障部（以下简称"人社部"）对全国计算机与软件专业技术人员进行的职业资格和专业技术资格认定考试。
- 国家一级考试（与高考级别相同，实行全国统一大纲、统一试题、统一标准、统一证书）。
- 专业技术资格考试，是依法设置的《国家职业资格目录》规定的 59 项专业技术人员职业资格之一（该"目录"由人社部于 2017 年 9 月 17 日发布，包括职业资格共计 140 项。其中，专业技术人员职业资格 59 项，技能人员职业资格 81 项。该目录之外一律不许可和认定职业资格，同时该目录保持相对稳定、实行动态调整——人社部发〔2017〕68 号）。
- 水平评价类职业资格认证，不设年龄和专业，不设学历与资历条件，没有合格率限制，考试合格者将颁发由中华人民共和国人力资源和社会保障部、工业和信息化部用印的计算机技术与软件专业技术资格（水平）证书。该证书在全国范围内有效。
- 职称资格考试（用人单位可根据有关规定和工作需要，从获得软考证书的人员中择优聘任相应专业技术职务。取得初级资格可聘任技术员或助理工程师职务；取得中级资格可聘任工程师职务；取得高级资格，可聘任高级工程师职务——国人部发〔2003〕39 号）。软考证书封面和证书内页如图 1-2 所示。

图 1-2　软考证书封面和证书内页

软考，本质上是我国人事制度的一项改革。

以前，各企事业单位聘任助理工程师、工程师、高级工程师都是通过评审决定的，人为因素多，标准不容易掌握。

现在国家要求相关的专业技术人员应先通过全国统一的资格考试获得相应的专业技术资格，各用人单位再从这些合格者中择优聘任专业技术职务。这种制度有利于科学、客观公正地评价和合理使用人才，在国际上也通行这种制度。

1.2　软考 30 年

从 1987 年至今，软考经历了 30 年，其发展历程主要分为三个阶段：

1．孕育阶段（1987—1990 年）

1987 年有 20 个省、自治区、直辖市、计划单列市的计算机应用推广主管部门联合举行了中国计算机应用软件人员水平考试，包括程序员和高级程序员两个级别，共有 13 771 人报考。到 1989 年增加了系统分析员级别，全国 33 个地区参加了联合考试。

1989 年国家人事部、国家科委、机械电子部、国务院电子信息系统推广应用办公室联合颁发通知（人职发[1989]3 号），决定从 1990 年开始举行全国计算机应用软件人员专业技术职务任职资格（水平）考试，实行计算机应用软件人员专业技术职务任职资格以考代评制度。1990 年由国家人事部下发了《中国计算机应用软件人员专业技术职务任职资格（水平）考试暂行规定》。

2．成长阶段（1991—2003 年）

在当时的社会环境下，实行不拘一格选拔人才制度还存在一些困难，所以 1991 年国家人事部又调整了政策，颁布了《中国计算机软件专业技术资格和水平考试暂行规定》（人职发[1991]6号）。该政策将资格和水平考试分离，设置了初级程序员、程序员、高级程序员资格考试（需要报考条件，并与职称挂钩）以及程序员、高级程序员、系统分析员水平考试（与国际接轨，不限报考条件）。同一级别的资格考试与水平考试采用相同试卷，但水平考试的合格标准将高于资格考试的合格标准。该政策从1991年一直执行到2003年。

3. 发展壮大阶段（2003年至今）

2000年6月24日，国务院颁布了18号文件《鼓励软件产业和集成电路产业发展的若干政策》，我国软件产业的发展开启了新的篇章，以此为契机，为适应产业发展，信息产业部、人事部也开始着手研究、筹划加快人才培养力度的政策和措施。

为了加强全国软考的管理工作，2003年由国家人事部和信息产业部联合颁发文件调整了考试政策（国人部发[2003]39号）。从2004年1月1日起实施的新政策包括：考试名称变更为计算机技术与软件专业技术资格（水平）考试；将这种考试纳入职业资格制度；全国停止该专业的专业技术职务资格评审；资格考试与水平考试合并；取消学历和资历等报考条件限制；每年组织两次考试。该政策的出台激发了信息技术人员参加计算机软件资格考试的积极性，对促进信息产业的发展发挥了重要的作用。

图1-3是1991～2011年共20年间软考考试规模情况，可以看到软考考试规模的发展是十分迅速的，从最初的每年几万人到现在每年几十万人。在我国软件产业发展的黄金十年中，计算机软件资格考试的发展也非常迅速，2000年的报考规模是61 077人，2011年的报考规模是324 990人，增长了5倍。

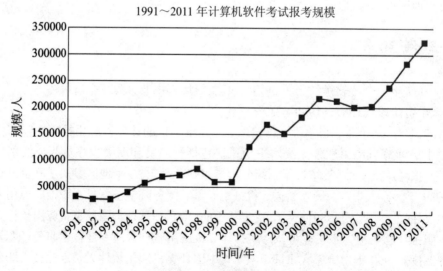

图1-3　1991～2011年软考考试规模趋势

目前，"软考"已成为中国IT考试的著名品牌，成为了我国IT文化的一个重要组成部分。

1.3　软考的考试设置

软考设置了三个级别、27 个专业资格，如表 1-1 所列。

表 1-1　软考级别层次、专业类别、资格名称对应表

资格名称　专业类别　级别层次	计算机软件	计算机网络	计算机应用技术	信息系统	信息服务
高级	信息系统项目管理师、系统分析师、系统架构设计师、网络规划设计师、系统规划与管理师				
中级	软件评测师 软件设计师 软件过程能力评估师	网络工程师	多媒体应用设计师 嵌入式系统设计师 计算机辅助设计师 电子商务设计师	系统集成项目管理师 工程师 信息系统监理师 信息安全工程师 数据库系统工程师 信息系统管理工程师	计算机硬件工程师 信息技术支持工程师
初级	程序员	网络管理员	多媒体应用制作技术员 电子商务技术员	信息系统运行管理员	网页制作员 信息处理技术员

其中，高级资格考试设综合知识、案例分析和论文 3 个科目；中级、初级资格考试设基础知识和应用技术 2 个科目。笔试安排在一天之内，上机考试则分期分批进行。

知识科目采用单项选择题，考试为 150 分钟，考生需要用 2B 铅笔涂填答题卡；应用技术科目采用问答题形式，考试时间为 150 分钟；上机考试时间为 150 分钟；案例分析科目采用问答题形式，考试时间为 90 分钟；论文科目采用笔答答题形式，考试时间为 120 分钟。各个科目的满分均为 75 分。

软考属于国家级专业技术职业资格考试，试题注重岗位知识和技能（不是背书），综合性和灵活性强，创意多。由于考试向社会开放，不设学历资历条件，知识和能力各个科目都通过分数线才能合格，因此合格率并不高。初级资格的合格率约 40%，中级资格的合格率约为 20%，高级资格的合格率约 15%。

软考不是竞赛，只要成绩达到合格标准就能拿证，没有预先设定合格人数界限。

第 2 章　软考之高项

"软考高项"，是人们对软考 27 个专业中的 1 个专业的简称，指的是高级资格的信息系统项目管理师。由于这个专业核心关注于 IT 项目管理知识，考过之后的证书为"信息系统项目管理师"，并可以申请高级职称，所以人们简称其为"高项"。

2.1　高项的专业特点

首先，简要介绍高项与软考其他专业的不同点，并对比分析高项专业的特点。需要注意的是，高项的专业特点不是高项的考试特点。高项的考试特点（本书第 3 章）以及基于考试特点所应采取的针对性策略会在后面章节重点描述。

1．报考人数最多、比例最高

统计全国软考报考人数及专业分布，我们发现，在报考软考的总人数中，报考高项的比例最高。以 2017 年上半年浙江省软考报考人数为例，考生人数最多的是高级信息系统项目管理师，占 21.9%。信息系统项目管理师是 IT 技术和项目管理结合的考试科目，考试人数众多则说明越来越多的非 IT 专业的人才投入到了互联网+的事业中。

2．通用性最强、专业弱相关

与其他 26 个专业不同，高项虽然也会考核基础的 IT 技术相关知识，但其考核的重点是系统的项目管理知识，因此，不是学 IT、也不是搞 IT 的考生都有希望通过短时间复习顺利通过考试。这是因为：

- 一方面，高项所考核的 IT 相关技术知识的难度不高，其大部分考试题只需理解官方教程中的基本概念即可，无需深入掌握 IT 技术细节。
- 另一方面，因为项目管理具有通用性特点（几乎适合所有行业），所以学习项目管理知识是不需要专业基础的、各行各业的人员都可以学懂，而项目管理知识恰恰是高项的考试重点。

3．报考人员学历高、年龄小

2017 年 5 月软考报考中，高项的考生中研究生以上学历人员占 9%，本科以上学历占 73.8%，同时，考生大部分具有基层一线工作经历。35 岁以下考生占 89%，在职科技人员（企事业单位技术人员）占 73%。报考人员的这些特点说明我国信息产业发展呈现普及化，从业人员趋于年轻化的趋势。

2.2　高项的考试目标和要求

本节内容来源于 2017 年 9 月最新改版的高项考试大纲。通过了解考试目标和要求，有助于考生从整体上把握软考高项的考试精神、理解本书后文重点分析的高项的考试特点（第 3 章）。

1．考试目标

通过本考试的合格人员具备管理信息系统项目特别是管理大型项目和多个项目的能力，具备实施企业级项目管理的能力。

能够熟练运用信息系统项目管理知识体系、相关技术、技能和方法，对信息系统项目的实施进行有效管理，确保项目在一定的约束条件下能够达到预期的项目目标；能对制订的项目管理计划、项目实施的绩效、风险和成果进行有效地分析和评估；能够有效地指导系统集成项目管理师的工作。

能够综合运用项目集管理（大型项目管理）、项目组合管理、组织战略实施的相关知识和技能管理复杂项目、大型项目和多种项目；能够根据组织战略制订并建立组织级项目管理体系和项目集管理的相关标准；能够管理或领导项目管理办公室，能够为项目提供人员调配、综合采购、流程规范、战略引领、综合测试和过程改进等方面的制度、机制或环境。

合格人员具备高级工程师的实际工作能力和业务水平。

2．考试要求

（1）熟悉信息化知识、信息化技术和信息系统，了解我国信息化建设的有关政策和发展规划。

（2）掌握信息系统项目管理的知识体系、过程、方法技术和工具。

（3）掌握由项目、项目集、项目组合、项目管理办公室等组成的组织级项目管理体系。

（4）掌握信息系统项目集管理的知识、方法、工具和流程。

（5）掌握信息系统项目组合管理的知识、方法、工具和流程。

（6）熟悉组织流程与项目管理流程改进、项目治理等方面的基本内容。

（7）掌握项目管理、项目集管理和项目组合管理等与组织战略的关系，能够充分利用组织战略来指导项目的实施。

（8）熟悉或掌握计算机系统、软件、网络、数据管理和信息系统集成知识、方法或技能。

（9）熟悉信息安全相关知识与信息安全管理体系。

（10）了解信息系统综合测试、综合监控等方面的相关知识、方法和流程。

（11）了解信息系统工程监理、信息系统运行维护、信息系统服务管理等方面的相关知识。

（12）熟悉管理科学基本知识，掌握线性规划、决策论应用等相关方法。

（13）熟悉信息通信领域有关的法律法规、标准和规范。

（14）熟悉项目管理师职业道德要求。

（15）熟悉阅读和正确理解相关领域的英文资料。

上述考试要求与高项的考试范围、规范教程有严格对应，本书后文会结合高项的考试特点进行详细分析。

2.3   高项的考试形式

信息系统项目管理师考 3 个科目，分别为选择题（综合知识）、案例题（应用技术）和大论文。

选择题为 75 道四选一的单项选择题（每题 1 分）。一般而言，前 30 道题考核基础的 IT 技术相关知识（包括信息系统与信息化、信息系统安全管理、信息系统综合测试管理、知识产权与标准规范等知识），后 40 道题考核系统的项目管理知识（包括项目管理基础概念、项目管理十大知识域、项目管理相关知识、组织战略管理、组织级项目管理、项目组合管理、项目集管理等知识），最后 5 道题为英文题。考试时间为 150 分钟，满分 75 分，合格分数线为 45 分。

案例题为 3 道题（一般每题 25 分），其中一题是挣值分析和网络图的计算题，另两题考核项目管理理论在实际项目中的应用。考试时间为 90 分钟，满分 75 分，合格分数线为 45 分。

大论文为命题作文，要求考生结合其参与管理过的 IT 项目，就项目管理某一个特定的知识域，论述该知识域的相关理论以及在上述项目中的管理实践。大论文要求写摘要和正文两部分，考试时间为 120 分钟，满分 75 分，合格分数线为 45 分。

表 2-1 是软考高项的考试形式、考试时间，及格标准等信息，供大家参考。

表 2-1   软考信息系统项目管理师考试形式

科目	题型	数量/题	考试时间	做题时间/分钟	总分/及格
科目 1	单选题	75	09:00～11:30	150	
科目 2	案例题	3	13:30～15:00	90	75 分/45 分
科目 3	大论文	1	15:20～17:20	120	

注：软考所有专业的合格标准在每次考试结束后都会发布相关通知，但高项的合格分数线从开考到现在均为 45 分。

2.4   高项的考试大纲

2017 年 9 月，全国计算机专业技术资格考试办公室编的《信息系统项目管理师考试大纲》（第 2 版）由清华大学出版社出版发行，从 2017 年 11 月的考试开始，高项考试依据新版考试大纲进行。

具体 3 个考试科目的范围如下：

2.4.1　考试科目 1：信息系统项目管理综合知识

1．信息化和信息系统

1.1 信息系统及其技术和开发方法；1.2 信息系统安全技术；1.3 信息化发展与应用；1.4 信息系统服务管理；1.5 信息系统规划；1.6 企业首席信息官及其职责。

2．信息系统项目管理基础

2.1 项目管理的理论基础与体系；2.2 组织结构对项目的影响；2.3 信息系统项目的生命周期；2.4 单个项目的管理过程。

3．立项管理

3.1 立项管理内容；3.2 可行性研究；3.3 项目评估与论证。

4．项目整体管理

4.1 项目整体管理的含义、作用；4.2 项目整体管理过程；4.3 项目整体管理的技术和工具。

5．项目范围管理

5.1 项目范围管理的含义和作用；5.2 项目范围管理过程；5.3 项目范围管理的技术和工具。

6．项目进度管理

6.1 项目进度管理的含义和作用；6.2 项目进度管理过程；6.3 项目进度管理的技术和工具。

7．项目成本管理

7.1 项目成本和成本管理基础；7.2 项目成本管理过程；7.3 项目成本管理的技术和工具。

8．项目质量管理

8.1 质量管理基础；8.2 项目质量管理过程；8.3 项目质量管理的技术和工具。

9．项目人力资源管理

9.1 项目人力资源管理基础；9.2 项目人力资源管理过程；9.3 项目人力资源管理的技术和工具。

10．项目沟通管理和干系人管理

10.1 项目沟通管理基础；10.2 项目沟通管理过程；10.3 项目沟通管理的技术和工具；10.4 项目干系人管理基础；10.5 项目干系人管理过程；10.6 项目干系人管理的技术和工具。

11．项目风险管理

11.1 风险和项目风险管理基础；11.2 项目风险管理过程；11.3 项目风险管理的技术和工具。

12．项目采购管理

12.1 采购管理基础；12.2 采购管理过程；12.3 采购管理的技术和工具；12.4 招投标方法和程序。

13．项目合同管理

13.1 合同管理基础；13.2 合同管理过程；13.3 合同管理的技术和工具。

14．信息文档管理、配置管理与知识管理

14.1 信息系统项目相关信息文档及其管理；14.2 配置管理基础；14.3 知识管理基础。

15．项目变更管理

15.1 变更管理角色职责；15.2 变更管理工作程序；15.3 项目变更管理与其他管理要素之间的关系。

16．战略管理

16.1 组织战略管理；16.2 组织战略的类型和层次。

17．组织级项目管理

17.1 组织级项目管理概述；17.2 组织级项目管理的内容；17.3 组织级项目过程管理；17.4 组织级项目管理成熟度模型；17.5 组织级项目管理流程体系设计；17.6 组织级项目管理信息系统（PMIS）。

18．流程管理

18.1 流程管理基础；18.2 流程分析、设计、实施与评估；18.3 流程重构与改进；18.4 项目管理流程的管理和优化。

19．项目集（大型项目）管理

19.1 项目集管理基础；19.2 项目集与战略一致性；19.3 项目集生命周期和收益管理；19.4 项目集干系人管理；19.5 项目集管理；19.6 项目集管理支持过程。

20．项目组合管理

20.1 项目组合管理基础；20.2 项目组合治理管理；20.3 项目组合绩效管理；20.4 项目组合风险管理。

21．项目管理办公室

21.1 组成、职能和类别；21.2 项目管理师在组织级 PMO 中的职责；21.3 组织级项目管理办公室；21.4 项目集与项目集管理办公室。

22．信息系统安全管理

22.1 信息系统安全策略；22.2 信息安全系统工程；22.3 PKI 公开密钥基础设施；22.4 PMI 权限（授权）管理基础；22.5 信息安全审计。

23．知识管理

23.1 知识和知识管理概念；23.2 知识管理常用的方法和工具；23.3 知识产权保护。

24．法律法规和标准规范

24.1 法律；24.2 标准。

25．管理科学基础知识

25.1 数学建模基础知识；25.2 数据分析处理基础知识；25.3 运筹学基本方法；25.4 数学在经济管理中的应用；25.5 系统管理基础知识。

26．专业英语

26.1 具有高级工程师所要求的英语阅读水平；26.2 掌握本领域的英语词汇。

27．信息系统项目管理师职业道德规范。

2.4.2　考试科目 2：信息系统项目管理案例分析

1．信息化和信息系统的开发方法

1.1 信息系统及其技术和开发方法；1.2 信息化发展与应用；1.3 信息系统综合测试与管理。

2．信息系统项目管理

2.1 立项管理；2.2 采购和合同管理；2.3 项目启动；2.4 项目资源管理；2.5 项目规划；2.6 项目实施与团队建设；2.7 项目整体管理；2.8 项目范围管理；2.9 进度管理；2.10 成本管理；2.11 质量管理；2.12 风险管理；2.13 项目监督与控制；2.14 变更管理与控制；2.15 项目收尾管理。

3．信息系统服务管理

3.1 信息系统服务管理计划的制定和执行；3.2 信息系统服务管理的绩效评估和持续改进。

4．战略管理

4.1 组织战略和组织战略管理；4.2 组织级项目管理与组织战略；4.3 战略管理与流程管理。

5．项目集（大项目）管理

5.1 项目集收益管理；5.2 项目集干系人管理；5.3 项目集治理；5.4 项目集管理支持过程。

6．项目组合管理

6.1 项目组合管理过程组；6.2 项目组合治理管理；6.3 项目组合绩效管理；6.4 项目组合风险管理。

7．信息系统安全管理

7.1 信息安全管理的组织；7.2 信息安全管理计划的制定和执行；7.3 信息系统的安全风险评估；7.4 信息安全管理过程的监控与改进；7.5 信息安全审计。

2.4.3　考试科目3：信息系统项目管理论文

根据试卷给出的与项目管理有关的两个论文题目，选择其中一个题目，按照规定的要求撰写论文和摘要。论文涉及的主题包括：

1．信息系统项目管理

1.1 立项管理；1.2 采购和合同管理；1.3 项目启动；1.4 管理项目资源；1.5 项目规划；1.6 项目实施；1.7 项目整体管理；1.8 项目范围管理；1.9 进度管理；1.10 成本管理；1.11 质量管理；1.12 风险管理；1.13 项目收尾管理；1.14 项目绩效管理；1.15 沟通与项目干系人管理；1.16 企业信息系统项目管理体系的建立与维护；1.17 企业质量管理体系的建立与维护；1.18 项目治理。

2．信息系统服务管理

3．战略管理与组织级项目管理

4．项目集（大型项目）管理

4.1 项目集收益管理；4.2 项目集干系人管理；4.3 项目集管理；4.4 项目集管理支持过程。

5．项目组合管理

5.1 项目组合管理过程组；5.2 项目组合治理管理；5.3 项目组合绩效管理；5.4 项目组合风险管理。

6．信息系统安全管理

不难发现，软考高项的考试范围极广，内容涵盖了从信息化、信息系统集成、软件工程等 IT 技术相关知识，到单项目管理十大知识域、项目集管理、项目组和管理、组织级项目管理等项目管理相关知识等诸多领域，这一方面与高项的考试目标和考试要求对应，另一方面也给广大考生带来了很大的困扰——"如此多的内容，我该怎样复习？"这几乎成了所有高项考生刚接触软考时遇到的共同问题。为考生"减负"，正是本书写作的目的。

2.5　高项的官方教程

与考试大纲同期，高项的官方教程如图 2-1 所示，（《信息系统项目管理师教程》第 3 版，清华大学出版社）在 2017 年 10 月也推出了最新的改版，内容与最新版考试大纲完全对应，页数也从第二版的 678 页增加到了 924 页。

第 3 版的高项教程包括 28 章，具体如下：

1 信息化和信息系统；2 信息系统项目管理基础；3 项目立项管理；4 项目整体管理；5 项目范围管理；6 项目

图 2-1　软考高项官方教程

进度管理；7 项目成本管理；8 项目质量管理；9 项目人力资源管理；10 项目沟通管理和干系人管理；11 项目风险管理；12 项目采购管理；13 项目合同管理；14 信息文档管理与配置管理；15 知识管理；16 项目变更管理；17 战略管理；18 组织级项目管理；19 流程管理；20 项目集管理；21 项目组合管理；22 信息系统安全管理；23 信息系统综合测试与管理；24 项目管理成熟度模型；25 量化的项目管理；26 知识产权与标准规范；27 管理科学基础知识；28 项目管理过程实践和案例分析。

可见软考高项的官方教程的内容很多，首先给大家分析一下教程的特点。

2.5.1　教程特点——厚

厚，是新版高项教程最直观的特点。新版教程有 28 章、924 页、126 万多字，与上一版的教程（678 页）厚了约 50%，具体各章节内容、变化等信息见表 2-2。

表 2-2　第 3 版高项教程各章节内容、与第 2 版差异、与考试大纲对比

第 3 版（2017 年）教程章节	第 2 版教程章节	变化	内容简介	大纲是否包括
1 信息化和信息系统	无	新增	信息化、系统开发、集成技术、软件工程、新一代技术、安全、信息化发展、服务管理、系统规划、CIO 职责	是
2 信息系统项目管理基础	1～3	更新	管理基础、知识体系、IPMP/PMP、P2、组织结构、生命周期、管理过程	是
3 项目立项管理	4	更新	立项内容、可行性研究、评估与论证	是
4～12 十大知识域	5～13	更新	整体、范围、进度、成本、质量、人力资源、沟通、干系人、风险、采购	是
13 项目合同管理	14	更新	基础概念、合同管理过程	是
14 信息文档管理与配置管理	15	更新	文档管理、配置管理、相关工具	是
15 知识管理	22	更新	基本概念、常用方法工具、知识产权保护	是
16 项目变更管理	无	新增	基本概念、变更管理原则、组织机构与工作程序、工作内容、版本发布和退回计划	是
17 战略管理	20	更新	组织战略、类型和层次、目标分解	是
18 组织级项目管理	19	更新	概述、对战略的支持、管理内容、成熟度	是
19 流程管理	21	更新	基础、分析、设计、实施、评估、流程重构与改进、项目管理流程的管理与优化	是
20 项目集管理	无	新增	概述、管理过程、项目集治理、生命周期、项目集管理过程域	是
21 项目组合管理	无	新增	概述、项目组和组件、过程实施、项目组和治理、过程组、项目组和风险管理	是
22 信息系统安全管理	24～32	精简	安全策略、信息安全系统工程、PKI 基础设施、PMI 基础设施、信息安全审计	是

续表

第3版（2017年）教程章节	第2版教程章节	变化	内容简介	大纲是否包括
23 信息系统综合测试与管理	无	新增	测试基础、测试技术、测试管理	是
24 项目管理成熟度模型	无	新增	概述、OPM3、CMMI	是
25 量化的项目管理	无	新增	概述、量化的项目管理过程、过程指标、项目度量方法、工具	是
26 知识产权与标准规范	无	新增	合同法、招投标法、著作权法、政府采购法、软件工程工具标准	是
27 管理科学基础知识	无	新增	数学建模、图论、决策论、线性规划、动态规划	是
28 项目管理过程实践和案例分析	无	新增	项目管理过程进化之路、基于 PMBOK® 的项目管理、一体化项目管理、案例分析	是

与最新版的高项考试大纲对比，可以发现教程中的每一章都在考试大纲的范围之内，也就是说——新版教程中的内容理论上都可能会考。

2.5.2　教程特点——全

与旧版教程相比，新版的内容与考试大纲对应的更紧密、内容更全。高项教程改版前，考高项的同学除了要看第二版高级教程之外，还要看软考中级资格的一本教程《系统集成项目管理工程师教程》（655 页），合计 1333 页。改版后，就不需看软考中级项目管理师的教程了。

高项的考试题中（尤其是选择题），有很多题目在旧版教程中找不到，但在新版教程中可以找到出处。

（1）软考真题 1。

局域网中，常采用广播消息的方法来获取访问目标 IP 地址对应的 MAC 地址，实现此功能的协议为（　　　）。

A．RARP 协议　　　　　　　　B．SMTP 协议

C．SLIP 协议　　　　　　　　D．ARP 协议

解析：

新版教程第 17 页中的 1.3.1 网络标准与网络协议。

ARP 用于动态地完成 IP 地址向物理地址的转换。物理地址通常是指计算机的网卡地址，也称为 MAC 地址，每块网卡都有唯一的地址。

参考答案：D

此题涉及的知识点为网络层协议中的地址解析协议（ARP）。旧版教程没有这方面的内容，新版教程 1.3 节包括此知识点。

（2）软考真题 2。

（　　）是物联网应用的重要基础，是两化融合的重要技术之一。

A．遥感和传感技术　　　　　　B．智能化技术

C．虚拟计算技术信　　　　　　D．集成化和平台化

解析：

新版教程第 57 页中的 1.5.1 物联网。

物联网（The Internet of Things）是指通过信息传感设备，按约定的协议，将任何物品与互联网相连接，进行信息交换和通信，以实现智能化识别、定位、跟踪、监控和管理的一种网络。物联网主要解决物品与物品（Thing of Thing，T2T）、人与物品（Human to Thing，H2T）、人与人（Human to Human，H2H）之间的互连。

在物联网应用中有两项关键技术，分别是传感器技术和嵌入式技术。

参考答案：A

此题涉及的知识点为物联网相关的技术，旧版教程没有这方面的内容，新版教程 1.5 节包括此知识点。

在旧版教程中找不到，但在新版教程中可以找到出处的科目 1 的选择题，约为 25～30 道，比例很高约占 40%（科目 1 共有 75 道题）。所以，与学习旧版教程相比，学习新版教程变得更加重要了。

这里需要指出的是，虽然学习教程很重要，但就"成功通过软考"而言也不需要对于新版教程的每一页（共 924 页）都要仔细学习，这样既不现实、又缺乏效率。要做到事半功倍，就应该把握重点。这个重点应全部学习，依据的是作者对软考高项近 10 年考试真题的分析研究结果，也是本书第二篇的主要内容，在下文会有明确的分析和指导。

第 3 章　高项考试各科目特点

考试的特点（而非考试大纲的特点）是把握备考重点的基础，是本书核心内容的设计和编写的依据，是作者 10 多年对于软考真题进行分析统计的结果，更是作者能够帮助每个备考考生 "成功通过软考" 的信心来源。

本章，按照高项考试的 3 个科目（科目 1—选择题、科目 2—案例题、科目 3—大论文），分别论述各科目的考试特点。

3.1　选择题：面广、题难、没重点

高项的选择题，最突出的特点可以概括为：面广、题难、没重点！

3.1.1　选择题的 "面广"

首先，我们结合上一章表 2-2，看一下高项教程各章节与考试科目的对应关系，如表 3-1 所列。

表 3-1　第 3 版高项教程各章节与考试科目对应表

知识	第 3 版教程章节	科目			第 3 版教程章节	科目	
信息技术知识	1 信息化和信息系统	1			26 知识产权与标准规范	1	
	22 信息系统安全管理	1			27 管理科学基础知识	1	
	23 信息系统综合测试管理	1					
项目管理知识	2 信息系统项目管理基础	1	2		17 战略管理	1	2
	4～12 十大知识域	1	2	3	18 组织级项目管理		
	3 项目立项管理				19 流程管理		
	13 项目合同管理				20 项目集管理		
	14 文档管理和配置管理	1	2	3	21 项目组合管理		
	15 知识管理				24 项目管理成熟度模型		
	16 项目变更管理				25 量化的项目管理		
					28 项目管理过程实践和案例分析		

分析这个表不难发现，高项的选择题的考试范围比其他科目要广，除了考核项目管理知识以外，还有 30 分的分值考核 IT 技术类的知识（这 30 分一般出现在选择题的前 30 道题中）。

从需要复习的官方教程上看，理论上针对选择题，高项需要学习整本书。

所以，选择题的"面广"指的是其考核的知识面特别广。

3.1.2　选择题的"题难"

这里所谓的题难不是常规意义上的"这道题我不会做"，而指的是"要命题"难。

首先，让我们看看下面三道题：

第 1 题： 网上订票系统为每一位订票者提供了方便快捷的购票业务，这种电子商务的类型属于（　　）

A．B2C　　　　　　B．B2B　　　　　　C．C2C　　　　　　D．G2B

第 2 题：（　　）是与 IP 协议同层的协议，可用于互联网上的路由器报告差错或提供有关意外情况的信息。

A．IGMP　　　　　B．ICMP　　　　　C．RARP　　　　　D．ARP

第 3 题： 2005 年，我国发布《国务院办公厅关于加快电子商务发展的若干意见》（国办发〔2005〕2 号），提出我国促进电子商务发展的系列举措。其中，提出的加快建立我国电子商务支撑体系的五方面内容指的是（　　）。

A．电子商务网站、信用、共享交换、支付、现代物流

B．信用、认证、支付、现代物流、标准

C．电子商务网站、信用、认证、现代物流、标准

D．信用、支付、共享交换、现代物流、标准

看了这三道题，大家的感受是什么？

应该是这样的：

- 第 1 题很简单，我会做。
- 第 2 题看不懂选项，我不会。
- 第 3 题似会非会。

这三道题，分别代表了按照"题给你的感受"这个维度对高项选择题进行分类得到的 3 种类别：

- 第 1 题——"送分题"。我们的感受是开心，我肯定能做对。
- 第 2 题——"悲剧题"。我们的感受是痛苦，我不会，只能四选一地去蒙。
- 第 3 题——"要命题"。我们的感受是：能看懂题干和选项的字面意思；根据综合能力能够排除 1～2 个选项；做完不能保证正确，感觉模棱两可。

让很多同学崩溃的真的不是"悲剧题"，而是"要命题"。

因为"悲剧题"虽然痛苦，但是不会纠结（题都看不懂，肯定不会做，随便蒙一个就行了，当然不用纠结）。更重要的是，"悲剧题"在高项的选择题中虽然客观存在，但它们不是选择题能否合格的关键。因为"悲剧题"数量不多，都不会做也不影响选择题的合格率。图 3-1 是为我们统计的最近 3 年，6 次考试软考高项选择题，按感受进行的

分类结果。

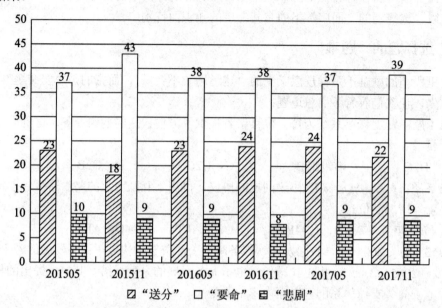

图 3-1　近 6 次考试每次统计结果

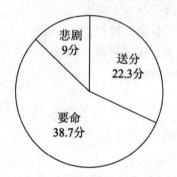

图 3-2　近 6 次考试平均分布

可见由图 3-1、图 3-2 中 2015 年 5 月～2017 年 11 月的高项选择题按感受进行分类的统计结果，可以发现，"悲剧题"真不多，只有 9 分左右。选择题真正的关键在于"要命题"，这是因为：

- 从数量上，"要命"；题量最多，占 50%；
- 从感受上，"要命"；"似会非会"比"肯定不会"要纠结得多。
- 从结果上，"要命"；"运气好"，得 45 或 46 分；"运气差"，得 43 或 44 分。

所以，选择题的题难指的是"要命题"既难且多。

3.1.3　选择题的"没重点"

结合表 2-2，我们分析出高项教程各章节与选择题分值的对应关系，如表 3-2 所列。

表 3-2　高项教程各章节、页数与选择题分值的对应表

知识	教程章节	页数	分值	教程章节	页数	分值
信息技术知识	1 信息化和信息系统	122	20	26 知识产权与标准规范	37	5
	22 信息系统安全管理	62	1	27 管理科学基础知识	27	5
	23 信息系统综合测试管理	87	1			
项目管理知识	2 信息系统项目管理基础	34	2	17 战略管理	195	5
	4～12 十大知识域	267	25	18 组织级项目管理		
	3 项目立项管理	92	6	19 流程管理		
	13 项目合同管理			20 项目集管理		
	14 文档管理和配置管理			21 项目组合管理		
	15 知识管理			24 项目管理成熟度模型		
	16 项目变更管理			25 量化的项目管理		
				28 管理过程实践案例分析		

注：1. 上述各章节分值之和为 70 分，在统计时没有统计选择题最后 5 分英文题。

　　2. 各章分值是近 3 年选择题的统计平均值，具体分值每次考试会有细微变化。

为了更直观地呈现选择题的分值与高项教程各章节的分布关系，我们将上表做成了如图 3-3 所示。

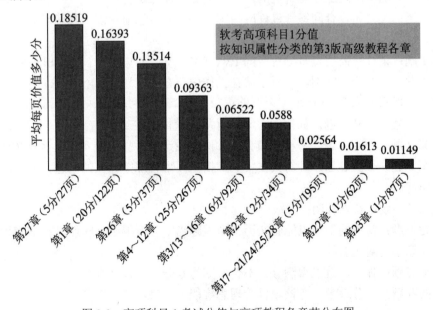

图 3-3　高项科目 1 考试分值与高项教程各章节分布图

根据图 3-3，可能会有人觉得第 1 章、第 27 章考试分值多，这不就是"有重点"吗？可事实并不是这么简单。

第 1 章"信息化和信息系统"考试约 20 分，这是除第 27 章以外分值比重最高的章节。但是第 1 章有 122 页，既有软件工程知识、最新 IT 技术知识、信息安全知识等专业 IT 知识，又有企业信息化、国家信息化、国家信息化发展政策等内容。内容繁杂、考点众多，作者结合历年软考高项真题的统计结果，发现很难梳理出必考的重点考点。

第 4～12 章是项目管理十大知识域，虽然在科目 1 中约占 25 分，但是这部分内容在高项教程中有 267 页，考点分布比较分散（每章 2～3 分）。

第 27 章是"管理科学基础知识"，具体内容包括"数学建模、图论、决策论、线性规划、动态规划"，这是难度非常大的数学运筹学相关知识（运筹学一般是数学专业研究生课程的选修课），大多数人根本看不懂。选择题的考试中这部分内容每次都会考 5 分，但是看书的帮助不大。关于运筹学的应试技巧，本书第三篇有专题应对，这里不展开论述。

面广、题难、无重点的选择题该怎么破解？一方面，要有计划、有侧重地学习知识、掌握相对重要的考点（本书第二篇）；另一方面，要针对"要命题"，有意识地锻炼、提高一些重要的解题技能（本书第三篇）。

3.2 案例题：重点=难点

案例题是有重点的。首先，我们也要对案例题进行分类，因为案例题的重点是在对题目进行分类的基础之上才能讲透的。让我们看下面三道题：

第 1 题：A 公司在合同签订过程应约定哪些内容，以避免题干描述问题或类似问题的出现？

第 2 题：请计算监控点时刻对应的 PV、EV、AC、CV、SV、CPI 和 SPI。

第 3 题：请结合本案例，分析张某在工作中存在的问题。

按照"问题的类型"（而非"案例的类型"），案例的问题可以分为三类：

- 第 1 题——背书题。问题的答案可以从教程直接找到。
- 第 2 题——计算题。考核挣值分析和网络图这两种技术在实际案例中的应用。
- 第 3 题——找茬题。针对具体案例，指出项目管理中存在的问题，分析原因并给出建议。

这三类问题，特点鲜明：

- 背书题：常考的知识点能够从历年考试题当中分析得到，即使没背下知识点，只要意思答对也会给分。
- 计算题：你会，就能得满分；不会，则为 0 分（所以必须会）。
- 找茬题：占分最多，考核项目管理思维能力（有方法、需熟练）。

图 3-4、图 3-5 为高项案例题三类问题所占分值比例，找茬题占分最多。

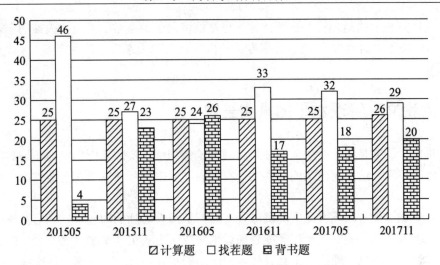

图 3-4　近 6 次考试案例题分值-每次统计结果

图 3-5　近 6 次考试案例题分值-平均分布

根据案例题的特点，我们可以肯定地告诉大家，案例题的重点就是计算题和找茬题。同时我们也根据这个特点，整理出了软考高项案例题合格的必要条件，如表 3-3 所列。

表 3-3　高项案例题合格的必要条件

题型 案例题内容	背书题	找茬题	计算题	总分
分值	18	32	25	49.2
应对策略	10%	70%	100%	

根据表 3-3，我们发现如果拿到 10%背书题的分、70%找茬题的分、100%计算题的分，肯定合格！所以对于高项的案例题，我们需要做的就是"拿到"10%、70%、100%对应题的分值。

如何拿到分值？需要大家刻意练习。

需要特别说明的是，找茬题和计算题也是很多同学备考时的难点，大家的普遍感觉是"看书解决不了问题"，因此本书有专题的内容来帮助大家攻克这两个难点（详见本书第三篇）。

3.3　大论文：管理水平的真实呈现

高项的大论文是考查考生应用项目管理理论知识解决实际问题的能力，是其能力最一针见血的体现。这是大论文的阅卷老师在阅卷过程中的一致感受，也是大论文最大的特点。

笔者参加过软考高项大论文的阅卷，在与其他阅卷老师的沟通中，我们发现一个现象：论文能否合格，关键在于作者能否通过论文体现出其实际水平。这个水平指的是考生将项目管理的思想、理论、工具、技术等应用到实际项目中，管理项目实施、解决项目问题的能力的展现。

高项的大论文是命题作文，每次考试都会出两个题目，考生可任意选择其中1个题目展开论述。表3-4为近年高项大论文的题目。

表3-4　近年软考高项大论文的题目汇总

年份	试题一	试题二
2014.05	论信息系统项目的人力资源管理	论信息系统项目的范围管理
2014.11	论多项目的资源管理	论项目的进度管理
2015.05	论项目的风险管理	论信息系统项目的质量管理
2015.11	论大项目或多项目的成本管理	论项目的采购管理
2016.05	论信息系统项目范围管理	论信息系统项目的进度管理
2016.11	论信息系统项目的绩效管理	论信息系统项目的人力资源管理
2017.05	论信息系统项目的范围管理	论项目采购管理
2017.11	论信息系统项目的安全管理	论信息系统项目的成本管理
2018.05	论信息系统项目的质量管理	论信息系统项目的人力资源管理

可以发现，在每次考试的两个题目中至少有1个题目属于项目管理十大知识域的主题，因此学好项目管理十大知识域的相关知识、领会每个知识域的核心目的、把握主要管理过程，是大论文写作的基础。

高项的大论文要求理论结合实际，我们以2017年5月高项的论文试题一为例。

论信息系统项目的范围管理

实施项目范围管理的目的是确保项目做且只做所需的全部工作，以顺利完成项目的各个过程，项目范围管理关注为项目界定清楚工作边界问题，防止范围蔓延。当必须改变项目工作边界时，项目范围管理提供了一套规范的方法处理范围变更。

请以"信息系统项目的范围管理"为题，分别从以下三个方面进行论述：

1．概要叙述你所参与管理过的信息系统项目（项目的背景、目标、发起单位、项目内容、组织结构、项目周期、交付成果等），并说明你在其中承担的工作。

2．结合项目实际，论述你对项目范围管理的认识。可以包括但不限于以下几个方面：

（1）项目范围对项目的意义。

（2）项目范围管理的主要过程、工具和技术。

（3）引起项目范围变更的因素。

（4）如何做好项目范围控制，防止项目范围蔓延。

3．请结合论文中所提到的信息系统项目，介绍你是如何进行范围管理的，包括具体做法和经验教训。

注意论文要求的第 3 个方面"请结合论文中所提到的信息系统项目，介绍你是如何进行范围管理的，包括具体做法和经验教训"。这明确说明了论文只写理论是不够的，还要结合实际项目来具体论述"你在这个项目中的管理实践"。

这个要求是所有高项大论文的必考内容，也正是这个要求，才能让阅卷人非常准确地判断考生的真实水平（能够准确地背写理论不代表一个人真地懂管理、能应用）。

既然是命题作文，大论文的结构就有"套路"；既然要体现水平，大论文的内容就有特别需要注意的地方。这也是在后文（第三篇）我们给备考考生重点讲解的内容。

第4章 备考计划

本章首先分析常见的备考误区，然后依据高项考试各科目的特点和需要学习的知识，给大家一份相对科学、紧凑的备考计划，最后整理了一段寄语送给准备报考高项的各位考生。

4.1 常见备考误区

他山之石，可以攻玉。

别人掉过的坑，咱就别再往下跳了。

我们根据同学们在备考软考过程中走过的弯路和进入的误区，统计、梳理出的共性问题（和相应的建议），给大家参考。

- 误区一：收集超多资料，但根本不看

在备考之初，好多"认真"的同学从网上下载大把的软考资料——复习重点、真题、解析、冲刺、视频精讲等，准备"慢慢看"。但是下载完之后，往往是各个资料都打开翻一遍，然后……就没有然后了。因为资料太多了，根本不知道从何看起，也觉得看不完所以就不看了。其实你根本不需要那么多资料。

建议：理想很丰满，现实很骨感。在有限的备考时间里，完成最该完成的任务；丢掉那些没有用的资料，做一个"功利"的人，考试考什么你就看什么。

- 误区二：死抠细节，以研究偏题、怪题为乐趣

在开始做历年真题以后，很多同学往往会针对一些自认为"有趣"的题目去较劲，花费数小时甚至好几天的时间去寻求解题的方法、思路，殊不知这恰恰是在浪费你宝贵的复习时间。不同的同学"兴趣点"不同，这里我们拿一道题举个例子。

软考真题

有八种物品 A.B.C.D.E.F.G.H 要装箱运输，虽然量不大，仅装 1 箱也装不满，但出于安全考虑，有些物品不能同装一箱。在图 4-1 中，符号"×"表示相应的两种物品不能同装一箱。运输这八种物品至少需要装（　　）箱。

	A	B	C	D	E	F	G	H
A								
B								
C	×							
D			×	×				
E				×				
F	×	×			×			
G			×	×	×	×		
H	×	×				×		
	A	B	C	D	E	F	G	H

图 4-1　真题配图

A．2　　　　　B．3　　　　　C．4　　　　　D．5

在 2016 年上半年光环软考北京海淀 1603 班的备考 QQ 群里，这道题曾引发了长达一周的讨论。同学们各抒己见，就这道题的答案、解法、知识点等讨论得不亦乐乎。后来，作者不得不站出来才结束了对于这道题的热烈探讨。为什么要结束讨论？因为——不值得。这道题，真不是常考的重要知识点，简单了解解法和答案即可（甚至不会做都没关系），对这道题不应该花很多时间。

建议：多看性价比高的内容，例如"变更控制流程""常见的合同类型及其特点""挣值分析的基本概念和相关公式"这种高频出现，而且需要理解的知识。

- 误区三：明日复明日，明日何其…明天考试了？

这真的是我们的一些考生在第一次备考时的心里话。语言已经不能表达考生们的心情了，看图 4-2 所示。（假设 11 月 11 日考试）

图 4-2　备考误区之明日复明日

建议：别"明天就开始"，现在就开始。依据自己的复习计划，同时结合自己的工作时间，"现在开始"，执行计划。

- 误区四：偏科

考生基于各种各样的原因来学习软考，因为行业、学习经历以及个人能力等因素的不同，对于软考高项各个科目的重视程度也不同。IT 行业同学会认为 IT 技术部分知识对他们来说很简单，不用复习，全部精力投入在案例和论文上，最后恰恰是他认为最简单的技术部分答题影响了最终的通过。还有部分考过 PMP 的同学理所当然地减少投入在项目管理知识上的精力，最后因为这部分得分不理想，导致没通过考试。

建议：根据自己的特点有侧重的学习才是正确的方法，但是不能偏科！对于软考高项，一次考试必须同时通过选择、案例、论文三个科目，有一科不合格，下次还得重新考三科。所以，必须把握每个科目的特点，开展有针对性的复习，而且还要学会"自测"，利用历年考试真题自我测验学习效果，看看能否合格。

- 误区五：老师，什么时候押题？

这个问题是作者在培训工作中最常听到的同学提问。很多同学在复习论文的过程中会经常性地关注"今年考啥题目"，并且自认为这个问题很合理——"你告诉我题目，我才能准备啊"！因此很多同学在老师没有明确地押题前，不着急准备论文。

建议：要多努力而不是押题，大论文更是如此。换位思考，老师确实能够理解大家对于押题的需求，但是一方面软考是国家一级考试，题目在考试前是绝密的，所有押题都是预测、都有风险；另一方面，大论文能否合格，与押题的关系不大。如果你对于项目管理理解到位、准备的素材正确、梳写论文的结构合理、内容合格，那么无论考什么题目你都能合格（论文的备考详见本书第三篇应试专题篇）。反之，你不用心体会项目管理思想、素材不准确、问题分析不到位，押中题也过不了。

4.2　备考计划

好的计划像沙盘模拟、是达成目标的路线图。

本节针对备考软考高项的同学，依据高项各科目的特点和考试内容，给大家提供一个备考计划供参考，方便大家合理制订自己的复习计划。

1. 第一阶段：考点学习阶段

- 学习内容：高项科目 1（选择题）考试大纲要求的范围（详见 2.4 节）。
- 学习资料：高项官方教程《信息系统项目管理师教程》、本书第二篇、第 11、12 章历年高项选择题真题。
- 学习目标：全面学习高项选择题考试要求的各类知识，历年真题实测达到平均 60 分。
- 学习时间：8 周，每天 1～1.5 小时。

注意事项：

（1）建议结合本书第二篇，有重点地学习官方教程。

（2）一定要结合历年真题，不要泛泛地看书。

（3）对于信息技术类的知识（本书第 5、6 章），掌握基本概念即可，无需死扣细节。

（4）对于项目管理类的知识（本书第 7～10 章），要注意用心体会项目管理的思想，这对于后面案例的复习有着重要意义。

（5）对于数学题（本书第 12 章），把握各种考题类型的特点，理解问题、掌握解题套路即可。

2．第二阶段：难点攻坚阶段

- 学习内容：挣值分析、网络图、案例题中的情景题、大论文。
- 学习资料：本书第三篇的内容、历年高项案例题、大论文真题。
- 学习目标：掌握案例题中的重难点知识、历年真题案例题实测达到平均 60 分。能够在 2 小时内完成一篇合格的大论文。
- 学习时间：3 周，每天 1.5 小时。

注意事项：

（1）要真正理解挣值分析、网络图的基本原理。（本书第 13～15 章）

（2）对于案例中的计算题（挣值分析、网络图、综合计算题）不仅能够做对，而且要保证速度，一道题用时最长不能超过 40 分钟。

（3）对于案例的情景题，要体会并理解万能钥匙的内在规律，考试时能够灵活运用并取得高分。（本书第 16 章）

（4）结合本书第 17 章的内容，动笔写之前一定要先用心思考大论文的合格标准，做到胸有成竹地写论文。

3．第三阶段：考前冲刺阶段

- 学习内容：成套的"实战"历年真题。
- 学习资料：历年真题、本书、官方教程。
- 学习目标：真正掌握高项各科目特点、模拟真实考试。针对自己薄弱环节，查漏补缺。
- 学习时间：1 周，每天 2 小时。

注意事项：

（1）整套的做真题，最好能够自己模拟真实考试下的状态。

（2）回顾、复盘之前学习的内容，强化之前掌握不牢固的知识。

（3）调整心态、自信从容。

4.3　寄语

　　软考并非你选择参加的第一个考试，在此之前你已经经历了大大小小各类备考。我相信经历过这么多考试，大家一定有一个共同的感受：在备考过程中，最难的往往不是学习本身，而是能否为学习投入足够多的时间和精力。作为成年人，考生们要兼顾的事情很多：工作、生活、家庭，现在又多了一项备考。考生们需要挤时间来学习，从少的可怜的个人时间里分配时间学习。这确实很辛苦，但既然选择了就必须坚持，树立坚持到底的决心！

　　接下来的备考对于考生们来说都是一段辛苦的旅程，一场需要坚持的耐力赛。

　　老师们衷心希望你的软考学习经历能为你留下美好回忆，学有所成，学有所获。

　　作为培训老师，作者见证了无数学员的软考备考过程，积累了大量的学员案例，为此总结了在软考备考中最关键的几个点跟大家分享，共勉。

- 目标明确，不忘初心

　　在做任何事情前有一个明确的目标是至关重要的。但既然选择了就要不忘初心，为了自己的目标去努力，去奋斗。

- 凡事预则立，不预则废

　　良好的计划是项目成功的基石。有了明确的目标，考生们在备考过程中一定要参照老师的学习计划制订出符合自己时间的备考计划。有道是"不怕慢，就怕站"，要树立过程中一个个小的里程碑节点，有了阶段性的任务目标，备考才不容易中断，切忌被动和毫无目的地学习。毫无计划地学习过程是散漫慵懒，松松垮垮的，很容易被外界的事物所影响。

- 坚持你所坚持的

　　有了明确的目标，有了合适的计划，更少不了"坚持"二字；这个也是成功通过高项考试的考生在备考经验总结中提到最多的一个词，不是要给大家灌鸡汤，因为对于已经工作多年的成年人来说，需要克服的最大的困难不是你没基础或者学不会，而是备考的心态和决心，大家都是兼顾工作与家庭的同时投入精力学习。有的同学上下班路上学习、有的同学等小孩晚上睡着以后学习、有的同学早上早起一个小时学习……别人可以，你也一样可以！大家都处在同一个年龄段，会有一些共性的问题，但只要你真心想要学习，抱着一次通过的决心，就一定可以。

　　为了达到目标，首先要相信自己，然后朝着这个目标坚持走下去。

第二篇　考点学习篇

　　本篇的核心目的就是减负。以高效地应对考试为出发点，提炼重点考点，内容既全、又薄，都是考点。

　　本篇主要内容以高项最新版考试大纲为基础，以最近 5 年软考高项 10 次考试真题所涉及的考点为依据，按照信息技术相关知识和项目管理相关知识两大范围，梳理提炼出了软考高项考试常考的知识点。

　　另外，在每一小节考试梳理之后，都有关于这个小节的历年真题及答案。这种"学完就练"的形式，除了能帮助考生更好的学习这类知识点以外，更能让考生及时体会历年考试题在此类知识点方面的出题策略、锻炼答题技巧。

　　根据高项考试各科目的特点，选择题考核的知识面最广、考点最多，因此学习本篇首先是为了能更有效的应对选择题（绝大多数知识点不需要会背，而是在做选择题时结合题干和选项，能够正确选择即可）。另外，本篇项目管理知识中的项目管理十大知识域的内容，不仅选择题考核的分值多，而且是案例题和大论文的考核重点，大家在学习时尤其需要用心理解。

本篇关键词：

　　学习。

第 5 章　信息化和信息系统

5.1　信息系统与信息化

5.1.1　信息系统与信息化——考点梳理

1. 信息的基本概念

信息论已发展成为一个内涵非常丰富的学科，与控制论和系统论并称为现代科学的"三论"。

香农指出，信息就是能够用来消除不确定性的东西。

1）信息的特征

（1）客观性。

（2）普遍性。

（3）无限性。

（4）动态性，并随时间变化。

（5）相对性。

（6）依附性。

（7）变换性。通过处理被变换（内容和形式变化）。

（8）传递性。

（9）层次性。

（10）系统性。

（11）转化性。有效的使用信息，可以将信息转化为物质或能量。

2）信息的质量属性

（1）精确性，对事物状态描述的精准程度。

（2）完整性，对事物状态描述的全面程度，完整信息应包括所有重要事实。

（3）可靠性，指信息的来源、采集方法，传输过程是可以信任的，符合预期。

（4）及时性，指获得信息的时刻与事件发生时刻的间隔长短。

（5）经济性，指信息获取、传输带来的成本在可以接受的范围之内。

（6）可验证性，指信息的主要质量属性可以被证实或者证伪的程度。

（7）安全性，指在信息的生命周期中，信息可以被非授权访问的可能性。

3）信息的功能

（1）为认识世界提供依据。

（2）为改造世界提供指导。

（3）为有序的建立提供保证。

（4）为资源开发提供条件。

（5）为知识生产提供材料。

信息的传输模型如图 5-1 所示。

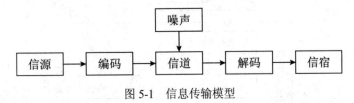

图 5-1　信息传输模型

2. 信息系统的基本概念

系统是由相互联系、相互依赖、相互作用的事物或过程组成的具有整体功能和综合行为的统一体。

系统的特性如下：

（1）目的性。

（2）整体性。

（3）层次性。

（4）稳定性。

（5）突变性。

（6）自组织性。

（7）相似性。

（8）相关性。

（9）环境适应性。

对于信息系统而言，以下特性会表现得比较突出：

（1）开放性。系统的开放性是指系统的可访问性，这个特性决定了系统可以被外部环境识别以及外部环境或者其他系统可以按照预定的方法来使用系统的能力。

（2）脆弱性。这个特性与系统的稳定性相对应，即系统可能存在着丧失结构、功能、秩序的特性，这个特性往往容易隐藏，并不易被外界感知。脆弱性差的系统一旦被侵入，整体性就会被破坏，甚至面临系统崩溃、瓦解。

（3）健壮性。系统具有的能够抵御出现非预期状态的特性称为健壮性，也称鲁棒性。要求具有高可用性的信息系统，会采取冗余技术、容错技术、身份识别技术、可靠性技术等来抵御系统出现非预期的状态，保持系统的稳定性。

简单地说信息系统就是输入数据，通过加工处理产生信息的系统。

面向管理和支持生产是信息系统的显著特点，以计算机为基础的信息系统可以定义为：结合管理理论和方法，应用信息技术解决管理问题，提高生产效率，为生产或信息化过程以及管理和决策提供支撑的系统。

管理模型、信息处理模型和系统实现条件三者的相互结合产生信息系统抽象模型，如图5-2所示。

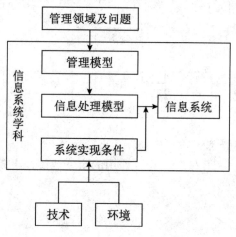

图 5-2　信息系统抽象模型

采用现代管理理论（例如软件工程、项目管理等）作为计划、设计、控制的方法将硬件、软件、数据库、网络等部件按照规划的结构和秩序有机地整合到一个有清晰边界的信息系统中，以达到既定系统的目标，这个过程就称为信息系统集成。

3．信息化的基本概念

信息化从"小"到"大"分为以下五个层次：

（1）产品信息化。

（2）企业信息化。

（3）产业信息化。

（4）国民经济信息化。

（5）社会生活信息化。

信息化的基本内涵启示我们：信息化的

- 主体是全体社会成员，包括政府、企业、事业、团体和个人。
- 时域是一个长期的过程。
- 空域是政治、经济、文化、军事和社会的一切领域。
- 手段是基于现代信息技术的先进社会生产工具。
- 途径是创建信息时代的社会生产力，推动社会生产关系及社会上层建筑的改革。

● 目标是让国家的综合实力、社会的文明素质和人民的生活质量得到全面提升。

国家信息化体系六要素如图 5-3 所示。

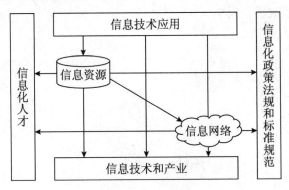

图 5-3　国家信息化体系六要素关系图

（1）信息资源。

信息资源的开发和利用是国家信息化的核心任务，是国家信息化建设取得实效的关键。

（2）信息网络。

信息网络是信息资源开发和利用的基础设施，包括电信网、广播电视网和计算机网络。

（3）信息技术应用。

信息技术应用是信息化体系六要素中的龙头，是国家信息化建设的主阵地。

（4）信息技术和产业。

信息产业是信息化的物质基础。

（5）信息化人才。

人才是信息化的成功之本。

（6）信息化政策法规和标准规范。

其是国家信息化快速、有序、健康和持续发展的保障。

4．信息系统生命周期

软件的生命周期通常包括：可行性分析与项目开发计划、需求分析、概要设计、详细设计、编码、测试、维护等阶段。

信息系统的生命周期可以简化为系统规划（可行性分析与项目开发计划）、系统分析（需求分析）、系统设计（概要设计、详细设计）、系统实施（编码、测试）、运行维护等阶段。

为便于论述针对信息系统项的项目管理，信息系统的生命周期还可以简化为立项（系统规划）、开发（系统分析、系统设计、系统实施）、运维及消亡四个阶段，在开发阶段不仅包括系统分析、系统设计、系统实施，还包括系统验收等工作。如果从项目管理的角度来看，项目的生命周期又划分为启动、计划、执行和收尾四个典型的阶段。

　　五阶段的信息系统生命周期，如图 5-4 所示。

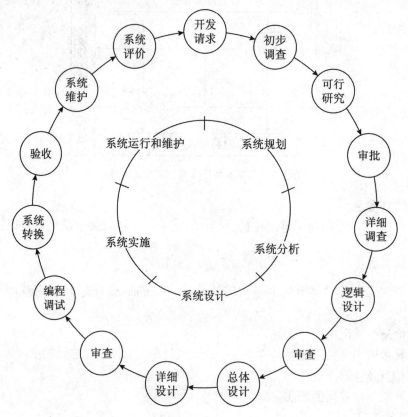

图 5-4　信息系统的生命周期

　　1）系统规划阶段

　　系统规划阶段的任务是对组织的环境、目标及现行系统的状况进行初步调查，根据组织目标和发展战略，确定信息系统的发展战略，对建设新系统的需求做出分析和预测，同时考虑建设新系统所受的各种约束，研究建设新系统的必要性和可能性。根据需要与可能，给出拟建系统的备选方案。对这些方案进行可行性研究，写出可行性研究报告。可行性研究报告审议通过后，将新系统建设方案及实施计划编写成系统设计任务书。

　　2）系统分析阶段

　　系统分析阶段的任务是根据系统设计任务书所确定的范围，对现行系统进行详细调查，描述现行系统的业务流程，指出现行系统的局限性和不足之处，确定新系统的基本目标和逻辑功能要求即提出新系统的逻辑模型。

　　系统分析阶段又称为逻辑设计阶段，这个阶段是整个系统建设的关键阶段，也是信息系统建设与一般工程项目的重要区别所在。系统分析阶段的工作成果体现在系统说明书中，这是系统建设的必备文件。它既是给用户看的，又是下一个阶段的工作依据，因此系统说明书既要通俗，又要准确。用户通过系统说明书可以了解未来系统的功能，判断是不是所要求的系统。系统说明书一旦讨论通过，就是系统设计的依据，也是将来验收系统的依据。

3）系统设计阶段

简单地说，系统分析阶段的任务是回答系统"做什么"的问题，而系统设计阶段要回答的问题是"怎么做"。该阶段的任务是根据系统说明书中规定的功能要求，考虑实际条件，具体设计实现逻辑模型的技术方案即设计新系统的物理模型。这个阶段又称为物理设计阶段，可分为总体设计（概要设计）和详细设计两个子阶段。这个阶段的技术文档是系统设计说明书。

4）系统实施阶段

系统实施阶段是将设计的系统付诸实施的阶段，这一阶段的任务包括计算机等设备的购置、安装和调试、程序的编写和调试、人员培训、数据文件转换、系统调试与转换等。这个阶段的特点是几个互相联系、互相制约的任务同时展开，必须精心安排、合理组织。系统实施是按实施计划分阶段完成的，每个阶段应写出实施进展报告。系统测试之后写出系统测试分析报告。

5）系统运行和维护阶段

系统投入运行后，需要经常进行维护和评价，记录系统运行的情况，根据一定的规则对系统进行必要的修改，评价系统的工作质量、评估经济效益。

5.1.2 信息系统与信息化——历年真题

1. 信息要满足一定的质量属性，其中信息的（   ）指信息的来源、采集方法，传输过程是可以信任的，符合预期。

    A. 完整性　　　　B. 可靠性　　　　C. 可验证性　　　　D. 保密性

2. 以下关于信息化的叙述中，不正确的是（   ）。

    A. 信息化的主体是程序员、工程师、项目经理、质量管控人员

    B. 信息化的时域是一个长期的过程

    C. 信息化的手段是基于现代信息技术的先进社会生产工具

    D. 信息化的目标是使国家的综合实力、社会的文明素质和人民的生活质量全面达到现代化水平

3. 信息系统是由计算机硬件、网络通讯设备、计算机软件，以及（   ）组成的人机一体化系统。

    A. 信息资源、信息用户和规章制度　　　B. 信息资源、规章制度

    C. 信息用户、规章制度　　　　　　　　D. 信息资源、信息用户和场地机房

4．以下关于信息系统生命周期开发阶段的叙述中，（　　）是不正确的。

A．系统分析阶段的目标是为系统设计阶段提供信息系统的逻辑模型

B．系统设计阶段是根据系统分析的结果设计出信息系统的实现方案

C．系统实施阶段是将设计阶段的成果部署在计算机和网络上

D．系统验收阶段是通过试运行，以确定系统是否可以交付给最终客户

5．某信息系统项目采用结构化方法进行开发，按照项目经理的安排，项目成员小张绘制了下图，如图5-5所示。此时项目处于（　　）阶段。

A．总体规划   B．系统分析

C．系统设计   D．系统实施

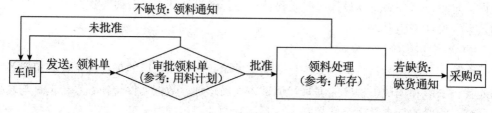

图 5-5　真题配图

参考答案

1	2	3	4	5
B	A	A	C	B

5.2　信息系统开发方法

5.2.1　信息系统开发方法——考点梳理

1．结构化方法

结构是指系统内各个组成要素之间的相互联系、相互作用的框架。结构化方法也称为生命周期法，是一种传统的信息系统开发方法，由结构化分析（Structured Analysis，SA）、结构化设计（Structured Design，SD）和结构化程序设计（Structured Programming，SP）三部分有机组合而成。其精髓是自顶向下、逐步求精和模块化设计。

结构化方法的主要特点：

（1）开发目标清晰化。

（2）开发工作阶段化。

（3）开发文档规范化。

（4）设计方法结构化。

结构化方法的不足和局限性：

（1）开发周期长。

（2）难以适应需求变化。

（3）很少考虑数据结构。

2．面向对象方法

OO（Object-Oriented，面向对象）方法是当前的主流开发方法，拥有很多不同的分支体系，主要包括 OMT（Object Model Technology，对象建模技术）方法、Coad/Yourdon 方法、OOSE（Object-Oriented Software Engineering，面向对象的软件工程）方法和 Booch 方法等。而 OMT、OOSE 和 Booch 已经统一成为 UML（United Model Language，统一建模语言）。

使用 OO 方法构造的系统具有更好的复用性，其关键在于建立一个全面、合理、统一的模型（用例模型与分析模型）。

OO 方法使系统的描述及信息模型的表示与客观实体相对应，符合人们的思维习惯，有利于系统开发过程中用户与开发人员的交流和沟通，缩短开发周期。OO 方法适用于各类信息系统的开发，但是 OO 方法也存在明显的不足，例如必须依靠一定的 OO 技术支持，在大型项目的开发上具有一定的局限性，不能涉足系统分析以前的开发环节。

一些大型信息系统的开发通常是将结构化方法和 OO 方法结合起来。首先，使用结构化方法进行自顶向下的整体划分；然后，自底向上地采用 OO 方法进行开发。因此，结构化方法和 OO 方法仍是两种在系统开发领域中相互依存的、不可替代的方法。

3．原型化方法

原型化方法也称为快速原型法，或者简称为原型法。从原型是否实现功能来分，可分为水平原型和垂直原型两种。从原型的最终结果来分，可分为抛弃式原型和演化式原型。

原型法的开发过程如图 5-6 所示。

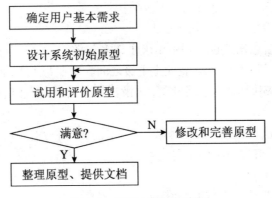

图 5-6　原型法的开发过程

原型法的特点：
- 原型法可以使系统开发的周期缩短、成本和风险降低、速度加快，获得较高的综合开发效益。
- 原型法是以用户为中心来开发系统的，用户参与的程度大大提高，开发的系统符合用户的需求，因而增加了用户的满意度，提高了系统开发的成功率。
- 由于用户参与了系统开发的全过程，对系统的功能和结构容易理解和接受，有利于系统的移交、有利于系统的运行与维护。

原型法的不足之处：
- 开发的环境要求高。
- 管理水平要求高。

4．面向服务的方法

OO 的应用构建在类和对象之上，随后发展起来的建模技术将相关对象按照业务功能进行分组，就形成了构件（Component）的概念。对于跨构件的功能调用，则采用接口的形式暴露出来，进一步将接口的定义与实现进行解耦，催生了服务和面向服务（Service-Oriented，SO）的开发方法。

从应用的角度来看，组织内部、组织之间各种应用系统的互相通信和互操作性直接影响着组织对信息的掌握程度和处理速度。如何使信息系统快速响应需求与环境变化，提高系统可复用性、信息资源共享和系统之间的互操作性，成为影响信息化建设效率的关键问题，而 SO 的思维方式恰好满足了这种需求。

目前，SO 方法是一个较新的领域，许多研究和实践还有待进一步深入。但是，它代表着不拘泥于具体技术实现方式的一种新的系统开发思想，已经成为信息系统建设的大趋势，越来越多的组织开始实施 SO 的信息系统建设。

5.2.2 信息系统开发方法——历年真题

1．常用的信息系统开发方法中，不包括（　　）。
  A．结构化方法　　　B．关系方法　　　C．原型法　　　　D．面向对象方法

2．许多企业在信息化建设过程中出现了诸多问题，如：信息孤岛多、信息不一致难以整合共享；各应用系统之间、企业上下级之间、企业与上下游伙伴之间业务难以协同，信息系统难以适应快捷的业务变化等。为解决这些问题，企业信息化建设采用（　　）架构已是流行趋势。
  A．面向过程　　　B．面向对象　　　C．面向服务　　　D．面向组件

3．面向对象软件开发方法的主要优点包括（　　）。
①符合人类思维习惯
②普遍适用于各类信息系统的开发
③构造的系统复用性好

④适用于任何信息系统开发的生命周期

　　A．①③④　　　　　B．①②③　　　　C．②③④　　　　D．①②④

参考答案

1	2	3
B	C	B

5.3　常规信息系统集成技术

5.3.1　常规信息系统集成技术——考点梳理

　　系统集成是指将计算机软件、硬件、网络通信等技术和产品集成为能够满足用户特定需求的信息系统，包括总体策划、设计开发、实施、服务及保障。

　　1．网络标准与网络协议

　　网络协议是为计算机网络中进行数据交换而建立的规则、标准或约定的集合。网络协议由三个要素组成，分别是语义、语法和时序。

　　1）OSI 协议

　　（1）物理层：具体标准有 RS232、V.35、RJ-45、FDDI。

　　（2）数据链路层：常见的协议有 IEEE 802.3/.2、HDLC、PPP、ATM。

　　（3）网络层：在 TCP/IP 协议中，网络层具体协议有 IP、ICMP、IGMP、IPX、ARP 等。

　　（4）传输层：在 TCP/IP 协议中，具体协议有 TCP、UDP、SPX。

　　（5）会话层：常见的协议有 RPC、SQL、NFS。

　　（6）表示层：常见的协议有 JPEG、ASCII、GIF、DES、MPEG。

　　（7）应用层：在 TCP/IP 协议中，常见的协议有 HTTP、Telnet、FTP、SMTP。

　　2）网络协议和标准

　　以太网规范 IEEE 802.3 是重要的局域网协议，内容包括：

　　• IEEE 802.3 标准以太网 10Mb/s 传输介质为细同轴电缆。

　　• IEEE 802.3u 快速以太网 100Mb/s 双绞线。

　　• IEEE 802.3z 千兆以太网 1000Mb/s 光纤或双绞线。

　　广域网协议包括 PPP 点对点协议、ISDN 综合业务数字网、xDSL（DSL 数字用户线路的统称：HDSL、SDSL、MVL、ADSL）、DDN 数字专线、x.25、FR 帧中继、ATM 异步传输模式。

　　3）TCP/IP

　　（1）应用层协议。

这些协议主要有 FTP、TFTP、HTTP、SMTP、DHCP、Telnet、DNS 和 SNMP 等。

① FTP（File Transport Protocol，文件传输协议）。

② TFTP（Trivial File Transfer Protocol，简单文件传输协议）。

③ HTTP（Hypertext Transfer Protocol，超文本传输协议）。

④ SMTP（Simple Mail Transfer Protocol，简单邮件传输协议）。

⑤ DHCP（Dynamic Host Configuration Protocol，动态主机配置协议）。

⑥ Telnet（远程登录协议）。

⑦ DNS（Domain Name System，域名系统）。

⑧ SNMP（Simple Network Management Protocol，简单网络管理协议）。

（2）传输层协议。

传输层主要有两个协议：TCP 和 UDP（User Datagram Protocol，用户数据报协议）。TCP 是整个 TCP/IP 协议族中最重要的协议之一。

UDP 是一种不可靠的、无连接的协议。

（3）网络层协议。

网络层中的协议主要有 IP、ICMP（Internet Control Message Protocol，网际控制报文协议）、IGMP（Internet Group Management Protocol，网际组管理协议）、ARP（Address Resolution Protocol，地址解析协议）和 RARP（Reverse Address Resolution Protocol，反向地址解析协议）等。

2．网络设备

网络互联设备如表 5-1 所列。

表 5-1　网络互联设备

互联设备	工作层次	主要功能
中继器	物理层	对接收信号进行再生和发送，只起到扩展传输距离用，对高层协议是透明的，但使用个数有限（例如，在以太网中只能使用 4 个）
网桥	数据链路层	根据帧物理地址进行网络之间的信息转发，可缓解网络通信繁忙度，提高效率。只能够连接相同 MAC 层的网络
路由器	网络层	通过逻辑地址进行网络信息之间的转发，可完成异构网络之间的互联互通，只能连接使用相同网络层协议的子网
网关	高层（4~7 层）	最复杂的网络互联设备，用于连接网络层以上执行不同协议的子网
集线路	物理层	多端口中继器
二层交换机	数据链路层	是指传统意义上的交换机，多端口网桥
三层交换机	网络层	带路由功能的二层交换机
多层交换机	高层（4~7 层）	带协议转换的交换机

3．网络服务器

网络服务器是指在网络环境下运行相应的应用软件，为网上用户提供共享信息资源和各种服务的高性能计算机（或者计算机集群），英文名称叫作 Server（Cluster）。而集群对客户端而言，逻辑上仍是一台计算机。

4．网络存储技术

主流的网络存储技术主要有三种，分别是直接附加存储（Direct Attached Storage）、网络附加存储（Network Attached Storage）和存储区域网络（Storage Area Network）。

1）直接附加存储 DAS

DAS 是将存储设备通过型计算机系统接口电缆直接连到服务器，其本身是硬件的堆叠，存储操作依赖于服务器，不带有任何存储操作系统。因此，有些文献也将 DAS 称为 SAS（Server Attached Storage，服务器附加存储）。

2）网络附加存储 NAS

采用 NAS 技术的存储设备不再通过 I/O 总线附属于某个特定的服务器，而是通过网络接口与网络直接相连，由用户通过网络访问。

NAS 技术支持多种 TCP/IP 网络协议，主要是 NFS（Net File System，网络文件系统）和 CIFS（Common Internet File System，通用 Internet 文件系统）来进行文件访问，所以 NAS 的性能特点是可以进行小文件级的共享存取。

NAS 存储支持即插即用，可以在网络的任一位置建立存储，基于 Web 管理，使设备的安装、使用和管理更加容易。NAS 可以很经济地解决存储容量不足的问题，但难以获得满意的性能。

3）存储区域网络 SAN

SAN 是通过专用交换机将磁盘阵列与服务器连接起来的高速专用子网。它没有采用文件共享存取方式，而是采用块级别存储。SAN 是通过专用高速网将一个或多个网络存储设备和服务器连接起来的专用存储系统，其最大特点是将存储设备从传统的以太网中分离了出来，成为独立的存储区域网络。

根据数据传输过程采用的协议，其技术划分为 FC SAN（光纤通道 SAN）、IP SAN（基于 IP 网络的 SAN）和 IB SAN（无限带宽 SAN）技术。

5．网络接入技术

（1）PSTN（Public Switching Telephone Network，公用交换电话网络）。

（2）ISDN（Integrated Services Digital Network，综合业务数字网）。

（3）ADSL（Asymmetrical Digital Subscriber Loop，非对称数字用户线路）。

（4）FTTx+LAN 接入包括：

FTTC（Fiber To The Curb，光纤到路边）；FTTZ（Fiber To The Zone，光纤到小区）；FTTB（Fiber To The Building，光纤到楼）；FTTF（Fiber To The Floor，光纤到楼层）和 FTTH（Fiber To The Home，光纤到户）。

（5）同轴光纤技术（Hybrid Fiber-Coaxial，HFC）。

（6）无线接入

无线网络是指以无线电波作为信息传输媒介，无线网络既包括允许用户建立远距离无线连接的全球语音和数据网络，又包括为近距离无线连接进行优化的红外线技术及射频技术，与有线网络的用途十分类似，最大的不同在于传输媒介的不同。目前最常用的无线网络接入技术主要有 WiFi 和移动互联接入（4G）。

6. 网络规划与设计

网络设计工作包括：

（1）网络拓扑结构设计。

（2）主干网络（核心层）设计。

（3）汇聚层和接入层设计。

（4）广域网连接与远程访问设计。

（5）无线网络设计。

（6）网络安全设计。

（7）设备选型。

7. 数据库管理系统

常见的数据库管理系统主要有 Oracle、MySQL、SQL Server、MongoDB 等，前三种均为关系数据库，而 MongoDB 是非关系数据库。

8. 数据仓库技术

数据仓库是一个面向主题的、集成的、非易失的、随时间变化的数据集合，用于支持管理决策。

大众观点的数据仓库的体系结构如图 5-7 所示。

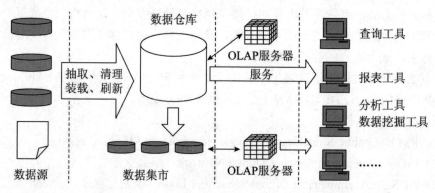

图 5-7 数据仓库体系结构

（1）数据源：是数据仓库系统的基础，是整个系统的数据源泉。通常包括企业内部信息和外部信息。

（2）数据的存储与管理：是整个数据仓库系统的核心。数据仓库的真正关键是数据的存储和管理，针对现有各业务系统的数据进行抽取、清理，并有效集成，按照主题进行组织。数据仓库按照数据的覆盖范围可以分为企业级数据仓库和部门级数据仓库（通常称为数据集市）。

（3）OLAP 服务器：对分析需要的数据进行有效集成，按多维模型予以组织，以便进行多角度、多层次的分析并发现趋势。其具体实现可以分为：ROLAP、MOLAP 和 HOLAP。

（4）前端工具：主要包括各种查询工具、报表工具、分析工具、数据挖掘工具以及各种基于数据仓库或数据集市的应用开发工具。其中数据分析工具主要针对 OLAP 服务器，报表工具、数据挖掘工具主要针对数据仓库。

9．中间件技术

目前还没有对中间件形成一个统一的定义，下面是两种现在普遍比较认可的定义：

（1）在一个分布式系统环境中处于操作系统和应用程序之间的软件。

（2）中间件是一种独立的系统软件或服务程序，分布式应用软件借助这种软件在不同的技术之间共享资源，中间件位于客户机服务器的操作系统之上，管理计算资源和网络通信。

中间件作为一大类系统软件，与操作系统、数据库管理系统并称"三套车"。

它的优越性体现在以下几个方面：缩短应用的开发周期、节约应用的开发成本、减少系统初期的建设成本、降低应用开发的失败率、保护已有的投资、简化应用集成、减少维护费用、提高应用的开发质量、保证技术进步的连续性、增强应用的生命力。

由底向上从中间件的层次上来划分，可分为底层型中间件、通用型中间件和集成型中间件三个大的层次。

（1）底层型中间件的主流技术有 JVM（Java 虚拟机）、CLR（公共语言运行库）、ACE（自适配通信环境）、JDBC（Java 数据库连接）和 ODBC（开放数据库互连）等，代表产品主要有 SUN JVM 和 Microsoft CLR 等。

（2）通用型中间件的主流技术有 CORBA（公共对象请求代理体系结构）、J2EE、MOM（面向消息的中间件）和 COM 等，代表产品主要有 IONA Orbix、BEA Web Logic 和 IBM MQSeries 等。

（3）集成型中间件的主流技术有 Workflow 和 EAI（企业应用集成）等，代表产品主要有 BEA Web Logic 和 IBM Web Sphere 等。

10．高可用性和高可靠性的规划与设计

计算机系统的可用性用平均无故障时间（MTTF）来度量，即计算机系统平均能够正常运行多长时间才发生一次故障。系统的可用性越高，平均无故障时间越长。可维护性用平均维修时间（MTTR）来度量，即系统发生故障后维修和重新恢复正常运行平均花费的时间。计算机系统的可用性定义为：MTTF/(MTTF+MTTR)×100%。

5.3.2 常规信息系统集成技术——历年真题

1.（　　）是与 IP 协议同层的协议，可用于互联网上的路由器报告差错或提供有关意外情况的信息。

    A．IGMP   B．ICMP   C．RARP   D．ARP

2.虽然不同的操作系统可能装有不同的浏览器。但是这些浏览器都符合（　　）协议。

    A．SMP   B．HTTP   C．HTML   D．SMTP

3.在计算机网络设计中，主要采用分层分级设计模型。其中（　　）的主要目的是完成网络访问策略控制、数据包处理、过滤、寻址，以及其他数据处理的任务。

    A．接入层   B．汇聚层   C．主干层   D．核心层

4.以下关于网络规划、设计与实施工作的叙述中，不正确的是（　　）。

    A．在设计网络拓扑结构时，应考虑的主要因素有地理环境、传输介质与距离以及可靠性

    B．在设计主干网时，连接建筑群的主干网一般考虑以光缆作为传输介质

    C．在设计广域网连接方式时，如果网络用户有 www、E-mail 等具有 Internet 功能的服务器，一般采用专线连接或永久虚电路连接外网

    D．无线网络不能应用于城市范围的网络接入

5.（　　）是一种软件技术，在数据仓库中有广泛的应用，通过访问大量的数据实现数据处理分析要求，实现方式是从数据仓库中抽取详细数据的一个子集，并经过必要的聚集存储到该服务器中供前端分析工具读取。

    A．联机分析处理（OLAP）   B．联机事务处理（OLTP）

    C．数据采集工具（ETL）   D．商业智能分析（BI）

6.一般而言，大型软件系统中实现数据压缩功能的模块，工作在 OSI 参考模型的是（　　）。

    A．应用层   B．表示层   C．会话层   D．网络层

7.在 1 号楼办公的小李希望在本地计算机上通过远程登录的方式访问放置在 2 号楼的服务器，为此将会使用到 TCP/IP 协议族中的（　　）协议。

    A．Telnet   B．FTP   C．HTTP   D．SMTP

参考答案

1	2	3	4	5	6	7
B	B	B	D	A	B	A

5.4　软件工程

5.4.1　软件工程——考点梳理

软件工程由方法、工具和过程三个部分组成。

1. 需求分析

软件需求是指用户对新系统在功能、行为、性能、设计约束等方面的期望。根据 IEEE 的软件工程标准词汇表，软件需求是指用户解决问题或达到目标所需的条件或能力，是系统或系统部件要满足合同、标准、规范或其他正式规定文档所需具有的条件或能力，以及反映这些条件或能力的文档说明。

1）需求的层次

（1）业务需求。

业务需求是指反映企业或客户对系统高层次的目标要求，通常来自项目投资人、购买产品的客户、客户单位的管理人员、市场营销部门或产品策划部门等。通过业务需求可以确定项目视图和范围，项目视图和范围文档把业务需求集中在一个简单、紧凑的文档中，该文档为以后的开发工作奠定了基础。

（2）用户需求。

用户需求描述的是用户的具体目标，或用户要求系统必须能完成的任务。也就是说，用户需求描述了用户能使用系统来做些什么，通常采取用户访谈和问卷调查等方式对用户使用的场景进行整理，从而建立用户需求。

（3）系统需求。

系统需求是从系统的角度来说明软件的需求，包括功能需求、非功能需求和设计约束等。功能需求也称为行为需求，它规定了开发人员必须在系统中实现的软件功能，用户利用这些功能来完成任务，满足业务需要。功能需求通常是通过系统特性的描述表现出来的，所谓特性是指一组逻辑上相关的功能需求，表示系统为用户提供某项功能（服务），使用户的业务目标得以满足；非功能需求是指系统必须具备的属性或品质，又可细分为软件质量属性（例如可维护性、效率等）和其他非功能需求。设计约束也称为限制条件或补充规约，通常是对系统的一些约束说明，例如，必须采用国有自主知识产权的数据库系统，必须运行在 UNIX 操作系统之下等。

2）质量功能部署

质量功能部署（Quality Function Deployment，QFD）是一种将用户要求转化成软件需求的技术。其目的是最大限度地提升软件工程过程中用户的满意度，为了达到这个目标，QFD 将软件需求分为三类，分别是常规需求、期望需求和意外需求。

3）需求获取

常见的需求获取方法包括用户访谈、问卷调查、采样、情节串联板、联合需求计划等。

4）需求分析

一个好的需求应该具有无二义性、完整性、一致性、可测试性、确定性、可跟踪性、正确性、必要性等特性。因此，需要分析人员把杂乱无章的用户要求和期望转化为用户需求，这就是需求分析的工作。

在实际工作中，一般使用实体联系图（E-R 图）表示数据模型，用数据流图（Data Flow Diagram，DFD）表示功能模型，用状态转换图（State Transform Diagram，STD）表示行为模型。

5）软件需求规格说明书

软件需求规格说明书（Software Requirement Specification，SRS）是需求开发活动的产物，编制该文档的目的是使项目干系人与开发团队对系统的初始规定有一个共同的理解，使之成为整个开发工作的基础。SRS 是软件开发过程中最重要的文档之一，对于任何规模和性质的软件项目都不应该缺少。

在国家标准 GB/T 8567—2006 中，提供了一个 SRS 的文档模板和编写指南，其中规定 SRS 应该包括以下内容：①范围。②引用文件。③需求。④合格性规定。⑤需求可追踪性。⑥尚未解决的问题。⑦注解。⑧附录。

6）需求验证

需求验证也称为需求确认，其活动是为了确定以下几个方面的内容：

（1）SRS 正确地描述了预期的、满足项目干系人需求的系统行为和特征。

（2）SRS 中的软件需求是从系统需求、业务规格和其他来源中正确推导而来的。

（3）需求是完整和高质量的。

（4）需求的表示在所有地方都是一致的。

（5）需求为继续进行系统设计、实现和测试提供了足够的基础。

在实际工作中，一般通过需求评审和需求测试工作来对需求进行验证。需求评审就是对 SRS 进行技术评审，SRS 的评审是一项精益求精的技术，它可以发现那些二义性的或不确定性的需求，为项目干系人提供在需求问题上达成共识的方法。需求的遗漏和错误具有很强的隐蔽性，仅仅通过阅读 SRS，很难完成在特定环境下的系统行为，只有在业务需求基本明确、用户需求部分确定时，同步进行需求测试才可能及早发现问题，从而在需求开发阶段以较低的代价解决这些问题。

7）UML

UML 是一种定义良好、易于表达、功能强大且普遍适用的建模语言。

从总体上来看，UML 的结构包括构造块、规则和公共机制三个部分。

（1）UML 中的事物。

● 结构事物：结构事物在模型中属于最静态的部分，代表概念上或物理上的元素。

- 行为事物：行为事物是 UML 模型中的动态部分，代表时间和空间上的动作。
- 分组事物：分组事物是 UML 模型中组织的部分。
- 注释事物：注释事物是 UML 模型的解释部分。

（2）UML 中的关系。

UML 用关系把事物结合在一起，主要有下列四种关系：

- 依赖（dependency）：依赖是两个事物之间的语义关系，其中一个事物发生变化会影响另一个事物的语义。
- 关联（association）：关联描述一组对象之间连接的结构关系。
- 泛化（generalization）：泛化是一般化和特殊化的关系，描述特殊元素的对象可替换一般元素的对象。
- 实现（realization）：实现是类之间的语义关系，其中的一个类指定了由另一个类保证执行的契约。

（3）UML 视图。

UML 对系统架构的定义是系统的组织结构，包括系统分解的组成部分，以及它们的关联性、交互机制和指导原则等提供系统设计的信息。具体来说，就是指以下 5 个系统视图：

- 逻辑视图：逻辑视图也称为设计视图，它表示了设计模型中在架构方面具有重要意义的部分，即类、子系统、包和用例实现的子集。
- 进程视图：进程视图是可执行线程和进程作为活动类的建模，它是逻辑视图的一次执行实例，描述了并发与同步结构。
- 实现视图：实现视图对组成基于系统的物理代码的文件和构件进行建模。
- 部署视图：部署视图把构件部署到一组物理节点上，表示软件到硬件的映射和分布结构。
- 用例视图：用例视图是最基本的需求分析模型。

8）面向对象分析

类之间的主要关系有关联、依赖、泛化、聚合、组合和实现等，它们在 UML 中的表示方式如图 5-8 所示。

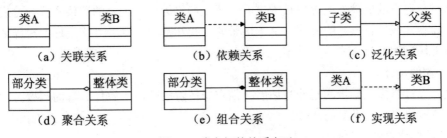

图 5-8　类之间的关系表示

（1）关联关系。关联提供了不同类的对象之间的结构关系，它在一段时间内将多个类的实例连接在一起。关联体现的是对象实例之间的关系，而不表示两个类之间的关系。

（2）依赖关系。两个类 A 和 B，如果 B 的变化可能会引起 A 的变化，则称类 A 依赖于类 B。

（3）泛化关系。泛化关系描述了一般事物与该事物中的特殊种类之间的关系，也就是父类与子类之间的关系。继承关系是泛化关系的反关系，也就是说，子类继承了父类，而父类则是子类的泛化。

（4）共享聚集。共享聚集关系通常简称为聚合关系，它表示类之间的整体与部分的关系，其含义是"部分"可能同时属于多个"整体"，"部分"与"整体"的生命周期可以不相同。

（5）组合聚集。组合聚集关系通常简称为组合关系，它也是表示类之间的整体与部分的关系。与聚合关系的区别在于，组合关系中的"部分"只能属于一个"整体"，"部分"与"整体"的生命周期相同，"部分"随着"整体"的创建而创建，也随着"整体"的消亡而消亡。

（6）实现关系。实现关系将说明和实现联系起来。接口是对行为而非实现的说明，而类中则包含了实现的结构。一个或多个类可以实现一个接口，而每个类分别实现接口中的操作。

2．软件架构设计

软件架构为软件系统提供了一个结构、行为和属性的高级抽象对象，软件架构设计由构件的描述、构件的相互作用（连接件）、指导构件集成的模式以及这些模式的约束组成。

1）软件架构风格

软件架构设计的一个核心问题是能否达到架构级的软件复用，也就是说能否在不同的系统中使用同一个软件架构。

将软件架构分为数据流风格、调用/返回风格、独立构件风格、虚拟机风格和仓库风格。

2）软件架构评估

在架构评估过程中，评估人员所关注的是系统的质量属性。

从目前已有的软件架构评估技术来看，可以归纳为三类主要的评估方式，分别是基于调查问卷（或检查表）的方式、基于场景的方式和基于度量的方式。这三种评估方式中，基于场景的评估方式最为常用。

3．软件设计

软件设计是需求分析的延伸与拓展。需求分析阶段解决"做什么"的问题，而软件设计阶段解决"怎么做"的问题。

1）结构化设计（Structured Design，SD）

Structured Design 方法的基本思想是将软件设计成由相对独立且具有单一功能的模

块组成的结构，分为概要设计和详细设计两个阶段。

在概要设计中，将系统开发的总任务分解成许多个基本的、具体的任务，而为每个具体任务选择适当的技术手段和处理方法的过程称为详细设计。根据任务的不同，详细设计又可分为多种，例如输入/输出设计、处理流程设计、数据存储设计、用户界面设计、安全性和可靠性设计等。

2）面向对象设计

OOD 是面向对象分析（Object Oriented Design，OOD）方法的延续，其基本思想包括抽象、封装和可扩展性，其中可扩展性主要通过继承和多态来实现。

3）设计模式

根据处理范围不同，设计模式可分为类模式和对象模式。类模式处理类和子类之间的关系，这些关系通过继承建立，在编译时就被确定下来，属于静态关系；对象模式处理对象之间的关系，这些关系在运行时变化，更具动态性。

根据目的和用途不同，设计模式可分为创建型模式、结构型模式和行为型模式三种。

4．软件工程的过程管理

软件过程是软件生命周期中的一系列相关活动，即用于开发和维护软件及相关产品的一系列活动。软件产品的质量取决于软件过程，具有良好软件过程的组织能够开发出高质量的软件产品。

5．软件测试及其管理

1）测试的方法

软件测试方法可分为静态测试和动态测试。静态测试是指被测试程序不在机器上运行，而采用人工检测和计算机辅助静态分析的手段对程序进行检测。对文档的静态测试主要以检查单的形式进行，而对代码的静态测试一般采用桌前检查（Desk Checking）、代码走查和代码审查。

动态测试是指在计算机上实际运行程序进行软件测试，一般采用白盒测试和黑盒测试方法。

白盒测试也称为结构测试，主要用于软件单元测试中。

黑盒测试也称为功能测试，主要用于集成测试、确认测试和系统测试中。

2）测试的类型

根据国家标准 GB/T 15532—2008，软件测试可分为单元测试、集成测试、确认测试、系统测试、配置项测试和回归测试等类别。

6．软件集成技术

EAI 所连接的应用包括各种电子商务系统、ERP、CRM、SCM、OA、数据库系统和数据仓库等。从单个企业的角度来说，EAI 可以包括表示集成、数据集成、控制集成和业务流程集成等多个层次和方面，当然也可以在多个企业之间进行应用集成。

表示集成是黑盒集成，无须了解程序与数据库的内部构造。常用的集成技术主要有屏幕截取和输入模拟技术。

为了完成控制集成和业务流程集成，必须首先解决数据和数据库的集成问题。在集成之前，必须首先对数据进行标识并编成目录，另外还要确定元数据模型，保证数据在数据库系统中分布和共享。因此，数据集成是白盒集成。

控制集成也称为功能集成或应用集成，是在业务逻辑层上对应用系统进行集成的。

业务流程集成也称为过程集成，这种集成超越了数据和系统，它由一系列基于标准的、统一数据格式的工作流组成。

EAI技术可以适用于大多数要实施电子商务的企业，以及企业之间的应用集成。EAI使得应用集成架构里的客户和业务伙伴，都可以通过集成供应链内的所有应用和数据库实现信息共享。

5.4.2 软件工程——历年真题

1. 软件需求包括三个不同的层次：业务需求、用户需求和功能需求。其中业务需求（　　　）。
   A. 反映了组织结构或客户对系统、产品高层次的目标要求。在项目视图与范围文档中予以说明
   B. 描述了用户使用产品必须实现的软件功能
   C. 定义了开发人员必须实现的软件功能
   D. 描述了系统展现给用户的行为和执行的操作等

2. 软件需求包括三个不同的层次，分别为业务需求、用户需求和功能及非功能需求。（　　　）属于用户需求。
   A. 反映了组织机构或客户对系统、产品高层次的目标要求，其在项目视图范围文档中予以说明
   B. 描述用户使用产品必须要完成的任务，其在使用实例文档或方案脚本说明中予以说明
   C. 定义了开发人员必须实现的软件功能，使得用户能完成他们的任务，从中满足了业务需求
   D. 软件产品为了满足用户的使用，对用户并发、处理速度、安全性能等方面的需求

3. 使用UML对系统进行分析设计时，需求描述中的"包含""组成""分为""部分"等词常常意味着存在（　　　）关系，图5-9表示了这种关系。
   A. 关联　　　　B. 聚集
   C. 泛化　　　　D. 继承

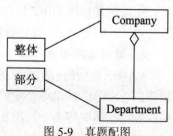

图 5-9　真题配图

4.（　　）也称为设计视图,它表示了设计模型中在架构方面具有重要意义的部分,即类、子系统、包和用例实现的子集。

　　A．逻辑视图　　　　　　　　　　B．进程视图

　　C．实现现图　　　　　　　　　　D．用例视图

5．软件架构是软件开发过程中的一项重要工作,（　　）不属于软件架构设计的主要工作内容。

　　A．制定技术规格说明　　　　　　B．编写需求规格说明书

　　C．技术选型　　　　　　　　　　D．系统分解

6．软件测试是为评价和改进产品质量、识别产品的缺陷和问题而进行的活动,以下关于软件测试的叙述中,（　　）是不正确的。

　　A．软件测试是软件开发中一个重要的环节

　　B．软件测试被认为是一种应该包括在整个开发和维护过程中的活动

　　C．软件测试是在有限测试用例集合上,静态验证软件是否达到预期的行为

　　D．软件测试是检查预防措施是否有效的主要手段,也是识别由于某种原因预防措施无效而产生错误的主要手段

7．软件测试是软件开发过程中的一项重要内容,将测试分为白盒测试、黑盒测试和灰盒测试,主要是（　　）对软件测试进行分类。

　　A．从是否关心软件内部结构和具体实现的角度

　　B．从是否执行程序的角度

　　C．从软件开发阶段的细分角度

　　D．从软件开发复杂性的角度

8．以下关于软件测试的叙述中,不正确的是（　　）。

　　A．在集成测试中,软件开发人员应该避免测试自己开发的程序

　　B．软件测试工作应该在需求阶段就开始进行

　　C．如果软件测试完成后没有发现任何问题,那么应首先检查测试过程是否存在问题

　　D．如果项目时间比较充裕,测试的时间可以长一些,如果项目时间紧张,测试时间可以少一些

参考答案

1	2	3	4	5	6	7	8
A	B	B	A	B	C	A	D

5.5　新一代信息技术

5.5.1　新一代信息技术——考点梳理

1. 物联网

物联网（Internet of Things）主要解决物品与物品（Thing to Thing，T2T）、人与物品（Human to Thing，H2T）、人与人（Human to Human，H2H）之间的互连。

在物联网应用中有两项关键技术，分别是传感器技术和嵌入式技术。

- RFID（Radio Frequency Identification，射频识别）是物联网中使用的一种传感器技术。
- 嵌入式技术是综合了计算机软硬件、传感器技术、集成电路技术、电子应用技术为一体的复杂技术。

如果将物联网用人体做一个简单比喻，则传感器相当于人的眼睛、鼻子、皮肤等器官；网络就是神经系统，用来传递信息；嵌入式系统则是人的大脑，在接收到信息后要进行分类处理。

物联网架构可分为三层，分别是感知层、网络层和应用层。

- 感知层由各种传感器构成，包括温湿度传感器、二维码标签、RFID 标签和读写器、摄像头、GPS 等感知终端。感知层是物联网识别物体、采集信息的来源。
- 网络层由各种网络，例如互联网、广电网、网络管理系统和云计算平台等组成，其是整个物联网的中枢，负责传递和处理感知层获取的信息。
- 应用层是物联网和用户的接口，它与行业需求结合，实现物联网的智能应用。

物联网技术在智能电网、智慧物流、智能家居、智能交通、智慧农业、环境保护、医疗健康、城市管理（智慧城市）、金融服务保险业、公共安全等方面有非常关键和重要的应用。

物联网在城市管理中的综合应用即智慧城市。智慧城市建设主要包括以下几部分：

- 通过传感器或信息采集设备全方位地获取城市系统数据。
- 通过网络将城市数据关联、融合、处理、分析成信息。
- 通过充分共享、智能挖掘将信息变成知识。
- 结合信息技术，把知识应用到各行各业形成智慧。

智慧城市建设参考模型包括有依赖关系的五层和对建设有约束关系的三个支撑体系，如图 5-10 所示。

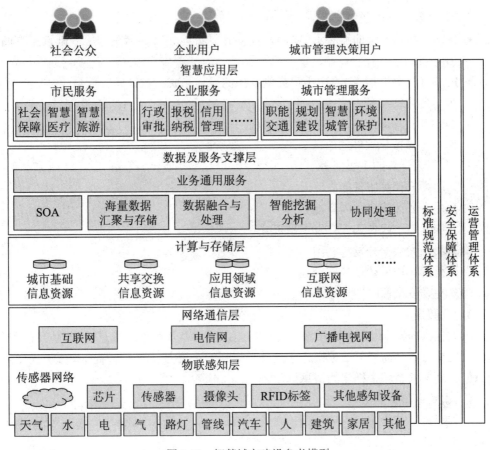

图 5-10 智慧城市建设参考模型

2. 云计算

云计算（Cloud Computing）是一种基于互联网的计算方式，通过这种方式在网络上配置为共享的软件资源、计算资源、存储资源和信息资源，可以按需求提供给网上终端设备和终端用户。

1）云计算概念

所谓"云"是一种抽象的比喻，表示用网络来包裹服务和资源的一种状态，对用户而言这种包裹隐藏了服务或资源共享的实现细节。云计算是继大型机-终端计算模式转变为客户端-服务器计算模式之后的又一种计算模式的转变。在这种模式下，用户不再需要了解"云"中基础设施的细节，也不必具有相应的专业知识，更无须直接进行控制便可以将信息系统的运行维护完全交给"云"平台的管理者。云计算通常通过互联网来提供动态、易扩展而且经常是虚拟化的资源，并且计算能力也可作为一种资源通过互联网流通。

云计算的主要特点包括：宽带网络连接，快速、按需、弹性的服务。

2）云计算服务的类型

- IaaS（基础设施即服务），向用户提供计算机能力、存储空间等基础设施方面的服务。
- PaaS（平台即服务），向用户提供虚拟的操作系统、数据库管理系统、Web 应用等平台化的服务。
- SaaS（软件即服务），向用户提供应用软件（如 CRM、办公软件等）、组件、工作流等虚拟化软件的服务。

3）发展云计算的主要任务

（1）增强云计算服务能力。

（2）提升云计算自主创新能力。

（3）探索电子政务云计算发展新模式。

（4）加强大数据开发与利用。

（5）统筹布局云计算基础设施。

（6）提升安全保障能力。

3．大数据

大数据（Big Data）指无法在一定时间范围内用常规软件工具进行捕捉、管理和处理的数据集合，是需要新处理模式才能具有更强的决策力、洞察发现力和流程优化能力的海量、高增长率和多样化的信息资产。

1）大数据的特点

业界通常用 5 个 V——Volume（大量）、Variety（多样）、Value（价值）、Velocity（高速）和 Veracity（真实性）来概括大数据的特征。

2）大数据的价值与应用

大数据应用实例如下：

（1）大数据征信。

（2）大数据风控。

（3）大数据消费金融。

（4）大数据财富管理。

（5）大数据疾病预测。

3）大数据发展应用的目标

2015 年国务院印发了《促进大数据发展行动纲要》。纲要提出了立足我国国情和现实的需要，推动大数据发展和应用在未来 5～10 年逐步实现以下目标：

（1）打造精准治理、多方协作的社会治理新模式。

（2）建立运行平稳、安全高效的经济运行新机制。

（3）构建以人为本、惠及全民的民生服务新体系。

（4）开启大众创业、万众创新的创新驱动新格局。

（5）培育高端智能、新兴繁荣的产业发展新生态。

4．移动互联

移动互联是移动互联网的简称，它是将移动通信与互联网两者结合到一起而形成的。其工作原理为：用户通过移动终端来对互联网上的信息进行访问，并获取一些所需要的信息，人们可以享受一系列的信息服务带来的便利。

移动互联网的核心是互联网，因此一般认为移动互联网是桌面互联网的补充和延伸，应用和内容仍是移动互联网的根本。

移动互联网有以下特点：

（1）终端移动性。

（2）业务使用的私密性。

（3）终端和网络的局限性。

（4）业务与终端、网络的强关联性。

移动互联在市场领域和应用开发领域形成了一些特点，这些特点在移动互联领域内有着划时代的重要意义，例如：

（1）重视对传感技术的应用。

（2）有效地实现人与人的连接。

（3）浏览器竞争及孤岛问题突出。

5.5.2　新一代信息技术——历年真题

1．射频识别（RFID）是物联网中常用的无线通信技术，它通过（　　）识别特定目标并读写相关数据。

  A．磁条   B．红外线

  C．无线电信号   D．光束扫描

2．（　　）是物联网应用的重要基础，是两网融合的重要技术之一。

  A．遥感和传感技术   B．智能化技术

  C．虚拟计算技术   D．集成化和平台化

3．自从第一台电子计算机问世以来，信息系统经历了由低级到高级、由单机到网络、由数据处理到智能处理、由集中式计算到云计算的发展历程。以下关于云计算的叙述中，（　　）是不正确的。

  A．云计算凭借数量庞大的云服务器为用户提供远超单台服务器的处理能力

  B．云计算支持用户在任意位置获取应用服务，用户不必考虑应用的具体位置

  C．云计算的扩展性低，一旦扩展则需要重新构建全部数据模型

  D．云计算可以构造不同的应用，同一个"云"可以同时支撑不同的应用运行

4．Cloud computing is a type of Internet-based computing that provides shared computer processing resources and data to computers and other devices on demand. Advocates claim that cloud computing allows companies to avoid up-front infrastructure costs. Cloud computing now has few service form, but it is not including（　　　）.

  A．IaaS   B．PaaS   C．SaaS   D．DaaS

5．以下关于大数据的叙述中，（　　　）是不正确的。

  A．大数据不仅是技术，更是思维方式、发展战略和商业模式

  B．缺少数据资源和数据思维，对产业的未来发展会有严重影响

  C．企业的价值与其数据资产的规模、活性、解释并运用数据的能力密切相关

  D．大数据中，各数据价值之和远远大于数据之和的价值

6．以下关于移动互联网发展趋势的叙述中，（　　　）是不正确的。

  A．移动互联网与 PC 互联网协调发展，共同服务经济社会

  B．移动互联网与传统行业融合，衍生新的应用模式

  C．随着移动设备的普及，移动互联网将逐步替代 PC 互联网

  D．移动互联网对用户的服务将更泛在、更智能、更便捷

7．以下关于移动互联网的描述，不正确的是：（　　　）。

  A．移动互联网使得用户可以在移动状态下接入和使用互联网服务

  B．移动互联网是桌面互联网的复制和移植

  C．传感技术能极大地推动移动互联网的成长

  D．在移动互联网领域，仍存在浏览器竞争及"孤岛"问题

参考答案

1	2	3	4	5	6	7
C	A	C	D	D	C	B

5.6　信息系统安全技术

5.6.1　信息系统安全技术——考点梳理

1．信息安全的有关概念

1）信息安全概念

信息安全强调信息（数据）本身的安全属性，主要包括以下内容：

- 秘密性（Confidentiality）：信息不被未授权者知晓的属性。
- 完整性（Integrity）：信息是正确的、真实的、未被篡改的、完整无缺的属性。

● 可用性（Availability）：信息可以随时正常使用的属性。

针对信息系统，安全可以划分为以下四个层次：设备安全、数据安全、内容安全、行为安全。

2）信息安全等级保护

《信息安全等级保护管理办法》将信息系统的安全保护等级分为以下五级：

第一级，信息系统受到破坏后会对公民、法人和其他组织的合法权益造成损害，但不损害国家安全、社会秩序和公共利益。第一级信息系统运营、使用单位应当依据国家有关管理规范和技术标准进行保护。

第二级，信息系统受到破坏后，会对公民、法人和其他组织的合法权益产生严重损害，或者对社会秩序和公共利益造成损害，但不损害国家安全。第二级信息系统运营、使用单位应当依据国家有关管理规范和技术标准进行保护。国家信息安全监管部门对该级信息系统信息安全等级保护工作进行指导。

第三级，信息系统受到破坏后，会对社会秩序和公共利益造成严重损害，或者对国家安全造成损害。第三级信息系统运营、使用单位应当依据国家有关管理规范和技术标准进行保护。国家信息安全监管部门对该级信息系统信息安全等级保护工作进行监督、检查。

第四级，信息系统受到破坏后会对社会秩序和公共利益造成特别严重损害，或者对国家安全造成严重损害。第四级信息系统运营、使用单位应当依据国家有关管理规范、技术标准和业务专门需求进行保护。国家信息安全监管部门对该级信息系统信息安全等级保护工作进行强制监督、检查。

第五级，信息系统受到破坏后，会对国家安全造成特别严重损害。第五级信息系统运营、使用单位应当依据国家管理规范、技术标准和业务特殊安全需求进行保护。国家指定专门部门对该级信息系统信息安全等级保护工作进行专门监督、检查。

5 个信息安全等级之间的区别，见表 5-2 所列。

表 5-2　《信息安全等级保护管理办法》中 5 个等级的区别

信息系统受到破坏后					
面向对象	第一级	第二级	第三级	第四级	第五级
对公民、法人和其他组织的合法权益	损害	严重损害	—	—	—
对社会秩序和公共利益	不损害	损害	严重损害	特别严重损害	
对国家安全	—	不损害	损害	严重损害	特别严重损害

2．信息加密，解密与常用算法

1）信息加密概念

加密前的原始数据称为明文，加密后的数据称为密文，从明文到密文的过程称为加密（Encryption）。

合法收信者接收到密文后实行与加密变换相逆的变换，去掉密文的伪装恢复出明文，这一过程称为解密（Decryption）。

加密技术包括两个元素：算法和密钥。

对称加密以数据加密标准（Data Encryption Standard，DES）算法为典型代表，非对称加密通常以 RSA（Rivest Shamir Adleman）算法为代表。

2）对称加密技术

对称加密采用了对称密码编码技术，它的特点是文件加密和解密使用相同的密钥即加密密钥也可以用作解密密钥，这种方法在密码学中叫作对称加密算法。对称加密算法使用起来简单快捷、密钥较短、破译困难。

3）非对称加密技术

公开密钥密码的基本思想是将传统密码的密钥 K 一分为二，分为加密钥 K_e 和解密钥 K_d，用加密钥 K_e 控制加密，用解密钥 K_d 控制解密，而且计算复杂性确保加密钥 K_e 在计算上不能推出解密钥 K_d。这样即使是将 K_e 公开也不会暴露 K_d，也不会损害密码的安全，于是便可将 K_e 公开而只对 K_d 保密。由于 K_e 是公开的，只有 K_d 是保密的，所以便从根本上克服了传统密码在密钥分配上的困难。当前公开密钥密码包括基于大合数因子分解困难性的 RAS 密码类和基于离散对数问题困难性的 ELGamal 密码类。

4）Hash 函数的概念

Hash 函数将任意长的报文 M 映射为定长的 Hash 码。Hash 函数的目的就是要产生文件、报文或其他数据块的"指纹"——Hash 码。Hash 函数可提供保密性、报文认证以及数字签名功能。

5）数字签名的概念

签名是证明当事者的身份和数据真实性的一种信息。在信息化环境下，以网络为信息传输基础的事物处理中，事物处理各方应采用电子形式的签名即数字签名。

完善的数字签名体系应满足以下 3 个条件：

（1）签名者事后不能抵赖自己的签名。

（2）任何其他人不能伪造签名。

（3）如果当事的双方关于签名的真伪发生争执，能够在公正的仲裁者面前通过验证签名来确认其真伪。

利用 RSA 密码可以同时实现数字签名和数据加密。

6）认证的概念

认证又称鉴别、确认，它是证实某事是否名副其实或是否有效的一个过程。

认证和加密的区别在于：加密用以确保数据的保密性，阻止对手的被动攻击，例如截取、窃听等；而认证用以确保报文发送者和接收者的真实性以及报文的完整性，阻止对手的主动攻击，例如冒充、篡改、重播等。认证往往是许多应用系统中安全保护的第一道设防，因而极为重要。

认证系统常用的参数有口令、标识符、密钥、信物、智能卡、指纹、视网纹等。

认证和数字签名技术都是确保数据真实性的措施，但两者有着明显的区别：

（1）认证总是基于某种收发双方共享的保密数据来认证被鉴别对象的真实性，而数字签名中用于验证签名的数据是公开的。

（2）认证允许收发双方互相验证其真实性，不准许第三者验证而数字签名允许收发双方和第三者都能验证。

（3）数字签名具有发送方不能抵赖、接收方不能伪造和具有在公证人前解决纠纷的能力，而认证则不一定具备。

3．信息系统安全

1）计算机设备安全

保证计算机设备的运行安全是信息系统安全最重要的内容之一。计算机设备安全主要包括计算机实体及其信息的完整性、机密性、抗否认性、可用性、可审计性、可靠性等几个关键因素。

计算机设备安全包括：物理安全、设备安全、存储介质安全、可靠性技术。

2）网络安全

常见的网络威胁包括：

（1）网络监听。

（2）口令攻击。

（3）拒绝服务攻击（DoS）。

（4）漏洞攻击，例如利用 WEP 安全漏洞和 OpenSSL 安全漏洞实施攻击。

（5）僵尸网络（Botnet）。

（6）网络钓鱼（Phishing）。

（7）网络欺骗主要有 ARP 欺骗、DNS 欺骗、IP 欺骗、Web 欺骗、Email 欺骗等。

（8）网站安全威胁主要有 SQL（Structured Query Language）注入攻击、跨站攻击、旁注攻击等。

网络安全防御技术包括：

（1）防火墙。

防火墙是一种较早使用、实用性很强的网络安全防御技术，它阻挡对网络的非法访问和不安全数据的传递，使得本地系统和网络免于受到网络安全威胁。在网络安全中，防火墙主要用于逻辑隔离外部网络与受保护的内部网络。防火墙主要是实现网络安全的安全策略，而这种策略是预先定义好的，是一种静态安全技术。在策略中涉及的网络访问行为可以实施有效管理，而策略之外的网络访问行为则无法控制。防火墙的安全策略由安全规则表示。

（2）入侵检测与防护。

入侵检测与防护的技术主要有两种：入侵检测系统和入侵防护系统。

入侵检测系统（IDS）注重的是网络安全状况的监管，通过监视网络或系统资源寻找违反安全策略的行为或攻击迹象并发出报警，因此绝大多数 IDS 系统都是被动的。

入侵防护系统（IPS）则倾向于提供主动防护，注重对入侵行为的控制。其设计宗旨是预先对入侵活动和攻击性网络流量进行拦截，避免其造成损失。

（3）VPN。

VPN（虚拟专用网络）是依靠 ISP（Internet 服务提供商）和其他 NSP（网络服务提供商）在公用网络中建立专用的、安全的数据通信通道的技术。VPN 可被认为是加密和认证技术在网络传输中的应用。

（4）安全扫描。

（5）网络蜜罐技术。

蜜罐技术是一种主动防御技术，是入侵检测技术的一个重要发展方向，也是一个"诱捕"攻击者的陷阱。蜜罐系统是一个包含漏洞的诱骗系统，它通过模拟一个或多个易受攻击的主机和服务器给攻击者提供一个容易攻击的目标。攻击者往往在蜜罐上浪费时间，延缓对真正目标的攻击。

3）操作系统安全

针对操作系统的安全威胁按照行为方式划分，通常有下面四种：

（1）切断，这是对可用性的威胁。

（2）截取，这是对机密性的威胁。

（3）篡改，这是对完整性的攻击。

（4）伪造，这是对合法性的威胁。

按照安全威胁的表现形式来分，操作系统面临的安全威胁有以下几种：

（1）计算机病毒。

（2）逻辑炸弹。

（3）特洛伊木马。

（4）后门。

（5）隐蔽通道。

4）数据库系统安全

一般而言，数据库安全涉及以下这些问题：

（1）物理数据库的完整性。

（2）逻辑数据库的完整性。

（3）元素安全性。

（4）可审计性。

（5）访问控制。

（6）身份认证。

（7）可用性。

（8）推理控制。

（9）多级保护。

5）应用系统安全

当前 Web 面临的主要威胁包括：可信任站点的漏洞、浏览器和浏览器插件的漏洞、终端用户的安全策略不健全、携带恶意软件的移动存储设备、网络钓鱼、僵尸网络、带有键盘记录程序的木马等。

Web 威胁防护技术主要包括：

（1）Web 访问控制技术。

（2）单点登录（Single Sign-On，SSO）技术。

（3）网页防篡改技术。

（4）Web 内容安全。

5.6.2　信息系统安全技术——历年真题

1．信息的（　　）要求采用的安全技术保证信息接收者能够验证在传送过程中信息没有被修改，并能防范入侵者用假信息代替合法信息。

  A．隐蔽性   B．机密性

  C．完整性   D．可靠性

2．针对信息系统，安全可以划分为四个层次，其中不包括：（　　）。

  A．设备安全   B．人员安全

  C．内容安全   D．行为安全

3．通过收集和分析计算机系统或网络的关键节点信息，以发现网络或系统中是否有违反安全策略的行为和被攻击的迹象的技术被称为（　　）。

  A．系统检测   B．系统分析

  C．系统审计   D．入侵检测

4．为了保护网络系统的硬件、软件及其系统中的数据，需要相应的网络安全工具。以下安全工具中，（　　）被比喻为网络安全的大门，用来鉴别什么样的数据包可以进入企业内部网。

  A．杀毒软件   B．入侵检测系统

  C．安全审计系统   D．防火墙

5．按照行为方式，可以将针对操作系统的安全威胁划分为切断、截取、篡改、伪造四种。其中（　　）是对信息完整性的威胁。

  A．切断   B．截取

  C．篡改   D．伪造

6．GB/T 22240—2008《信息安全技术 信息系统安全等级保护定级指南》标准将信息系统的安全保护等级分为五级。"信息系统受到破坏后，会对社会秩序和公共利益造成严重损害，或者对国家安全造成损害"是（　　）的特征。

A．第二级　　　　B．第三级　　　　C．第四级　　　　D．第五级

参考答案

1	2	3	4	5	6
C	B	D	D	C	B

5.7　信息化发展与应用

5.7.1　信息化发展与应用——考点梳理

1．信息化发展与应用的新特点

当前，信息技术发展的总趋势是从典型的技术驱动发展模式向应用驱动与技术驱动相结合的模式转变，信息技术发展趋势和新技术应用主要包括以下几个方面。

（1）高速度大容量；

（2）集成化和平台化；

（3）智能化；

（4）虚拟计算；

（5）通信技术；

（6）遥感和传感技术；

（7）移动智能终端；

（8）以人为本；

（9）信息安全。

2．国家信息化发展战略

我国信息化发展目标：根据《2006—2020 年国家信息化发展战略》，在 2006～2020 年期间，我国信息化发展的战略目标是：综合信息基础设施基本普及，信息技术自主创新能力显著增强，信息产业结构全面优化，国家信息安全保障水平大幅提高，国民经济和社会信息化取得明显成效，新型工业化发展模式初步确立，国家信息化发展的制度环境和政策体系基本完善，国民信息技术应用能力显著提高，为迈向信息社会奠定坚实基础。具体目标如下：

（1）促进经济增长方式的根本转变。

（2）实现信息技术自主创新、信息产业发展的跨越。

（3）提升网络普及水平、信息资源开发利用水平和信息安全保障水平。

（4）增强政府公共服务能力、社会主义先进文化传播能力、中国特色的军事变革能力和国民信息技术应用能力。

我国信息化发展的主要任务和发展重点发如下：

（1）促进工业领域信息化深度应用。

（2）加快推进服务业信息化。

（3）积极提高中小企业信息化应用水平。

（4）协力推进农业农村信息化。

（5）全面深化电子政务应用。

（6）稳步提高社会事业信息化水平。

（7）统筹城镇化与信息化互动发展。

（8）加强信息资源开发利用。

（9）构建下一代国家综合信息基础设施。

（10）促进重要领域基础设施智能化改造升级。

（11）着力提高国民信息能力。

3．电子政务

电子政务是政府机构应用现代信息和通信技术，将管理和服务通过网络技术进行集成，在网络上实现政府组织结构和工作流程的优化重组，超越时间、空间与部门分隔的限制，全方位地向社会提供优质、规范、透明、符合国际水准的管理和服务。电子政务作为信息技术与管理的有机结合，成为当代信息化最重要的领域之一。

应用模式为——电子政务根据其服务的对象不同，基本上可以分为以下四种模式：

（1）政府对政府（Government to Government，G2G）。

（2）政府对企业（Government to Business，G2B）。

（3）政府对公众（Government to Citizen，G2C）。

（4）政府对公务员（Government to Employee，G2E）。

4．电子商务

电子商务（Electronic Commerce，EC）是利用计算机技术、网络技术和远程通信技术，实现整个商务过程的电子化、数字化和网络化。要实现完整的电子商务会涉及到很多方面，除了买家、卖家外，还要有银行或金融机构、政府机构、认证机构、配送中心等机构的加入才行。由于参与电子商务中的各方在物理上是互不见面的，因此整个电子商务过程并不是物理世界商务活动的翻版，网上银行、在线电子支付等条件和数据加密、电子签名等技术在电子商务中发挥着不可或缺的作用。

电子商务应该具有以下基本特征：

（1）普遍性。

（2）便利性。

（3）整体性。

（4）安全性。

（5）协调性。

电子商务按照交易对象，电子商务模式包括：

- 企业与企业之间的电子商务（B2B）。
- 商业企业与消费者之间的电子商务（B2C）。
- 消费者与消费者之间的电子商务（C2C）。
- 电子商务与线下实体店有机结合，向消费者提供商品和服务称为 O2O 模式。

5. 工业和信息化融合

我国企业信息化发展的战略要点：

（1）以信息化带动工业化。

（2）信息化与企业业务全过程的融合、渗透。

（3）信息产业发展与企业信息化良性互动。

（4）充分发挥政府的引导作用。

（5）高度重视信息安全。

（6）企业信息化与企业的改组改造和现代企业制度有机结合。

（7）"因地制宜"地推进企业信息化。

推进信息化与工业化深度融合：

两化融合是指电子信息技术广泛应用到工业生产的各个环节，信息化成为工业企业经营管理的常规手段。信息化进程和工业化进程不再相互独立进行，不再是单方的带动和促进关系，而是两者在技术、产品、管理等各个层面相互交融，彼此不可分割，并催生出工业电子、工业软件、工业信息服务等新产业。两化融合是工业化和信息化发展到一定阶段的必然产物。

6. 智慧化

1）智慧化概念

智慧是指感知、学习、思考、判断、决策并指导行动的能力。传统上，智慧是高等动物具有的特征，随着信息技术的发展，大数据、云计算、网络传输、网络存储、各类传感器、控制器以及高速网络接入的成熟普遍应用，依托强大的计算能力和集成能力使各类信息系统具备了智慧化能力即不通过或极少通过人为的干预就能自动发挥管理和控制的功能，提供服务。

智能一般具备这样的特点：一是具有感知能力；二是具有记忆和思维能力；三是具有学习能力和自适应能力。

2）智慧化应用

智慧城市建设参考模型包括有依赖关系的五层（功能层）和对建设有约束关系的三个支撑体系（见图 5-10 智慧城市建设参考模型）。

5.7.2　信息化发展与应用——历年真题

1．两化（工业化和信息化）深度融合的主攻方向是（　　）。

　　A．智能制造　　　B．数据挖掘　　　C．云计算　　　　　D．互联网+

2．2015 年国务院发布的《关于积极推进"互联网+"行为的指导意见》提出：到（　　）年，网络化、智能化、服务化、协同化的"互联网+"产业生态体系基本完善，"互联网+"成为经济社会创新发展的重要驱动力量。

　　A．2018　　　　　B．2020　　　　　C．2025　　　　　　D．2030

3．作为两化融合的升级版，（　　）将互联网与工业、商业、金融业等行业全面融合。

　　A．互联网+　　　B．工业信息化　　C．大数据　　　　　D．物联网

参考答案

1	2	3
A	C	A

5.8　信息系统服务管理

5.8.1　信息系统服务管理——考点梳理

典型的信息系统项目有如下特点：

- 项目初期目标往往不太明确。
- 需求变化频繁。
- 智力密集型。
- 系统分析和设计所需人员层次高，专业化强。
- 涉及的软件厂商硬件厂商和承包商多，联系、协调复杂。
- 软件和硬件常常需要个性化定制。
- 项目生命期通常较短。
- 通常要采用大量的新技术。
- 使用与维护的要求高。
- 项目绩效难以评估和量化。

信息系统工程监理工作的主要内容可以概括为"四控、三管、一协调"。

（1）投资控制。

（2）进度控制。

（3）质量控制。

（4）变更控制。

（5）合同管理。

（6）信息管理。

（7）安全管理。

（8）沟通协调。

IT 服务管理（IT Service Management，ITSM）是一套帮助组织对 IT 系统的规划、研发、实施和运营进行有效管理的方法，其是一套方法论。

ITSM 的核心思想是：IT 组织不管是组织内部的还是外部的，都是 IT 服务提供者，其主要工作就是提供低成本、高质量的 IT 服务。

2009 年 4 月，工业和信息化部软件服务业司成立了信息技术服务标准工作组（以下简称工作组），负责研究并建立信息技术服务标准体系，制定信息技术服务领域的相关标准，并按照信息服务生命周期提出一套完整的 IT 服务标准体系（Information Technology Service Standards，ITSS），其包含了 IT 服务的规划设计、部署实施、服务运营、持续改进和监督管理等全生命周期阶段应遵循的标准，涉及信息系统建设、运行维护、服务管理、治理及外包等业务领域，是一套体系化的信息技术服务标准库，全面规范了信息技术服务产品及其组成要素，用于指导实施标准化和可信赖的信息技术服务。

5.8.2　信息系统服务管理——历年真题

1. 信息系统工程监理的内容可概括为：四控、三管、一协调，其中"三管"主要是针对项目的（　　）进行管理。

　　A. 进度管理、成本管理、质量管理

　　B. 合同管理、信息管理、安全管理

　　C. 采购管理、配置管理、安全管理

　　D. 组织管理、范围管理、挣值管理

2. 以下对项目管理和项目监理的理解中，正确的是（　　）。

　　A. 项目监理属于项目管理的监控过程组

　　B. 项目监理属于项目管理的执行过程组

　　C. 项目管理与项目监理是独立两个过程，没有任何关系

　　D. 项目建设方和项目承建方都需要开展项目管理工作，而项目监理要由第三方负责

参考答案

1	2
B	D

5.9 信息系统规划

信息系统规划——考点梳理

大型信息系统作为一种典型的大系统，除具有大系统的一些共性特点，还具备以下独有的特点：

（1）规模庞大。

（2）跨地域性。

（3）网络结构复杂。

（4）业务种类多。

（5）数据量大。

（6）用户多。

信息系统规划流程：

（1）分析企业信息化现状。

（2）制定企业信息化战略。

（3）信息系统规划方案拟定和总体构架设计。

信息系统规划方法：

（1）信息系统规划（Information System Planning，ISP）。

（2）企业系统规划（Business System Planning，BSP）。

5.10 企业首席信息官及其职责

企业首席信息官及其职责——考点梳理

企业首席信息官（CIO）的主要职责包括：

（1）提供信息，帮助企业决策。

（2）帮助企业制定中长期发展战略。

（3）有效管理 IT 部门。

（4）制定信息系统发展规划。

（5）建立积极的 IT 文化。

5.11　信息系统安全管理

5.11.1　信息系统安全管理——考点梳理

1.　信息系统安全策略的概念与内容

信息系统安全策略是指针对本单位的计算机业务应用信息系统的安全风险（安全威胁）进行有效地识别、评估后所采取的各种措施、手段，以及建立的各种管理制度、规章等。

安全策略的核心内容就是"七定"，即定方案、定岗、定位、定员、定目标、定制度、定工作流程。

2.　建立安全策略需要处理好的关系

（1）安全与应用的依存关系。

（2）风险度的观点。

（3）适度安全的观点。

（4）木桶效应的观点。

（5）信息系统安全等级保护的概念：《计算机信息系统安全保护等级划分准则》（GB 17859—1999）将计算机信息系统分为以下 5 个安全保护等级。

第一级　用户自主保护级。通过隔离用户与数据，使用户具备自主安全保护的能力。它为用户提供可行的手段，保护用户和用户信息，避免其他用户对数据的非法读写与破坏，该级适用于普通内联网用户。

第二级　系统审计保护级。实施了粒度更细的自主访问控制，它通过登录规程、审计安全性相关事件和隔离资源，使用户对自己的行为负责。该级适用于通过内联网或国际网进行商务活动且需要保密的非重要单位。

第三级　安全标记保护级。具有系统审计保护级的所有功能。此外，还需提供有关安全策略模型、数据标记以及主体对客体强制访问控制的非形式化描述，具有准确地标记输出信息的能力；消除通过测试发现的任何错误。该级适用于地方各级国家机关、金融单位机构、邮电通信、能源与水源供给部门、交通运输、大型工商与信息技术企业、重点工程建设等单位。

第四级　结构化保护级。建立于一个明确定义的形式安全策略模型之上，要求将第三级系统中的自主和强制访问控制扩展到所有主体与客体。此外，还要考虑隐蔽通道，必须结构化为关键保护元素和非关键保护元素。计算机信息系统可信计算机的接口也必须明确定义，使其设计与实现能经受更充分的测试和更完整的复审。加强了鉴别机制，支持系统管理员和操作员的职能，提供可信设施管理，增强了配置管理控制。系统具有相当强的抗渗透能力。该级适用于中央级国家机关、广播电视部门、重要物资储备单位、社会应急服务部门、尖端科技企业集团、国家重点科研单位机构和国防建设等部门。

第五级　访问验证保护级。满足访问控制器需求，访问监控器仲裁主体对客体的全部访问。访问监控器本身是抗篡改的，必须足够小才能够分析和测试。为了满足访问监控器需求，计算机信息系统可信计算机在其构造时，排除那些对实施安全策略来说并非必要的代码；在设计和实现时，从系统工程角度将其复杂性降低到最低程度。

支持安全管理员职能；扩充审计机制，当发生与安全相关的事件时发出信号；提供系统恢复机制。系统具有很强的抗渗透能力，该级适用于国防关键部门和依法需要对计算机信息系统实施特殊隔离的单位。

信息系统的安全保护等级由两个定级要素决定，等级保护对象受到破坏时所侵害的客体和对客体造成侵害的程度。

3．信息系统安全策略设计原则

8 个总原则：

（1）主要领导人负责原则。

（2）规范定级原则。

（3）依法行政原则。

（4）以人为本原则。

（5）注重效费比原则。

（6）全面防范、突出重点原则。

（7）系统、动态原则。

（8）特殊的安全管理原则。

10 个特殊原则：

（1）分权制衡原则。

（2）最小特权原则。

（3）标准化原则。

（4）用成熟的先进技术原则。

（5）失效保护原则。

（6）普遍参与原则。

（7）职责分离原则。

（8）审计独立原则。

（9）控制社会影响原则。

（10）保护资源和效率原则。

4．信息安全系统工程

1）信息安全系统工程概述

信息系统业界又被称作信息应用系统、信息应用管理系统、管理信息系统。信息安全系统服务于业务应用信息系统，并与之密不可分，但又不能混为一谈。术语之间的关系如图 5-11 所示。

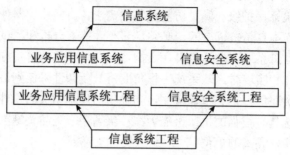

图 5-11　术语之间的关系

　　信息系统工程即建造信息系统的工程，包括两个独立且不可分割的部分，即信息安全系统工程和业务应用信息系统工程（如图 5-9 所示）。

　　信息安全系统工程是指为了达到建设好信息安全系统的特殊需要而组织实施的工程，它是信息系统工程的一部分。

　　2）信息安全系统

　　我们用一个"宏观"三维空间图来反映信息安全系统的体系架构及其组成，如图 5-12 所示。

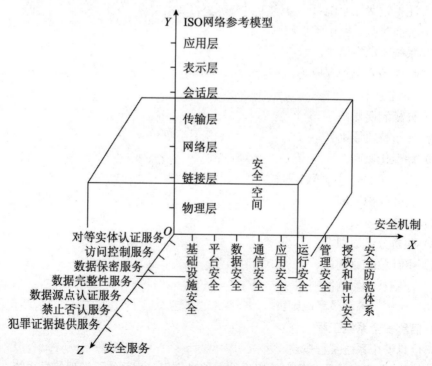

图 5-12　信息安全空间

由 X、Y、Z 三个轴形成的信息安全系统三维空间就是信息系统的"安全空间"。随着网络逐层扩展，这个空间不仅范围逐步加大，安全的内涵也就更丰富，达到具有认证、权限、完整、加密和不可否认五大要素，也叫作"安全空间"的五大属性。

3. 信息安全系统架构体系

信息安全系统大体划分为三种架构体系：MIS+S 系统、S-MIS 系统和 S2-MIS 系统。

- MIS+S（Management Information System+Security）系统为"初级信息安全保障系统"或"基本信息安全保障系统"。
- S-MIS 系统架构（Security- Management Information System）系统为"标准信息安全保障系统"。
- S2-MIS 系统架构（Super Security-Management Information System）系统为"超安全的信息安全保障系统"。

4. 信息安全系统工程基础

信息安全系统工程活动离不开以下相关工程：

（1）硬件工程。

（2）软件工程。

（3）通信及网络工程。

（4）数据存储和灾备工程。

（5）系统工程。

（6）测试工程。

（7）密码工程。

（8）企业信息化工程。

信息安全系统工程应该吸纳安全管理的成熟规范部分，这些安全管理包括：

（1）物理安全。

（2）计算机安全。

（3）网络安全。

（4）通信安全。

（5）输入/输出产品的安全。

（6）操作系统安全。

（7）数据库系统安全。

（8）数据安全。

（9）信息审计安全。

（10）人员安全。

（11）管理安全。

（12）辐射安全。

5．信息安全系统工程体系结构

信息安全系统工程能力成熟度模型（Information Security System Engineering Capability Maturity Model，ISSE-CMM）是一种衡量信息安全系统工程实施能力的方法，是使用面向工程过程的一种方法。

ISSE 将信息安全系统工程实施过程分解为：工程过程、风险过程和保证过程三个基本的部分。

6．PKI 公开密钥基础设施

1）公钥基础设施基本概念

公钥基础设施（Public Key Infrastructure，PKI）是以**不对称密钥加密**技术为基础，以数据机密性、完整性、身份认证和行为不可抵赖性为安全目的来实施和提供安全服务的具有普适性的安全基础设施。其内容包括数字证书、不对称密钥密码技术、认证中心、证书和密钥的管理、安全代理软件、不可否认性服务、时间邮戳服务、相关信息标准、操作规范等。

认证中心：CA（Certification Authority）是 PKI 的核心，它是公正、权威、可信的第三方网上认证机构。

在 PKI/CA 架构中，一个重要的标准就是 X.509 标准，数字证书就是按照 X.509 标准制作的。

2）数字证书的生命周期

阶段一：安全需求确定。

阶段二：证书登记。

阶段三：证书分发。

阶段四：证书撤回。

阶段五：证书更新。

阶段六：证书审计。

3）信任模型

X.509 规范中给出了适于目标的定义：如果实体 A 认为实体 B 严格地按 A 所期望的那样行动，则 A 信任 B。因此，信任涉及假设、预期和行为。这明确地意味着信任是不可能被定量测量的，信任是与风险相关的，而且信任的建立不可能总是全自动的。然而信任模型的概念是有用的，因为它显示了 PKI 中信任最初是怎样建立的，允许人们对基础结构的安全性以及被这种结构所强加的种种限制进行更详尽地推理，以确定 PKI 的可信任程度。

4）应用模式

（1）电子商务。

（2）电子政务。

（3）网上银行。

（4）网上证券。

（5）其他应用。

7. PMI 权限（授权）管理基础设施

PMI（Privilege Management Infrastructure）即权限管理基础设施或授权管理基础设施。PMI 授权技术的核心思想是以资源管理为核心，将对资源的访问控制权统一交由授权机构进行管理，即由资源的所有者来进行访问控制管理。

1）PMI 与 PKI 的区别

PMI 主要进行授权管理，证明这个用户有什么权限，能干什么即"你能做什么"。

PKI 主要进行身份鉴别，证明用户身份即"你是谁"。

2）属性证书定义

对一个实体权限的绑定是由一个被数字签名了的数据结构来提供的，这种数据结构称为属性证书，由属性证书管理中心签发并管理。一些应用使用属性证书来提供基于角色的访问控制。

3）访问控制

访问控制是为了限制访问主体（或称为发起者，是一个主动的实体，例如用户、进程、服务等）对访问客体（需要保护的资源）的访问权限，从而使计算机信息应用系统在合法范围内使用；访问控制机制决定用户和代表一定用户利益的程序能做什么以及能做到什么程度。

访问控制有两个重要过程：

（1）认证过程，通过"鉴别（Authentication）"来检验主体的合法身份。

（2）授权管理，通过"授权（Authorization）"来赋予用户对某项资源的访问权限。

访问控制机制可分为强制访问控制（Mandatory Access Control，MAC）和自主访问控制（Discretionary Access Control，DAC）两种。

- 强制访问控制：系统独立于用户行为强制执行访问控制，用户不能改变他们的安全级别或对象的安全属性。这样的访问控制规则通常对数据和用户按照安全等级划分标签，访问控制机制通过比较安全标签来确定是授予还是拒绝用户对资源的访问。

- 自主访问控制：允许对象的属主来制定针对该对象的保护策略。通常 DAC 通过授权列表（或访问控制列表）来限定哪些主体针对哪些客体可以执行什么操作。这样可以非常灵活地对策略进行调整。

4）基于角色的访问控制

基于角色的访问控制 RBAC（Role-Based Access Control）技术，有效地克服了传统访问控制技术中存在的不足。

用户不能自主地将访问权限授权给别的用户，这是 RBAC 与 DAC 的根本区别所在。

基于角色的访问控制中，角色由应用系统的管理员定义。

5）PMI 支撑体系

目前我们使用的访问控制授权方案，主要有以下 4 种。

（1）DAC 自主访问控制方式：该模型针对每个用户指明能够访问的资源，对于不在指定的资源列表中的对象不允许访问。

（2）ACL（Access Control List）访问控制列表方式：该模型是目前应用最多的方式。目标资源拥有访问权限列表，指明允许哪些用户访问。如果某个用户不在访问控制列表中，则不允许该用户访问这个资源。

（3）MAC 强制访问控制方式，该模型在军事和安全部门中应用较多，目标具有一个包含等级的安全标签（例如：不保密、限制、秘密、机密、绝密）；访问者拥有包含等级列表的许可，其中定义了可以访问哪个级别的目标，例如，允许访问秘密级信息，这时，秘密级、限制级和不保密级的信息是允许访问的，但机密和绝密级信息不允许访问。

（4）RBAC 基于角色的访问控制方式：该模型首先定义一些组织内的角色，例如局长、科长、职员；再根据管理规定给这些角色分配相应的权限，最后对组织内的每个人根据具体业务和职位分配一个或多个角色。

8．信息安全审计

1）安全审计概念

安全审计（Security Audit）是记录、审查主体对客体进行访问的使用情况，保证安全规则被正确执行，并帮助分析安全事故产生的原因。

安全审计是信息安全保障系统中的一个重要组成部分，是落实系统安全策略的重要机制和手段，通过安全审计识别与防止计算机网络系统内的攻击行为，追查计算机网络系统内的泄密行为。安全审计具体包括两方面的内容：

（1）采用网络监控与入侵防范系统，识别网络各种违规操作与攻击行为，及时响应（如报警）并进行阻断。

（2）对信息内容和业务流程进行审计，可以防止内部机密或敏感信息的非法泄漏和单位资产的流失。

因此信息安全审计系统被形象地比喻为"黑匣子"和"监护神"。

安全审计功能包括：

（1）安全审计自动响应功能。

（2）安全审计数据生成功能。

（3）安全审计分析功能。

（4）安全审计浏览功能。

2）建立安全审计系统

建设安全审计系统的主体方案一般包括利用网络安全入侵监测预警系统，实现网络与主机信息监测审计；对重要应用系统运行情况的审计和基于网络旁路监控方式安全审计等。

3）分布式审计系统

分布式审计系统由审计中心、审计控制台和审计 Agent 组成。

- 审计中心是对整个审计系统的数据进行某种存储和管理，并进行应急响应的专用软件，它基于数据库平台，采用数据库方式进行审计数据管理和系统控制，并在无人看守情况下长期运行。
- 审计控制台是给管理员提供审计数据查阅使用的，其对审计系统进行规则设置。审计控制台具有报警功能的界面软件，可以有多个审计控制台软件同时运行。
- 审计 Agent 主要可以分为网络监听型 Agent、系统嵌入型 Agent、主动信息获取型 Agent 等。

5.11.2　信息系统安全管理——历年真题

1. 访问控制是为了限制访问主体对访问客体的访问权限，从而使计算机系统在合法范围内使用的安全措施，以下关于访问控制的叙述中，（　　）是不正确的。

　　A．访问控制包括两个重要的过程：鉴别和授权

　　B．访问控制机制分为两种：强制访问控制（MAC）和自主访问控制（DAC）

　　C．RBAC 基于角色的访问控制对比 DAC 的先进之处在于：用户可以自主的将访问的权限授权给其他用户

　　D．RBAC 不是基于多级安全需求的，因为基于 RBAC 的系统中主要关心的是保护信息的完整性，即"谁可以对什么信息执行何种动作"

2. 信息系统访问控制机制中，（　　）是指对所有主体和客体部分分配安全标签用来标识所属的安全级别，然后在访问控制执行时对主体和客体的安全级别进行比较，确定本次访问是否具有合法性的技术或方法。

　　A．自主访问控制　　　　　　　　　B．强制访问控制

　　C．基于角色的访问控制　　　　　　D．基于组的访问控制

3. 在信息系统安全保护中，信息安全策略控制用户对文件、数据库表等客体的访问属于（　　）安全管理。

　　A．安全审计　　　　　　　　　　　B．入侵检测

　　C．访问控制　　　　　　　　　　　D．人员行为

4. 安全审计是通过测试公司信息系统对一套确定标准的符合程度来评估其安全性的系统方法，安全审计的主要作用不包括（　　）。

　　A．对潜在的攻击者起到震慑或警告作用

　　B．对已发生的系统破坏行为提供有效的追究证据

　　C．通过提供日志，帮助系统管理员发现入侵行为或潜在漏洞

　　D．通过性能测试，帮助系统管理员发现性能缺陷或不足

5. 以下关于信息系统审计的叙述中，不正确的是（　　）。

　　A. 信息系统审计是安全审计过程的核心部分

　　B. 信息系统审计的目的是评估并提供反馈、保证及建议

　　C. 信息系统审计是了解规划、执行及完成审计工作的步骤与技术，并尽量遵守国际信息系统审计与控制协会的一般公认信息系统审计准则、控制目标和其他法律与规定

　　D. 信息系统审计的目的可以是收集并评估证据以决定一个计算机系统（信息系统）是否有效做到保护资产、维护数据完整、完成组织目标

6. 《计算机信息系统安全保护等级划分准则》规定了计算机系统安全保护能力的 5 个等级。其中，按照（　　）的顺序从左到右安全能力逐渐增强。

　　A. 系统审计保护级、结构化保护级、安全标记保护级

　　B. 用户自主保护级、访问验证保护级、安全标记保护级

　　C. 访问验证保护级、系统审计保护级、安全标记保护级

　　D. 用户自主保护级、系统审计保护级、安全标记保护级

7. 某信息系统采用了基于角色的访问机制，其角色的权限是由（　　）决定的。

　　A. 用户自己　　　　　　　　　　B. 系统管理员

　　C. 主体　　　　　　　　　　　　D. 业务要求

参考答案

1	2	3	4	5	6	7
C	B	C	D	A	D	B

5.12　信息系统综合测试与管理

5.12.1　信息系统综合测试与管理——考点梳理

1. 软件测试模型

所谓测试模型就是测试和测试对象的基本特征、基本关系的抽象描述。它是测试理论专家们根据大量的实际测试应用总结出来的，能够代表某一类应用的内在规律，并对应于适合此类应用的一组测试框架性的东西。

软件测试过程的主要模型有 V 模型、W 模型、H 模型、X 模型、前置测试模型。

软件测试 V 模型如图 5-13 所示。

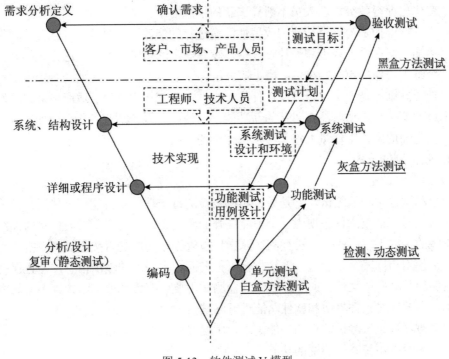

图 5-13　软件测试 V 模型

2）软件测试类型

- 按照开发阶段划分，软件测试类型分为单元测试、集成测试、系统测试和验收测试。
- 按照测试实施组织划分，软件测试类型分为开发方测试、用户测试、第三方测试。
- 按照测试技术划分，软件测试类型分为黑盒测试、白盒测试和灰盒测试。
- 按照测试执行方式划分，软件测试类型分为静态测试和动态测试。
- 按照测试对象类型划分，软件测试类型分为功能测试、界面测试、流程测试、接口测试、安装测试、文档测试、源代码测试、数据库测试、网络测试和性能测试。
- 按照质量属性划分，软件测试类型分为容错性测试、兼容性测试、安全性测试、可靠性测试、维护性测试、可移植性测试和易用性测试。
- 按照测试地域划分，软件测试类型分为本地化测试和国际化测试。

3）软件维护类型

- 改正性维护是指改正在系统开发阶段已发生，而系统测试阶段尚未发现的错误。这方面的维护工作量要占整个维护工作量的 17%~21%。
- 适应性维护是指使用软件适应信息技术变化和管理需求变化而进行的修改。这方面的维护工作量占整个维护工作量的 18%~25%。人们常常为改善系统硬件环境和运行环境而产生系统更新换代的需求；企业的外部市场环境和管理需求的不断变化也使得各级管理人员不断提出新的信息需求。

- 完善性维护是为扩充功能和改善性能而进行的修改，主要是指对已有的软件系统增加一些在系统分析和设计阶段中，没有规定的功能与性能。这方面的维护占整个维护工作的 50%～60%，比重较大。
- 预防性维护是为了改进应用软件的可靠性和可维护性，为了适应未来的软硬件环境的变化，主动增加预防性的新功能，以使应用系统适应各类变化而不被淘汰。这方面的维护工作量占整个维护工作量的 4%。

2．软件测试技术

1）黑盒测试法

黑盒测试也称功能测试，它是通过测试来检测每个功能是否能正常使用。

在测试时，把被测程序视为一个不能打开的黑盒子，在完全不考虑程序内部结构和内部特性的情况下在程序接口进行测试，它只检查程序功能是否按照需求规格说明书的规定正常使用，程序是否能适当地接收输入数据而产生正确的输出信息，并且保持外部信息（例如数据库或文件）的完整性。黑盒测试主要检查程序外部结构，不考虑内部逻辑结构，主要针对软件界面和软件功能进行测试。

黑盒测试注重于测试软件的功能需求，主要发现以下几类错误：

（1）是否有不正确或遗漏的功能。

（2）在接口上，能否正确地接收输入数据，能否产生正确地输出信息。

（3）访问外部信息是否有错。

（4）性能上是否满足要求。

（5）界面是否错误，是否不美观。

（6）初始化或终止错误。

黑盒测试的优点主要有以下几点：

（1）比较简单，不需要了解程序内部的代码及实现。

（2）与软件的内部实现无关。

（3）从用户角度出发，能很容易地知道用户会用到哪些功能，会遇到哪些问题。

（4）基于软件开发文档，所以也能知道软件实现了文档中的哪些功能。

（5）在做软件自动化测试时较为方便。

黑盒测试的缺点主要有以下两点：

（1）不可能覆盖所有的代码，覆盖率较低，大概只能达到总代码量的 30%。

（2）自动化测试的复用性较低。

2）白盒测试法

白盒测试将测试对象看作一个透明的盒子，按照程序内部的结构测试程序，检验程序中的每条通路是否都能按预定要求正确工作，而不用管它的功能。通过在不同点检查程序的状态，确定实际的状态是否与预期的状态一致。因此白盒测试又称为结构测试或逻辑驱动测试。

白盒测试允许测试人员利用程序内部的逻辑结构及有关信息，设计或选择测试案例，对程序所有逻辑路径进行测试，是一种穷举路径的测试方法。但即使每条路径都测试过了，仍然可能存在错误。

3. 信息系统测试管理

测试管理是为了实现测试工作预期目标，以测试人员为中心对测试生命周期及其所涉及的相应资源进行有效的计划、组织、领导和控制的协调活动。

测试管理的主要因素包括测试策略的制定、测试项目进度跟进、项目风险的评估、测试文档的评审、测试内部和外部的协调沟通、测试人员的培养等。

测试管理内容主要有以下几个方面：

- 测试目标明确，进行测试计划及过程监控准则的制订。
- 测试团队搭建和测试人员管理。
- 测试实施过程的监控，包括测试计划执行的跟踪和测试人员的工作安排等内容。
- 测试风险的评估和风险的应对策略。
- 测试外部的沟通协调和测试问题的确认处理。
- 测试资产、测试产品的统一管理。
- 测试规范的制定。
- 测试绩效考核的制定与考评。

5.12.2　信息系统综合测试与管理——历年真题

1. 某软件系统交付后，开发人员发现系统的性能可以进一步优化和提升，由此产生的软件维护属于（　　）。

　　A. 更正性维护　　B. 适应性维护　　C. 完善性维护　　D. 预防性维护

2. 软件维护工作包括多种类型，其中（　　）的目的是检测并更正软件产品中的潜在错误，防止它们成为实际错误。

　　A. 更正性维护　　B. 适应性维护　　C. 完善性维护　　D. 预防性维护

参考答案

1	2
C	D

第 6 章　知识产权与标准规范

6.1　合同法

6.1.1　合同法——考点梳理

根据《中华人民共和国合同法》（以下简称为"合同法"），合同是平等主体的自然人、法人、其他组织之间设立、变更、终止民事权利义务关系的协议。

1. 合同的订立

合同的内容由当事人约定，一般包括以下条款：当事人的名称或者姓名和住所、标的、数量、质量、价款或者报酬；履行期限、地点和方式；违约责任和解决争议的方法。

1）要约

要约是希望和他人订立合同的意向表示，该意向表示应当内容具体确定时，表明经受要约人承诺，要约人愿意受该意向表示约束；要约邀请是希望他人向自己发出要约的意向表示，例如寄送的价目表、拍卖公告、招标公告、招股说明书、商业广告等，都是要约邀请。投标人根据招标内容在约定期限内向招标人提交的投标文件也可以看作是一种要约。另外，如果商业广告的内容符合要约规定的，则视为要约。

要约到达受要约人时生效。采用数据电文形式订立合同，收件人指定特定系统接收数据电文的，该数据电文进入该特定系统的时间，视为到达时间；未指定特定系统的，该数据电文进入收件人的任何系统的首次时间，视为到达时间。

要约可以撤回。撤回要约的通知应当在要约到达受要约人之前或者与要约同时到达受要约人。要约可以撤销，撤销要约的通知应当在受要约人发出承诺通知之前到达受要约人。有下列情形之一的，要约不得撤销：

（1）要约人确定了承诺期限或者以其他形式明示要约不可撤销。

（2）受要约人有理由认为要约是不可撤销的，并已经为履行合同作了准备工作。

有下列情形之一的，要约失效：

- 拒绝要约的通知到达要约人。
- 要约人依法撤销要约。
- 承诺期限届满，受要约人未作出承诺。
- 受要约人对要约的内容作出实质性变更。

2）承诺

承诺是受要约人同意要约的意向表示。承诺应当以通知的方式作出，但根据交易习惯或者要约表明，可以通过行为作出承诺的除外。承诺应当在要约确定的期限内到达要约人。要约没有确定承诺期限的，承诺应当依照下列规定到达：

（1）要约以对话方式作出的，应当即时作出承诺，但当事人另有约定的除外。

（2）要约以非对话方式作出的，承诺应当在合理期限内到达。

要约以信件或者电报作出的，承诺期限自信件载明的日期或者电报交发之日开始计算。信件未载明日期的，自投寄该信件的邮戳日期开始计算。要约以电话、传真等快速通信方式作出的，承诺期限自要约到达受要约人时开始计算。

承诺生效时合同成立，承诺通知到达要约人时生效。承诺不需要通知的，根据交易习惯或者要约的要求作出承诺的行为时生效。

承诺可以撤回。撤回承诺的通知应当在承诺通知到达要约人之前或者与承诺通知同时到达要约人。受要约人超过承诺期限发出承诺的，除要约人及时通知受要约人该承诺有效的以外，为新要约。受要约人在承诺期限内发出承诺，按照通常情形能够及时到达要约人，但因其他原因承诺到达要约人时超过承诺期限的，除要约人及时通知受要约人因承诺超过期限不接受该承诺的以外，该承诺有效。

承诺的内容应当与要约的内容一致。受要约人对要约的内容作出实质性变更的，为新要约。有关合同标的、数量、质量、价款或者报酬、履行期限、履行地点和方式、违约责任和解决争议方法等的变更，是对要约内容的实质性变更。承诺对要约的内容作出非实质性变更的，除要约人及时表示反对或者要约表明承诺不得对要约的内容作出任何变更的以外，该承诺有效，合同的内容以承诺的内容为准。

3）合同成立

当事人采用合同书形式订立合同的，自双方当事人签字或者盖章时合同成立。当事人采用信件、数据电文等形式订立合同的，可以在合同成立之前要求签订确认书。签订确认书时合同成立。

承诺生效的地点为合同成立的地点。采用数据电文形式订立合同的，收件人的主营业地为合同成立的地点；没有主营业地的，其经常居住地为合同成立的地点。

当事人采用合同书形式订立合同的，双方当事人签字或者盖章的地点为合同成立的地点。法律、行政法规规定或者当事人约定采用书面形式订立合同，当事人未采用书面形式但一方已经履行主要义务，对方接受的，该合同成立；采用合同书形式订立合同，在签字或者盖章之前，当事人一方已经履行主要义务，对方接受的，该合同成立。

采用格式条款订立合同的，提供格式条款的一方应当遵循公平原则确定当事人之间的权利和义务，并采取合理的方式提示对方注意免除或者限制其责任的条款，按照对方的要求，对该条款予以说明。格式条款是当事人为了重复使用而预先拟定，并在订立合同时未与对方协商的条款。对格式条款的理解发生争议的，应当按照通常理解予以解释。

对格式条款有两种以上解释的，应当作出不利于提供格式条款一方的解释。格式条款和非格式条款不一致的，应当采用非格式条款。

4）责任

当事人在订立合同过程中有下列情形之一，给对方造成损失的，应当承担损害赔偿责任：

（1）假借订立合同，恶意进行磋商。

（2）故意隐瞒与订立合同有关的重要事实或者提供虚假情况。

（3）有其他违背诚实信用原则的行为。

当事人在订立合同过程中知悉的商业秘密，无论合同是否成立，都不得泄露或者不正当地使用。泄露或者不正当地使用该商业秘密给对方造成损失的，应当承担损害赔偿责任。

2．合同的效力

依法成立的合同，自成立时生效。当事人对合同的效力可以约定附条件。附生效条件的合同，自条件成就时生效。附解除条件的合同，自条件成就时失效。当事人为自己的利益不正当地阻止条件成就的，视为条件已成就；不正当地促成条件成就的，视为条件不成就。

当事人对合同的效力可以约定附期限。附生效期限的合同，自期限届至时生效。附终止期限的合同，自期限届满时失效。

行为人没有代理权、超越代理权或者代理权终止后以被代理人名义订立的合同，未经被代理人追认，对被代理人不发生效力，由行为人承担责任。相对人可以催告被代理人在一个月内予以追认。被代理人未作表示的，视为拒绝追认。合同被追认之前，善意相对人有撤销的权利。撤销应当以通知的方式做出。

行为人没有代理权、超越代理权或者代理权终止后以被代理人名义订立合同，相对人有理由相信行为人有代理权的，该代理行为有效。法人或者其他组织的法定代表人、负责人超越权限订立的合同，除相对人知道或者应当知道其超越权限的以外，该代表行为有效。无处分权的人处分他人财产，经权利人追认或者无处分权的人订立合同后取得处分权的，该合同有效。有下列情形之一的，合同无效：

（1）一方以欺诈、胁迫的手段订立合同。

（2）恶意串通，损害国家、集体或者第三人利益。

（3）以合法形式掩盖非法目的。

（4）损害社会公共利益。

（5）违反法律、行政法规的强制性规定。

合同中的下列免责条款无效：

（1）造成对方人身伤害的。

（2）因故意或者重大过失造成对方财产损失的。

下列合同，当事人一方有权请求人民法院或者仲裁机构变更或者撤销：

（1）因重大误解订立的。

（2）在订立合同时显失公平的。

一方以欺诈、胁迫的手段或者乘人之危，使对方在违背真实意思的情况下订立的合同，受损害方有权请求人民法院或者仲裁机构变更或者撤销。当事人请求变更的，人民法院或者仲裁机构不得撤销。有下列情形之一的，撤销权消灭：

（1）具有撤销权的当事人自知道或者应当知道撤销事由之日起一年内没有行使撤销权。

（2）具有撤销权的当事人知道撤销事由后明确表示或者以自己的行为放弃撤销权。

无效的合同或者被撤销的合同自始没有法律约束力。合同部分无效，不影响其他部分效力的，其他部分仍然有效。合同无效、被撤销或者终止的，不影响合同中独立存在的有关解决争议方法的条款的效力。合同无效或者被撤销后，因该合同取得的财产，应当予以返还；不能返还或者没有必要返还的，应当折价补偿。有过错的一方应当赔偿对方因此所受到的损失，双方都有过错的，应当各自承担相应的责任。

当事人恶意串通，损害国家、集体或者第三人利益的，因此取得的财产收归国家所有或者返还集体、第三人。

3．合同的履行

当事人就有关合同内容约定不明确的，适用下列规定：

（1）质量要求不明确的，按照国家标准、行业标准履行；没有国家标准、行业标准的，按照通常标准或者符合合同目的的特定标准履行。

（2）价款或者报酬不明确的，按照订立合同时履行地的市场价格履行；依法应当执行政府定价或者政府指导价的，按照规定履行。

（3）履行地点不明确，给付货币的，在接受货币一方所在地履行；交付不动产的在不动产所在地履行；其他标的，在履行义务一方所在地履行。

（4）履行期限不明确的，债务人可以随时履行，债权人也可以随时要求履行，但应当给对方必要的准备时间。

（5）履行方式不明确的，按照有利于实现合同目的的方式履行。

（6）履行费用的负担不明确的，由履行义务一方负担。

执行政府定价或者政府指导价的，在合同约定的交付期限内政府价格调整时，按照交付时的价格计价。逾期交付标的物的，遇价格上涨时，按照原价格执行；价格下降时，按照新价格执行。逾期提取标的物或者逾期付款的，遇价格上涨时，按照新价格执行；价格下降时，按照原价格执行。

4．合同的变更和转让

债权人可以将合同的权利全部或者部分转让给第三人，但有下列情形之一的除外：

（1）根据合同性质不得转让。

（2）按照当事人约定不得转让。

（3）依照法律规定不得转让。

5. 合同的权利义务终止

有下列情形之一的，合同的权利义务终止：债务已经按照约定履行；合同解除；债务相互抵销；债务人依法将标的物提存；债权人免除债务；债权债务同归于一人；法律规定或者当事人约定终止的其他情形。

有下列情形之一的，当事人可以解除合同：

（1）因不可抗力致使不能实现合同目的。

（2）在履行期限届满之前，当事人一方明确表示或者以自己的行为表明不履行主要债务。

（3）当事人一方迟延履行主要债务，经催告后在合理期限内仍未履行。

（4）当事人一方迟延履行债务或者有其他违约行为致使不能实现合同目的。

（5）法律规定的其他情形。

有下列情形之一，难以履行债务的，债务人可以将标的物提存：

（1）债权人无正当理由拒绝受领。

（2）债权人下落不明。

（3）债权人死亡未确定继承人或者丧失民事行为能力未确定监护人。

（4）法律规定的其他情形。

6. 违约责任

当事人就迟延履行约定违约金的，违约方支付违约金后，还应当履行债务。

因不可抗力不能履行合同的，根据不可抗力的影响，部分或者全部免除责任，但法律另有规定的除外。

当事人一方违约后，对方应当采取适当措施防止损失的扩大；没有采取适当措施致使损失扩大的，不得就扩大的损失要求赔偿。当事人因防止损失扩大而支出的合理费用，由违约方承担。当事人双方都违反合同的，应当各自承担相应的责任。

6.1.2　合同法——历年真题

1. 根据《中华人民共和国合同法》，以下叙述中，正确的是（　　）。

　　A. 当事人采用合同书形式订立合同的，自合同付款时间起合同生效

　　B. 只有书面形式的合同才受法律的保护

　　C. 当事人采用信件、数据电文等形式订立合同的，可以在合同成立之前要求签订确认书，签订确认书时合同成立

　　D. 当事人采用合同书形式订立合同的，甲方的主营业地为合同成立的地点

2. 格式条款是当事人为了重复使用而预先拟定，并在订立合同时未与对方协商的条款。对于格式条款，不正确的是（　　）。

A. 提供格式条款一方免除其责任、加重对方责任、排除对方主要权利的，该条款无效

B. 格式条款和非格式条款不一致，应当采用格式条款

C. 对格式条款有两种以上解释的，应当做出不利于提供格式条款一方的解释

D. 采用格式条款订立合同的，提供格式条款的一方应当遵循公平原则确定当事人之间的权利和义务

3. 甲公司因业务开展需要，拟购买 10 部手机，便向乙公司发出传真，要求以 2000 元/台的价格购买 10 部手机，并要求乙公司在一周内送货上门。根据《中华人民共和国合同法》甲公司向乙公司发出传真的行为属于（　　）。

A. 邀请　　　　　B. 要约　　　　　C. 承诺　　　　　D. 要约邀请

参考答案

1	2	3
C	B	B

6.2　招投标法

6.2.1　招投标法——考点梳理

根据《中华人民共和国招投标法》（以下简称为"招投标法"），招投标的主要过程，以及每个过程需要注意的事项包括：

1. 招标

根据招投标法的规定，下列工程建设项目（包括项目的勘察、设计、施工、监理，以及与工程建设有关的重要设备、材料等的采购）必须进行招标：

（1）大型基础设施、公用事业等关系社会公共利益、公众安全的项目。

（2）全部或部分使用国有资金投资或者国家融资的项目。

（3）使用国际组织或者外国政府贷款、援助资金的项目。

任何单位和个人不得将依法必须进行招标的项目化整为零或者以其他任何方式规避招标。招标投标活动应当遵循公开、公平、公正和诚实信用的原则。必须进行招标的项目，其招标投标活动不受地区或者部门的限制。任何单位和个人不得违法限制或者排斥本地区、本系统以外的法人或其他组织参加投标，不得以任何方式非法干涉招标投标活动。

招标分为公开招标和邀请招标。

● 公开招标是指招标人以招标公告的方式邀请不特定的法人或者其他组织投标。

● 邀请招标是指招标人以投标邀请书的方式邀请特定的法人或者其他组织投标。

国务院发展计划部门确定的国家重点项目和省、自治区、直辖市人民政府确定的地方重点项目不适宜公开招标的，经国务院发展计划部门或者省、自治区、直辖市人民政府批准，可以进行邀请招标。

1）招标代理机构

招标人有权自行选择招标代理机构，委托其办理招标事宜。任何单位和个人不得以任何方式为招标人指定招标代理机构。招标人具有编制招标文件和组织评标能力的，可以自行办理招标事宜。依法必须进行招标的项目，招标人自行办理招标事宜的，应当向有关行政监督部门备案。

招标代理机构是依法设立、从事招标代理业务并提供相关服务的社会中介组织。招标代理机构应当具备下列条件：

（1）有从事招标代理业务的营业场所和相应资金。

（2）有能够编制招标文件和组织评标的相应专业力量。

（3）有符合规定条件、可以作为评标委员会成员人选的技术、经济等方面的专家库。

从事工程建设项目招标代理业务的招标代理机构，其资格由国务院或者省、自治区、直辖市人民政府的建设行政主管部门认定。从事其他招标代理业务的招标代理机构，其资格认定的主管部门由国务院规定。

招标代理机构与行政机关和其他国家机关不得存在隶属关系或者其他利益关系。招标代理机构应当在招标人委托的范围内办理招标事宜。

2）招标公告

招标人采用公开招标方式的，应当发布招标公告。依法必须进行招标项目的招标公告，应当通过国家指定的报刊、信息网络或者其他媒介发布。招标公告应当载明招标人的名称和地址、招标项目的性质、数量、实施地点和时间，以及获取招标文件的办法等事项。

招标人采用邀请招标方式的，应当向三个以上具备承担招标项目的能力、资信良好的特定法人或者其他组织发出投标邀请书。投标邀请书应当载明的事项与招标公告相同。

招标人可以根据招标项目本身的要求，在招标公告或者投标邀请书中，要求潜在投标人提供有关资质证明文件和业绩情况，并对潜在投标人进行资格审查。招标人不得以不合理的条件限制或者排斥潜在投标人，不得对潜在投标人给予歧视待遇。

3）招标文件

招标人应当根据招标项目的特点和需要编制招标文件。招标文件应当包括招标项目的技术要求、对投标人资格审查的标准、投标报价要求和评标标准等所有实质性要求和条件，以及拟签订合同的主要条款。

招标项目需要划分标段、确定工期，招标人应当合理划分标段、确定工期并在招标文件中载明。招标文件不得要求或者标明特定的生产供应以及含有倾向或者排斥潜在投标人的其他内容。

招标人根据招标项目的具体情况，可以组织潜在投标人踏勘项目现场。招标人不得向他人透露已获取招标文件的潜在投标人的名称、数量，以及可能影响公平竞争的有关招标投标的其他情况。招标人设有标底的，标底必须保密。

招标人对已发出的招标文件进行必要的澄清或者修改的，应当在招标文件要求提交投标文件截止时间至少十五日前，以书面形式通知所有招标文件收受人。该澄清或者修改的内容为招标文件的组成部分。

招标人应当确定投标人编制投标文件所需要的合理时间。但是，依法必须进行招标的项目，自招标文件开始发出之日起至投标人提交投标文件截止之日止，最短不得少于二十日。

2．投标

投标人是响应招标、参加投标竞争的法人或者其他组织，投标人应当具备承担招标项目的能力，应当按照招标文件的要求编制投标文件。投标文件应当对招标文件提出的实质性要求和条件作出响应。招标项目属于建设施工的，投标文件的内容应当包括拟派出的项目负责人与主要技术人员的简历、业绩和拟用于完成招标项目的机械设备等。

投标人应当在招标文件要求提交投标文件的截止时间前，将投标文件送达投标地点。招标人收到投标文件后，应当签收保存，不得开启。投标人少于三个的，招标人应当重新招标。在招标文件要求提交投标文件的截止时间后送达的投标文件，招标人应当拒收。

投标人在招标文件要求提交投标文件的截止时间前，可以补充、修改或者撤回已提交的投标文件，并书面通知招标人。补充、修改的内容为投标文件的组成部分。

投标人根据招标文件载明的项目实际情况，拟在中标后将中标项目的部分非主体、非关键性工作进行分包的，则应当在投标文件中载明。

两个或两个以上法人或者其他组织可以组成一个联合体，以一个投标人的身份共同投标。联合体各方均应当具备承担招标项目的相应能力；国家有关规定或者招标文件对投标人资格条件有规定的，联合体各方均应当具备规定的相应资格条件。由同一专业的单位组成的联合体，按照资质等级较低的单位确定资质等级。联合体各方应当签订共同投标协议，明确约定各方拟承担的工作和责任，并将共同投标协议连同投标文件一并提交招标人。联合体中标的，联合体各方应当共同与招标人签订合同，就中标项目向招标人承担连带责任。

招标人不得强制投标人组成联合体共同投标，不得限制投标人之间的竞争。投标人不得相互串通投标报价，不得排挤其他投标人的公平竞争，损害招标人或者其他投标人的合法权益。投标人不得与招标人串通投标，损害国家利益、社会公共利益或者他人的合法权益。禁止投标人以向招标人或者评标委员会成员行贿的手段谋取中标。投标人不得以低于成本的报价竞标，也不得以他人名义投标或者以其他方式弄虚作假，骗取中标。

3．评标

本节主要介绍开标、评标、中标和分包的规定与流程。

1）开标

开标应当在招标文件确定的提交投标文件截止时间的同一时间公开进行；开标地点应当为招标文件中预先确定的地点；开标由招标人主持，邀请所有投标人参加。

开标时，由投标人或者其推选的代表检查投标文件的密封情况，也可以由招标人委托的公证机构检查并公证；经确认无误后，由工作人员当众拆封，宣读投标人名称、投标价格和投标文件的其他主要内容。招标人在招标文件要求提交投标文件的截止时间前收到的所有投标文件，开标时都应当当众予以拆封、宣读。开标过程应当记录，并存档备查。

2）评标

评标由招标人依法组建的评标委员会负责。依法必须进行招标的项目，其评标委员会由招标人的代表和有关技术、经济等方面的专家组成，成员人数为五人以上单数，其中技术、经济等方面的专家不得少于成员总数的三分之二。专家应当从事相关领域工作，满八年并具有高级职称或者具有同等专业水平，由招标人从国务院有关部门或者省、自治区、直辖市人民政府有关部门提供的专家名册或者招标代理机构的专家库内的相关专业的专家名单中确定；一般招标项目可以采取随机抽取方式，特殊招标项目可以由招标人直接确定。与投标人有利害关系的人不得进入相关项目的评标委员会，已经进入的应当更换。评标委员会成员的名单在中标结果确定前应当保密。

招标人应当采取必要的措施，保证评标在严格保密的情况下进行，任何单位和个人不得非法干预、影响评标的过程和结果。

评标委员会可以要求投标人对投标文件中含义不明确的内容做必要的澄清或者说明，但是澄清或说明不得超出投标文件的范围或者改变投标文件的实质性内容。评标委员会应当按照招标文件确定的评标标准和方法，对投标文件进行评审和比较；设有标底的，应当参考标底。评标委员会完成评标后，应当向招标人提出书面评标报告，并推荐合格的中标候选人。招标人根据评标委员会提出的书面评标报告和推荐的中标候选人确定中标人，也可以授权评标委员会直接确定中标人。

3）中标

中标人的投标应当符合下列条件之一：

（1）能够最大限度地满足招标文件中规定的各项综合评价标准。

（2）能够满足招标文件的实质性要求，并且经评审的投标价格最低；但是投标价格低于成本的除外。

评标委员会经评审，认为所有投标都不符合招标文件要求的，可以否决所有投标。依法必须进行招标项目的所有投标被否决的，招标人应当重新招标。

在确定中标人前，招标人不得与投标人就投标价格、投标方案等实质性内容进行谈判。评标委员会成员应当客观、公正地履行职务，遵守职业道德，对所提出的评审意见承担个人责任。评标委员会成员不得私下接触投标人，不得收受投标人的财物或其他好处。评标委员会成员和参与评标的有关工作人员不得透露对投标文件的评审和比较、中标候选人的推荐情况，以及与评标有关的其他情况。

中标人确定后，招标人应当向中标人发出中标通知书，并同时将中标结果通知所有未中标的投标人。中标通知书对招标人和中标人具有法律效力，中标通知书发出后，招标人改变中标结果或者中标人放弃中标项目的，应当依法承担法律责任。招标人和中标人应当自中标通知书发出之日起三十日内，按照招标文件和中标人的投标文件订立书面合同。招标人和中标人不得再行订立背离合同实质性内容的其他协议。招标文件要求中标人提交履约保证金的，中标人应当提交。

依法必须进行招标的项目，招标人应当自确定中标人之日起十五日内向有关行政监督部门提交招标投标情况的书面报告。

4）分包

中标人应当按照合同约定履行义务，完成中标项目，不得向他人转让中标项目，也不得将中标项目分解后分别向他人转让。中标人按照合同约定或者经招标人同意，可以将中标项目的部分非主体、非关键性工作分包给他人完成。接受分包的人应当具备相应的资格条件，并不得再次分包。中标人应当就分包项目向招标人负责，接受分包的人就分包项目承担连带责任。

4．法律责任

根据招投标法的规定，必须进行招标的项目而不招标的，将必须进行招标的项目化整为零或者以其他任何方式规避招标的，责令其限期改正，可以处项目合同金额千分之五以上千分之十以下的罚款；对全部或者部分使用国有资金的项目，可以暂停项目执行或者暂停资金拨付。

投标人相互串通投标或者与招标人串通投标的，投标人以向招标人或者评标委员会成员行贿的手段谋取中标的，中标无效，且处中标项目金额千分之五以上千分之十以下的罚款，对单位直接负责的主管人员和其他直接责任人员处单位罚款数额百分之五以上百分之十以下的罚款；有违法所得的，并处没收违法所得；情节严重的，取消其 1～2 年内依法参加必须进行招标的项目的投标资格并予以公告，直至由工商行政管理机关吊销营业执照；给他人造成损失的，依法承担赔偿责任。

投标人以他人名义投标或者以其他方式弄虚作假骗取中标的，中标无效；给招标人员造成损失的，依法承担赔偿责任。同时处中标项目金额千分之五以上千分之十以下的罚款，对单位直接负责的主管人员和其他直接责任人员处单位罚款数额百分之五以上百分之十以下的罚款；有违法所得的，并处没收违法所得；情节严重的，取消其 1～3 年内参加招标项目的投标资格并予以公告。

评标委员会成员收受投标人的财物或者其他好处的，评标委员会成员或者参加评标的有关工作人员向他人透露投标文件的评审和比较、中标候选人的推荐以及与评标有关的其他情况的给予警告，并没收收受的财物，还可以并处三千元以上五万元以下的罚款，不得再参加任何招标项目的评标。

招标人在评标委员会依法推荐的中标候选人以外确定中标人的，依法必须进行招标的项目在所有投标被评标委员会否决后自行确定中标人的，中标无效，责令改正并可以处中标项目金额千分之五以上千分之十以下的罚款。

中标人将中标项目转让给他人的，将中标项目分解后分别转让给他人的，违反规定将中标项目的部分主体、关键性工作分包给他人的或者分包人再次分包的，转让、分包无效，并处转让、分包项目金额千分之五以上千分之十以下的罚款；有违法所得的，并处没收违法所得。

中标人不履行与招标人订立合同的，履约保证金不予退还，给招标人造成的损失超过履约保证金数额的，还应当对超过部分予以赔偿；没有提交履约保证金的，应当对招标人的损失承担赔偿责任。

6.2.2　招投标法——历年真题

1. 根据《中华人民共和国招投标法》，以下做法中（　　）是正确的。
   A. 某项目于 4 月 7 日公开发布招标文件，表明截止时间为 2015 年 4 月 14 日 13 时
   B. 开标应当在招标文件确定的提交投标文件截止时间的同一时间公开进行
   C. 某次招标活动中的所有投标文件都与招标文件要求存在一定的差异，评标委员会可以确定其中最接近投标文件要求的公司中标
   D. 联合投标的几家企业中只需一家达到招标文件要求的资质即可

2. 根据《中华人民共和国招投标法》及《中华人民共和国招投标法实施细则》，国有资金占控股或者主导地位的依法必须进行招标的项目，当（　　）时，可以不进行招标。
   A. 项目涉及企业信息安全及保密
   B. 需要采用不可替代的专利或者专有技术
   C. 招标代理依法能够自行建设、生成或者提供
   D. 为了便于管理，必须向原分包商采购工程、货物或者服务

3. 根据《中华人民共和国招标投标法》的规定，以下叙述中，不正确的是（　　）。
   A. 国务院发展计划部门确定的国家重点项目和省、自治区、直辖市人民政府确定的地方重点项目不适宜公开招标的，经国务院发展计划部门或者省、自治区、直辖市人民政府批准，可以进行邀请招标
   B. 招标人有权自行选择招标代理机构，委托其办理招标事宜，任何单位和个人不得以任何方式为招标人指定招标代理机构

C. 招标项目按照国家有关规定需要履行项目审批手续的，可在招标前审批，也可以在招标后履行审批手续

D. 招标人需要在招标文件中如实载明招标项目有规定资金或者资金来源已经落实

4. 依据《中华人民共和国招标投标法》，以下叙述中，不正确的是（　　）。

A. 招标人具有编制招标文件和组织评标能力的，可以自行办理招标事宜

B. 招标人不可以自行选择招标代理机构

C. 依法必须进行招标的项目，招标人自行办理招标事宜的，应当向有关行政监督部门备案

D. 招标代理机构与行政机关和其他国家机关不得存在律属关系或者其他利益关系

5. 根据《中华人民共和国招标投标法》，招标人和中标人应当自中标通知书发出之日起（　　）日内，按照招标文件和中标人的投标文件订立书面合同。

A. 30　　　　　　B. 20　　　　　　C. 15　　　　　　D. 10

参考答案

1	2	3	4	5
B	B	C	B	A

6.3　著作权法

6.3.1　著作权法——考点梳理

1990 年 9 月通过，1991 年 6 月 1 日正式实施的《中华人民共和国著作权法》（以下简称为"著作权法"）是知识产权保护领域的最重要的法律基础。另外，国家还颁发了《中华人民共和国著作权法实施条例》（以下简称为"实施条例"）作为执行补充，该条例于 1991 年 5 月通过，2002 年 9 月修订。在这两部法律法规中，对著作权保护及其具体实施做出了明确的规定。

1．著作权法客体

著作权法及实施条例的客体是指受保护的作品，这里的作品是指文学、艺术、自然、科学、社会科学和工程技术领域内具有独创性并能以某种有形形式复制的智力成果。

为完成单位工作任务所创作的作品，称为职务作品。如果该职务作品是利用单位的物质技术条件进行创作，并由单位承担责任的，或者有合同约定，其著作权属于单位的，作者将仅享有署名权，其他著作权归单位享有。其他职务作品，著作权仍由作者享有，

单位有权在业务范围内优先使用。在两年内，未经单位同意，作者不能许可其他个人或单位使用该作品。

2. 著作权法主体

著作权法及实施条例的主体是指著作权关系人，通常包括著作权人和受让者两种。

著作权人又称为原始著作权人，是根据创作的事实进行确定的，依法取得著作权资格的创作、开发者；受让者又称为后继著作权人，是指没有参与创作，通过著作权转移活动而享有著作权的人。

著作权法在认定著作权人时，是根据创作的事实进行的，而创作就是指直接产生的文学、艺术和科学作品的智力活动。为他人创作进行组织、提供咨询意见、物质条件或进行其他辅助工作的，不属于创作的范围，不被确认为著作权人。

如果在创作的过程中有多人参与，则该作品的著作权由合作的作者共同享有。合作的作品是可以分割使用的，作者对各自创作的部分可以单独享有著作权，但不能在侵犯合作作品整体著作权的情况下行使。如果遇到作者不明的情况，则作品原件的所有人可以行使除署名权以外的著作权，直到作者身份明确。如果作品是委托创作的，著作权的归属应通过委托人和受托人之间的合同来确定。如果没有明确的约定，或者没有签订相关合同，则著作权属于受托人。

3. 著作权

根据著作权法及实施条例的规定，著作权人对作品享有以下五种权利：

（1）发表权决定作品是否公之于众的权利。

（2）署名权表明作者身份，在作品上署名的权利。

（3）修改权修改或授权他人修改作品的权利。

（4）保护作品完整权保护作品不受歪曲、篡改的权利。

（5）使用权、使用许可权和获取报酬权、转让权以复制、表演、播放、展览、发行、摄制电影、电视、录像，或者改编、翻译、注释和编辑等方式使用作品的权利，以及许可他人以上述方式使用作品，并由此获得报酬的权利。

根据著作权法的相关规定，著作权的保护是有一定期限的，具体规定如下：

（1）著作权属于公民。署名权、修改权、保护作品完整权的保护期没有任何限制，永远受法律保护；发表权、使用权和获得报酬权的保护期为作者终生及其死亡后的 50 年（第 50 年的 12 月 31 日）。作者死亡后，著作权依照继承法进行转移。

（2）著作权属于单位。发表权、使用权和获得报酬权的保护期为 50 年（首次发表后的第 50 年的 12 月 31 日），若 50 年内未发表的，不予保护。但单位变更、终止后，其著作权由承受其权利义务的单位享有。

当第三方需要使用时，需得到著作权人的使用许可，双方应签订相应的合同。合同中应包括许可使用作品的方式，是否专有使用，许可的范围与时间期限，报酬标准与方法，以及违约责任等。若合同未明确许可的权力，需再次经著作权人许可。合同的有效期限不超过 10 年，期满时可以续签。

在下列情况下使用作品，可以不经著作权人许可、不向其支付报酬，但应指明作者姓名、作品名称，不得侵犯其他著作权。

（1）为个人学习、研究或欣赏，使用他人已经发表的作品；为学校课堂教学或科学研究，翻译或者少量复制已经发表的作品，供教学或科研人员使用，但不得出版发行。

（2）为介绍、评论某一个作品或说明某一个问题，在作品中适当引用他人已经发表的作品；为报道时事新闻，在报纸、期刊、广播、电视节目或新闻纪录影片中引用已经发表的作品。

（3）报纸、期刊、广播电台、电视台刊登或播放其他报纸、期刊、广播电台、电视台已经发表的社论、评论员文章；报纸、期刊、广播电台、电视台刊登或者播放在公众集会上发表的讲话，但作者声明不许刊登、播放的除外。

（4）国家机关为执行公务使用已经发表的作品；图书馆、档案馆、纪念馆、博物馆和美术馆等为陈列或保存版本的需要，复制本馆收藏的作品。

（5）免费表演已经发表的作品。

（6）对设置或者陈列在室外公共场所的艺术作品进行临摹、绘画、摄影及录像。

（7）将已经发表的汉族文字作品翻译成少数民族文字在国内出版发行，将已经发表的作品改成盲文出版。

6.3.2　著作权法——历年真题

1.（　　）不受《著作权法》保护。

①文字作品　　　　②口述作品　　　　③音乐、戏剧、曲艺　　　　④摄影作品

⑤计算机软件　　　⑥时事新闻　　　　⑦通用表格和公式

　　A．②⑥⑦　　　　B．②⑤⑥　　　　C．⑥⑦　　　　D．③⑤

2．某集成企业的软件著作权登记发表日期为 2013 年 9 月 30 日，按照著作权法规定，其权利保护期到（　　）。

　　A．2063 年 12 月 31 日　　　　　　B．2063 年 9 月 29 日

　　C．2033 年 12 月 31 日　　　　　　D．2033 年 9 月 29 日

3．根据我国著作权法，作者的署名权、修改权、保护作品完整权是著作权的一部分，它们的保护期为（　　）。

　　A．50 年　　　　B．20 年　　　　C．15 年　　　　D．不受限制

参考答案

1	2	3
C	A	D

6.4　政府采购法

6.4.1　政府采购法——考点梳理

根据《中华人民共和国政府采购法》（以下简称为"政府采购法"）的规定，采购是指以合同方式有偿取得货物、工程和服务的行为，包括购买、租赁、委托、雇用等；政府采购是指各级国家机关、事业单位和团体组织，使用财政性资金采购依法制定的集中采购目录以内的或者采购限额标准以上的货物、工程和服务的行为；货物是指各种形态和种类的物品，包括原材料、燃料、设备、产品等；工程是指建设工程，包括建筑物和构筑物的新建、改建、扩建、装修、拆除、修缮等；服务是指除货物和工程以外的其他政府采购对象。

政府采购应当遵循公开透明原则、公平竞争原则、公正原则和诚实信用原则。政府采购工程进行招标投标的，适用招标投标法，任何单位和个人不得采用任何方式，阻挠和限制供应商自由进入本地区和本行业的政府采购市场。

政府采购实行集中采购和分散采购相结合。集中采购的范围由省级以上人民政府公布的集中采购目录确定。属于中央预算的政府采购项目，其集中采购目录由国务院确定并公布；属于地方预算的政府采购项目，其集中采购目录由省、自治区、直辖市人民政府或者其授权的机构确定并公布。纳入集中采购目录的政府采购项目，应当实行集中采购。

政府采购应当采购本国货物、工程和服务。但有下列情形之一的除外：

（1）需要采购的货物、工程或者服务在中国境内无法获取或者无法以合理的商业条件获取的。

（2）为在中国境外使用而进行采购的。

（3）其他法律、行政法规另有规定的。

政府采购的信息应当在政府采购监督管理部门指定的媒体上及时向社会公开发布，但涉及商业秘密的除外。

1. 政府采购当事人

政府采购当事人是指在政府采购活动中享有权利和承担义务的各类主体，包括采购人、供应商和采购代理机构等；采购人是指依法进行政府采购的国家机关、事业单位、团体组织；集中采购机构为采购代理机构。设区的市、自治州以上的人民政府根据本级政府采购项目组织集中采购的需要设立集中采购机构。集中采购机构是非营利事业法人，根据采购人的委托办理采购事宜。集中采购机构进行政府采购活动，应当符合采购价格低于市场平均价格、采购效率更高、采购质量优良和服务良好的要求。

采购人采购纳入集中采购目录的政府采购项目，必须委托集中采购机构代理采购；

采购未纳入集中采购目录的政府采购项目，可以自行采购，也可以委托集中采购机构在委托的范围内代理采购。纳入集中采购目录属于通用的政府采购项目的，应当委托集中采购机构代理采购；属于本部门、本系统有特殊要求的项目，应当实行部门集中采购；属于本单位有特殊要求的项目，经省级以上人民政府批准，可以自行采购。

采购人可以委托经国务院有关部门或者省级人民政府有关部门认定资格的采购代理机构，在委托的范围内办理政府采购事宜。采购人有权自行选择采购代理机构，任何单位和个人不得以任何方式为采购人指定采购代理机构。采购人依法委托采购代理机构办理采购事宜的，应当由采购人与采购代理机构签订委托代理协议，依法确定委托代理的事项，约定双方的权利义务。

供应商是指向采购人提供货物、工程或者服务的法人、其他组织或者自然人。供应商参加政府采购活动应当具备下列条件：

（1）具有独立承担民事责任的能力。

（2）具有良好的商业信誉和健全的财务会计制度。

（3）具有履行合同所必须的设备和专业技术能力。

（4）有依法缴纳税收和社会保障资金的良好记录。

（5）参加政府采购活动前三年内，在经营活动中没有重大违法记录。

（6）法律、行政法规规定的其他条件。

采购人可以根据采购项目的特殊要求，规定供应商的特定条件，但不得以不合理的条件对供应商实行差别待遇或者歧视待遇。采购人可以要求参加政府采购的供应商提供有关资质证明文件和业绩情况，并根据供应商条件和采购项目对供应商的特定要求，对供应商的资格进行审查。

两个以上的自然人、法人或者其他组织可以组成一个联合体，以一个供应商的身份共同参加政府采购。以联合体形式进行政府采购的，参加联合体的供应商均应当具备规定的条件，并应当向采购人提交联合协议，载明联合体各方承担的工作和义务。联合体各方应当共同与采购人签订采购合同，就采购合同约定的事项对采购人承担连带责任。

政府采购当事人不得相互串通损害国家利益、社会公共利益和其他当事人的合法权益；不得以任何手段排斥其他供应商参与竞争。供应商不得以向采购人、采购代理机构、评标委员会的组成人员、竞争性谈判小组的组成人员、询价小组的组成人员行贿或者采取其他不正当手段谋取中标或成交。采购代理机构不得以向采购人行贿或者采取其他不正当手段谋取非法利益。

2. 政府采购方式

根据政府采购法的规定，政府采购采用以下方式：公开招标、邀请招标、竞争性谈判、单一来源采购、询价，以及国务院政府采购监督管理部门认定的其他采购方式。

公开招标应作为政府采购的主要采购方式，因特殊情况需要采用公开招标以外的采购方式的，应当在采购活动开始前获得设区的市、自治州以上人民政府采购监督管理部门的批准。采购人不得将应当以公开招标方式采购的货物或者服务化整为零或者以其他任何方式规避公开招标采购。

符合下列情形之一的货物或者服务，可以依照政府采购法采用邀请招标方式采购：

（1）具有特殊性，只能从有限范围的供应商处采购的。

（2）采用公开招标方式的费用占政府采购项目总价值的比例过大的。

符合下列情形之一的货物或者服务，可以依照政府采购法采用竞争性谈判方式采购：

（1）招标后没有供应商投标或者没有合格标的或者重新招标未能成立的。

（2）技术复杂或者性质特殊，不能确定详细规格或者具体要求的。

（3）采用招标所需时间不能满足用户紧急需要的。

（4）不能事先计算出价格总额的。

符合下列情形之一的货物或者服务，可以依照政府采购法采用单一来源方式采购：

（1）只能从唯一供应商处采购的。

（2）发生了不可预见的紧急情况不能从其他供应商处采购的。

（3）必须保证原有采购项目一致性或者服务配套的要求，需要继续从原供应商处添购，且添购资金总额不超过原合同采购金额百分之十的。

采购的货物规格、标准统一、现货货源充足且价格变化幅度小的政府采购项目，可以采用询价方式采购。

3．政府采购程序

根据政府采购法的规定，货物或者服务项目采取邀请招标方式采购的，采购人应当从符合相应资格条件的供应商中，通过随机方式选择三家以上的供应商，并向其发出投标邀请书。货物和服务项目实行招标方式采购的，自招标文件开始发出之日起至投标人提交投标文件截止之日止，不得少于二十日。

在招标采购中，出现下列情形之一的，应予废标：

① 符合专业条件的供应商或者对招标文件作实质响应的供应商不足三家的。

② 出现影响采购公正的违法、违规行为的。

③ 投标人的报价均超过了采购预算，采购人不能支付的。

④ 因重大变故，采购任务取消的。

废标后，采购人应当将废标理由通知所有投标人。废标后，除采购任务取消情形外，应当重新组织招标；需要采取其他方式采购的，应当在采购活动开始前获得设区的市、自治州以上人民政府采购监督管理部门或者政府有关部门批准。

采用竞争性谈判方式采购的，应当遵循下列程序：

（1）成立谈判小组。

谈判小组由采购人的代表和有关专家共三人以上的单数组成，其中专家的人数不得少于成员总数的三分之二。

（2）制定谈判文件。

谈判文件应当明确谈判程序、谈判内容、合同草案的条款以及评定成交的标准等事项。

（3）确定邀请参加谈判的供应商名单。

谈判小组从符合相应资格条件的供应商名单中确定不少于三家的供应商参加谈判，并向其提供谈判文件。

（4）谈判。

谈判小组所有成员集中与单一供应商分别进行谈判。在谈判中，谈判的任何一方不得透露与谈判有关的其他供应商的技术资料、价格和其他信息。谈判文件有实质性变动的，谈判小组应当以书面形式通知所有参加谈判的供应商。

（5）确定成交供应商。

谈判结束后，谈判小组应当要求所有参加谈判的供应商在规定时间内进行最后报价，采购人从谈判小组提出的成交候选人中根据符合采购需求、质量和服务相等且报价最低的原则确定成交供应商，并将结果通知所有参加谈判的未成交的供应商。

采取单一来源方式采购的，采购人与供应商应当遵循规定的原则，在保证采购项目质量和双方商定合理价格的基础上进行采购。

采取询价方式采购的，应当遵循下列程序：

（1）成立询价小组。

询价小组由采购人代表和有关专家共三人以上的单数组成，其中专家的人数不得少于成员总数的三分之二，询价小组应当对采购项目的价格构成和评定成交的标准等事项作出规定。

（2）确定被询价的供应商名单。

询价小组根据采购需求，从符合相应资格条件的供应商名单中确定不少于三家的供应商，并向其发出询价通知书让其报价。

（3）询价。

询价小组要求被询价的供应商一次报出不得更改的价格。

（4）确定成交供应商。

采购人根据符合采购需求、质量和服务相等且报价最低的原则确定成交供应商，并将结果通知所有被询价的未成交的供应商。

采购人或者其委托的采购代理机构应当组织对供应商履约的验收。大型或者复杂的政府采购项目，应当邀请国家认可的质量检测机构参加验收工作。验收方成员应当在验收书上签字，并承担相应的法律责任。

采购人、采购代理机构对政府采购项目每项采购活动的采购文件应当妥善保存，不得伪造、变造、隐匿或者销毁。采购文件的保存期限为从采购结束之日起至少保存十五年。采购文件包括采购活动记录、采购预算、招标文件、投标文件、评标标准、评估报告、定标文件、合同文本、验收证明、质疑答复、投诉处理决定及其他有关文件、资料。

采购活动记录至少应当包括下列内容：

（1）采购项目类别、名称。

（2）采购项目预算、资金构成和合同价格。

（3）采购方式，采用公开招标以外的采购方式的，应当载明原因。

（4）邀请和选择供应商的条件及原因。

（5）评标标准及确定中标人的原因。

（6）废标的原因。

（7）采用招标以外采购方式的相应记载。

4．政府采购合同

政府采购合同适用合同法。采购人和供应商之间的权利和义务，应当按照平等、自愿的原则以合同方式约定。采购人可以委托采购代理机构代表其与供应商签订政府采购合同。由采购代理机构以采购人名义签订合同的，应当提交采购人的授权委托书，作为合同附件。政府采购合同应当采用书面形式。

采购人与中标、成交供应商应当在中标、成交通知书发出之日起三十日内，按照采购文件确定的事项签订政府采购合同。中标、成交通知书对采购人和中标、成交供应商均具有法律效力。中标、成交通知书发出后，采购人改变中标、成交结果的，或者中标、成交供应商放弃中标、成交项目的，应当依法承担法律责任。

政府采购项目的采购合同自签订之日起七个工作日内，采购人应当将合同副本报同级政府采购监督管理部门和有关部门备案。

经采购人同意，中标、成交供应商可以依法采取分包方式履行合同。政府采购合同分包履行的，中标、成交供应商就采购项目和分包项目向采购人负责，分包供应商就分包项目承担责任。

政府采购合同履行中，采购人需追加与合同标的相同的货物、工程或者服务的，在不改变合同其他条款的前提下，可以与供应商协商签订补充合同，但所有补充合同的采购金额不得超过原合同采购金额的百分之十。

政府采购合同的双方当事人不得擅自变更、中止或者终止合同。政府采购合同继续履行将损害国家利益和社会公共利益的，双方当事人应当变更、中止或者终止合同。有过错的一方应当承担赔偿责任，双方都有过错的，各自承担相应的责任。

5．质疑与投诉

根据政府采购法的规定，供应商对政府采购活动事项有疑问的，可以向采购人提出询问，采购人应当及时作出答复，但答复的内容不得涉及商业秘密。

供应商认为采购文件、采购过程和中标、成交结果使自己的权益受到损害的，可以在知道或者应知其权益受到损害之日起七个工作日内，以书面形式向采购人提出质疑。

采购人应当在收到供应商的书面质疑后七个工作日内作出答复，并以书面形式通知质疑供应商和其他有关供应商，但答复的内容不得涉及商业秘密。采购人委托采购代理机构采购的，供应商可以向采购代理机构提出询问或者质疑，采购代理机构应当依法就采购人委托授权范围内的事项作出答复。

质疑供应商对采购人、采购代理机构的答复不满意或者采购人、采购代理机构未在规定的时间内作出答复的，可以在答复期满后十五个工作日内向同级政府采购监督管理部门投诉。政府采购监督管理部门应当在收到投诉后三十个工作日内，对投诉事项作出处理决定，并以书面形式通知投诉人和与投诉事项有关的当事人。政府采购监督管理部门在处理投诉事项期间，可以视具体情况书面通知采购人暂停采购活动，但暂停时间最长不得超过三十日。

投诉人对政府采购监督管理部门的投诉处理决定不服或者政府采购监督管理部门逾期未作处理的，可以依法申请行政复议或者向人民法院提起行政诉讼。

6．法律责任

根据政府采购法的规定，采购人、采购代理机构有下列情形之一的，责令限期改正，给予警告，可以并处罚款，对直接负责的主管人员和其他直接责任人员，由其行政主管部门或者有关机关给予处分，并予通报：

（1）应当采用公开招标方式而擅自采用其他方式采购的。

（2）擅自提高采购标准的。

（3）委托不具备政府采购业务代理资格的机构办理采购事务的。

（4）以不合理的条件对供应商实行差别待遇或者歧视待遇的。

（5）在招标采购过程中与投标人进行协商谈判的。

（6）中标、成交通知书发出后不与中标、成交供应商签订采购合同的。

（7）拒绝有关部门依法实施监督检查的。

采购人、采购代理机构及其工作人员有下列情形之一，构成犯罪的，依法追究刑事责任；尚不构成犯罪的，处以罚款，有违法所得的，并处没收违法所得，属于国家机关工作人员的，依法给予行政处分：

（1）与供应商或者采购代理机构恶意串通的。

（2）在采购过程中接受贿赂或者获取其他不正当利益的。

（3）在有关部门依法实施的监督检查中提供虚假情况的。

（4）开标前泄露标底的。

有前两条违法行为之一影响中标、成交结果或者可能影响中标、成交结果的，按下列情况分别处理：

（1）未确定中标、成交供应商的，终止采购活动。

（2）中标、成交供应商已经确定但采购合同尚未履行的，撤销合同，从合格的中标、成交候选人中另行确定中标、成交供应商。

（3）采购合同已经履行的，给采购人、供应商造成损失的，由责任人承担赔偿责任。

采购人对应当实行集中采购的政府采购项目，不委托集中采购机构实行集中采购的，由政府采购监督管理部门责令改正；拒不改正的，停止按预算向其支付资金，由其上级行政主管部门或者有关机关依法给予其直接负责的主管人员和其他直接责任人员处分。

采购人未依法公布政府采购项目的采购标准和采购结果的，责令改正，对直接负责的主管人员依法给予处分。采购人、采购代理机构违反规定隐匿、销毁应当保存的采购文件或者伪造、变造采购文件的，由政府采购监督管理部门处以二万元以上十万元以下的罚款，对其直接负责的主管人员和其他直接责任人员依法给予处分；构成犯罪的，依法追究刑事责任。

供应商有下列情形之一的，处以采购金额千分之五以上千分之十以下的罚款，列入不良行为记录名单，在一至三年内禁止参加政府采购活动，有违法所得的，并处没收违法所得，情节严重的，由工商行政管理机关吊销营业执照；构成犯罪的，依法追究刑事责任：

（1）提供虚假材料谋取中标、成交的。

（2）采取不正当手段诋毁、排挤其他供应商的。

（3）与采购人、其他供应商或者采购代理机构恶意串通的。

（4）向采购人、采购代理机构行贿或者提供其他不正当利益的。

（5）在招标采购过程中与采购人进行协商谈判的。

（6）拒绝有关部门监督检查或者提供虚假情况的。供应商有前边第（1）～（5）项情形之一的，中标、成交无效。

采购代理机构在代理政府采购业务中有违法行为的，按照有关法律规定处以罚款，可以依法取消其进行相关业务的资格，构成犯罪的，依法追究刑事责任。

政府采购监督管理部门对集中采购机构业绩的考核，有虚假陈述，隐瞒真实情况的，或者不作定期考核和公布考核结果的，应当及时纠正，由其上级机关或者监察机关对其负责人进行通报，并对直接负责的人员依法给予行政处分。集中采购机构在政府采购监督管理部门考核中，虚报业绩，隐瞒真实情况的，处以二万元以上二十万元以下的罚款，并予以通报；情节严重的，取消其代理采购的资格。

任何单位或者个人阻挠和限制供应商进入本地区或者本行业政府采购市场的，责令限期改正；拒不改正的，由该单位、个人的上级行政主管部门或者有关机关给予单位责任人或者个人处分。

6.4.2　政府采购法——历年真题

1. 根据政府采购法的规定，以下叙述中，（　　）是不正确的。

　　A. 某省政府采购中心将项目采购的招标中委托给招标公司完成

　　B. 政府采购项目完成后，采购方请国家认可的质量检测机构参与项目验收

　　C. 政府采购项目验收合格后，采购方将招标文件进行了销毁

　　D. 招标采购过程中，由于符合条件的供货商不满三家，重新组织了招标

2．根据《中华人民共和国政府采购法》，在以下与政府采购相关的行为描述中，不正确的是（　　）。

  A．采购人员陈某与供应商甲是亲戚，故供应商乙要求陈某回避

  B．采购人的上级单位为其指定采购代理机构

  C．供应商甲与供应商乙组成了一个联合体，以一个供应商的身份共同参加政府采购

  D．采购人要求参加政府采购的各供应商提供有关资质证明和业绩情况

3．根据《中华人民共和国政府采购法》，（　　）应作为政府采购的主要方式。

  A．公开招标　　　B．邀请招标　　　C．竞争性谈判　　　D．询价

4．根据《中华人民共和国政府采购法》，以下叙述中，不正确的是（　　）。

  A．集中采购机构是非营利性事业法人，根据采购人的委托办理采购事宜

  B．集中采购机构进行政府采购活动，应当符合采购价格低于市场平均价格、采购效率更高、采购质量优良和服务良好的要求

  C．采购纳入集中采购目录的政府采购项目，必须委托集中采购机构代理采购

  D．采购未纳入集中采购目录的政府采购项目，只能自行采购，不能委托集中采购机构采购

5．依据《中华人民共和国政府采购法》，在招标采购中，（　　）做法不符合关于废标的规定。

  A．出现影响采购公正的违法、违规行为的应予废标

  B．符合专业条件的供应商或者对招标文件作出实质响应的供应商不足三家的应予废标

  C．投标人的报价均超过了采购预算，采购人不能支付的应予废标

  D．某投标人被废标后，采购人将废标理由仅通知该投标人

参考答案

1	2	3	4	5
C	B	A	D	D

6.5　软件工程国家标准

6.5.1　软件工程国家标准——考点梳理

1．标准化基础知识

1）标准的层次

标准可以分为国际标准、国家标准、行业标准、地方标准及企业标准等。

2）标准的类型

国家标准、行业标准分为强制性标准和推荐性标准

2. 基础标准

1）GB/T 11457—2006

《软件工程术语》（GB/T 11457—2006）规定了软件工程领域中 1859 个中文术语。

（1）验收准则：软件产品要符合某一测试阶段必须满足的准则，或软件产品满足交货要求的准则。

（2）验收测试：确定某一系统是否符合其验收准则，使客户能够确定是否接收此系统的正式测试。

（3）需方：从供方获得或得到一个系统、产品或服务的一个机构。需方可以是买主、客户、拥有者、用户、采购人员等。

（4）活动：一个过程的组成元素。对基线的改变要经有关当局的正式批准。

（5）审计：为评估是否符合软件需求、规格说明、基线、标准、过程、指令、代码以及合同和特殊要求而进行的一种独立的检查；通过调查研究确定已制定的过程、指令、规格说明、代码和标准或其他的合同及特殊要求是否恰当和被遵守，以及其实现是否有效而进行的活动。

（6）代码审计：由某人、某小组或借助某种工具对源代码进行的独立的审查，以验证其是否符合软件设计文件和程序设计标准。还可能对正确性和有效性进行估计。

（7）配置审计：证明所要求的全部配置项均已产生出来，当前的配置与规定的需求相符。技术文件说明书完全而准确地描述了各个配置项目，并且曾经提出的所有变动请求均已得到解决的过程。

（8）认证：一个系统、部件或计算机程序符合其规定的需求，对操作使用是可接受的一种书面保证。

（9）走查：一种静态分析技术或评审过程，在此过程中设计者或程序员引导开发组的成员通读已书写的设计或编码，其他成员负责提出问题并对有关技术、风格、可能的错误、是否违背开发标准等方面进行评论。

（10）鉴定：一个正式的过程，通过这个过程确定系统或部件是否符合它的规格说明，是否可在目标环境中适合于操作使用。

（11）基线：已经通过正式审核与同意，可用作下一步开发的基础，并且只有通过正式的修改管理步骤方能加以修改的规格说明或产品；在配置项生存周期的某一特定时间内，正式指定或固定下来的配置标识文件和一组这样的文件。基线加上根据这些基线批准统一的改动构成了当前配置标识。对于配置管理，有以下三种基线：功能基线（最初通过的功能配置）、分配基线（最初通过的分配的配置）、产品基线（最初通过的或有条件地通过的产品配置）。

（12）配置控制委员会：对提出的工程上的更动负责进行估价、审批，对核准进行

的更动确保其实现的权力机构。

（13）配置管理：标识和确定系统中配置项的过程，在系统整个生存周期内控制这些项的投放和更动，记录并报告配置的状态和更动要求，验证配置项的完整性和正确性；对下列工作进行技术和行政指导与监督的一套规范：对配置项的功能和物理特性进行标识和文件编制工作；控制这些特性的更动情况；记录并报告对这些更动进行的处理和实时的状态。

（14）配置状态报告：记录和报告为有效地管理某一配置所需的信息。包括列出经批准的配置标识表、列出对配置提出更动的状态表和经批准的更动的实现状态。

（15）设计评审：在正式会议上，将系统的初步的或详细的设计提交给用户、客户或有关人士供其评审或批准；对现有的或未完成的设计所做的正式评估和审查，其目的是找出可能会影响产品、过程或服务工作的适用性和环境方面的设计缺陷，并采取补救措施，以及（或者）找出在性能、安全性和经济方面的可能的改进。

（16）桌面检查：对程序执行情况进行人工模拟，用逐步检查源代码中有无逻辑或语法错误的办法来检测故障。

（17）评价：决定某产品、项目、活动或服务是否符合其规定的准则的过程。

（18）故障、缺陷：功能部件不能执行所要求的功能。

（19）功能配置审计：验证一个配置项的实际工作性能是否符合它的需求规格说明的一项审查，以便为软件的设计和编码建立基线。

2）GB 1526—1989

GB 1526—1989 规定了信息处理文件编制中使用的各种符号，并给出在图形中使用这些符号的约定如数据流程图、程序流程图、系统流程图、程序网络图、系统资源图。项目团队在信息系统开发过程中，如果需要绘制以上图形，则必须使用该标准规定的符号，以便快速在项目干系人之间达成共识，节约沟通和培训的成本。

3）GB/T 14085—1993

GB/T 14085—1993 规定了计算机系统（包括自动数据处理系统）的配置图中所使用的图形符号及其约定。该标准中包含的图形符号是用来表示计算机系统配置的主要硬件部件。配置图用于表示计算机系统的物理结构，例如硬件设备和连接电缆等。

3．生存周期管理标准

《信息技术　软件生存周期过程》（GB/T 8566—2007）适用于系统和软件产品，以及服务的获取，还适用于软件产品和固件的软件部分的供应、开发、操作和维护，可在一个组织的内部或外部实施。

软件生存周期的过程包括：

- 主要过程：获取过程、供应过程、开发过程、运作过程、维护过程。
- 支持过程：文档编制过程、配置管理过程、质量保证过程、验证过程、确认过程、联合评审过程、审核过程、问题解决过程、易用性过程。

- 组织过程：管理过程、基础设施过程、改进过程、人力资源过程、资产管理过程、重用大纲管理过程、领域工程过程。

4．文档化标准

1）GB/T 8567—2006

《计算机软件文档编制规范》（GB/T 8567—2006）详细给出了 25 种文档编制的格式（但在文档的归类中，却只给出了其中的 18 种文档），包括可行性研究报告、软件开发计划、软件测试计划、软件安装计划、软件移交计划、运行概念说明、系统/子系统需求规格说明、接口需求规格说明、系统/子系统设计（结构设计）说明、接口设计说明、软件需求规格说明、数据需求说明、软件（结构）设计说明、数据库（顶层）设计说明、软件测试说明、软件测试报告、软件配置管理计划、软件质量保证计划、开发进度月报、项目开发总结报告、软件产品规格说明、软件版本说明、软件用户手册、计算机操作手册、计算机编程手册。

2）GB/T 9385—2008

《计算机软件需求规格说明规范》（GB/T 9385—2008）详细描述了 SRS 应该包含的内容及编写格式。该指南为软件需求实践提供了一个规范化的方法，不提倡将软件需求说明划分成等级，避免将它定义成更小的需求子集。该指南规定，SRS 的内容应该包括以下 4 个方面：

（1）前言：包括目的、范围、定义、简称和缩略语、引用文件、综述。

（2）总体描述：包括产品描述、产品功能、用户特点、约束、假设和依赖关系、需求分配。

（3）具体需求。

（4）支持信息：附录和索引。

SRS 应该具有以下特性：无歧义性、完整性、可验证性、一致性、可修改性、可追踪性（向后追踪、向前追踪）、运行和维护阶段的可使用性。

5．质量与测试标准

在质量与测试标准方面，主要有《信息技术　软件产品评价质量特性及其使用指南》（GB/T 16260—2006）等标准。软件生存周期中的质量模型，如图 6-1 所示。

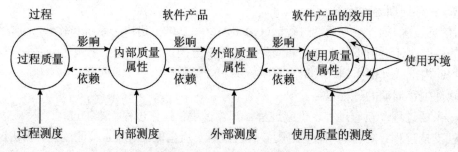

图 6-1　软件生存周期中的质量

为满足软件质量要求而进行的软件产品评价是软件开发生存周期中的一个过程。软件产品质量可以通过测量内部属性(典型的是对中间产品的静态测度),也可以通过测量外部属性(典型的是通过测量代码执行时的行为),或者通过测量使用质量的属性来评价。目标就是使产品在指定的使用环境下具有所需的效用,过程质量有助于提高产品质量,而产品质量又有助于提高使用质量。

GB/T 16260.1—2006 定义了 6 个质量特性和 21 个质量子特性,如表 6-1 所列。

表 6-1　质量特性和质量子特性

质量特性	质量子特性		
功能性:与功能及其指定的性质有关的一组软件属性	适宜性	准确性	互用性
	依从性		安全性
可靠性:与软件在规定的一段时间内和规定的条件下维持其性能水平有关的一组软件属性	成熟性	容错性	可恢复性
可用性:与使用的难易程度及规定或隐含用户对使用方式所做的评价有关的软件属性	可理解性	易学性	可操作性
效率:与在规定条件下软件的性能水平与所用资源量之间的关系有关的一组软件属性	时间特性		资源特性
可维护性:与软件维护的难易程度有关的一组软件属性	可分析性	可修改性	稳定性　可测试性
可移植性:与软件可从某一环境转移到另一环境的能力有关的一组软件属性	适应性	易安装性	一致性　可替换性

6.5.2　软件工程国家标准——历年真题

1. 依据 GB/T 11457—2006《信息技术　软件工程术语》,(　　)是一种静态分析技术或评审过程,在此过程中,设计者或程序员引导开发组的成员通读已书写的设计或者代码,其他成员负责提出问题,并对有关技术风格、可能的错误、是否违背开发标准等方面进行评论。

　　A. 走查　　　　　　B. 审计　　　　　　C. 认证　　　　　　D. 鉴定

2. 根据 GB/T 11457—2006《信息技术　软件工程术语》的定义,连接两个或多个其他部件能为相互间传递信息的硬件或软件部件叫做(　　)。

　　A. 接口　　　　　　B. 链接　　　　　　C. 模块　　　　　　D. 中间件

3. GB/T 14394—2008《计算机软件可靠性与可维护性管理》提出了软件生存周期各个阶段进行软件可靠性和可维护性管理的要求。"测量可靠性,分析现场可靠性是否达到要求"是(　　)的可靠性和可维护性管理要求。

　　A. 获取过程　　　　　　　　　　　B. 供应过程

　　C. 开发过程　　　　　　　　　　　D. 运作过程和维护过程

4. （ ）不属于 GB/T 16680—1996《软件文档管理指南》中规定的管理文档。

    A. 开发过程的每个阶段的进度记录

    B. 软件集成和测试记录

    C. 软件变更情况记录

    D. 职责定义

5. 软件可靠性是指在指定条件下使用时，软件产品维持规定的性能级别的能力，其子特性（ ）是指在软件发生故障或者违反指定接口的情况下，软件产品维持规定的性能级别的能力。

    A. 成熟性   B. 易恢复性

    C. 容错性   D. 依从性

6. 过程质量是指过程满足明确和隐含需要的能力的特性之综合。根据 GB/T 16260—2006 中的观点，在软件工程项目中，评估和改进一个过程是提高（ ）的一种手段，并据此成为提高（ ）的一种方法。

    A. 使用质量 内部质量   B. 内部质量 外部质量

    C. 产品质量 使用质量   D. 外部质量 产品质量

7. 根据 GB/T 14394—2008《计算机软件可靠性和可维护性管理》，在软件生命周期的测试阶段，为强调软件可靠性和可维护性要求，需要完成的活动是（ ）。

    A. 建立适合的软件可靠性测试环境

    B. 分析和确定可靠性和可维护性的具体设计目标

    C. 编写测试阶段的说明书，明确测试阶段的具体要求

    D. 提出软件可靠性和可维护性分解目标、要求及经费

参考答案

1	2	3	4	5	6	7
A	A	D	B	C	C	A

第 7 章　项目管理基础知识

7.1　项目管理基础——考点梳理

1．项目的概念

美国的项目管理权威机构——项目管理协会 PMI 在《项目管理知识体系指南》中将项目定义为：项目是为提供一项独特产品、服务或成果所做的临时性努力。

2．项目的特点

项目的特点主要表现在以下几个方面。

1）临时

临时性（一次性）是指每一个项目都有确定的开始和结束日期，当项目的目的已经达到或者已经清楚地看到该目的不会或不可能达到时，或者该项目的必要性已不复存在并已终止时，该项目即达到了它的终点。

临时性一般不适用于项目所产生的产品、服务或成果。

2）独特的产品、服务或成果

项目创造独特的可交付成果，如产品、服务或成果。

独特性是项目可交付成果的一种重要特征。

3）逐步完善

逐步完善意味着分步、连续的积累。

4）资源约束

每一个项目都需要具备各种资源来作为实施的保证，而资源是有限的。所以资源成本是项目成功实施的一个约束条件。

5）目的性

项目工作的目的在于得到特定的结果即项目是面向目标的，其结果可能是一种产品，也可能是一种服务。

项目与日常运作的关系如表 7-1 所列。

表 7-1　项目与日常运作的区别

不同点	项目	日常运作
目的	独特性	常规的，普通的
责任人	项目经理	部门经理

续表

不同点	项目	日常运作
持续时间	有限的	相对无限的
持续性	一次性	重复性
组织结构	项目组织	职能部门
考核指标	以目标为导向	效率和有效性
资源需求	多变性	稳定性

3．项目和战略规划

战略管理包括以下三个过程：

① 战略制定。

② 战略实施。

③ 战略评价。

项目是组织管理在日常运作范围内无法处理活动的一种手段。因此，项目经常被当作实现组织战略计划的一种手段使用，不论项目团队是该组织的员工，还是服务合同的承包者。

下面的一项或多项战略考虑的因素是项目批准的典型依据：

- 市场需求（由于汽油短缺，某汽车公司批准制造低油耗汽车）。
- 营运需要（某培训公司批准新设课程项目，以增加收入）。
- 客户要求（电信局批准开发"市内电话信息管理系统"项目，为提高对市内电话的管理效率）。
- 技术进步（电子公司在计算机内存技术改进后，批准研制新视频游戏机项目）。
- 法律要求（油漆厂批准制定有毒材料使用须知项目）。

4．信息系统项目的特点

典型的信息系统项目有如下特点：

- 目标不明确。
- 需求变化频繁。
- 智力密集型。
- 设计队伍庞大。
- 设计人员高度专业化。
- 涉及的承包商多。
- 各级承包商分布在各地，相互联系复杂。
- 系统集成项目中需研制开发大量的软硬件系统。
- 项目生命期通常较短。
- 通常要采用大量的新技术。
- 使用与维护的要求非常复杂。

5．项目管理定义

项目管理就是把各种知识、技能、手段和技术应用于项目活动之中，以达到项目的要求。

（1）项目管理是一种管理方法体系。

（2）项目管理的对象是项目即一系列的临时任务。

（3）项目管理的职能即是对组织的资源进行计划、组织、指挥、协调、控制。

（4）项目管理运用系统理论与思想。

（5）项目管理职能主要是由项目经理执行的。

6．项目管理的特点

（1）项目管理是一项复杂的工作。

（2）项目管理具有创造性。

（3）项目管理需要集权领导和建立专门的项目组织。

（4）项目负责人（或称项目经理）在项目管理中起着非常重要的作用。

（5）社会经济、政治、文化、自然环境等对项目的影响。

7.2　项目管理知识体系构成——考点梳理

有效的管理要求项目管理组至少能理解和使用以下五方面的专门知识领域。

- 项目管理知识体系。
- 应用领域的知识、标准和规定。
- 项目环境知识。
- 通用的管理知识和技能。
- 软技能或人际关系技能。

1．项目管理知识体系

项目管理知识体系描述了对于项目管理领域来说独特的知识以及与其他管理领域交叉的部分。美国项目管理协会发布的《项目管理知识体系指南》是大的项目管理知识体系的子集。

2．理解项目环境

项目管理团队应该在项目的社会、政治和自然环境背景下来考虑该项目。

3．软技能

软技能包括人际关系管理。软技能包含以下内容：

- 有效的沟通——信息交流。
- 影响一个组织——"让事情办成"的能力。
- 领导能力——形成一个前景和战略并组织人员达到它。
- 激励——激励人员达到高水平的生产率并克服变革的阻力。

- 谈判和冲突管理——与其他人谈判或达成协议。
- 问题解决——问题定义和做出决策的结合。

7.3　IPMP/PMP——考点梳理

1. IPMA 和 IPMP 简介

国际项目管理协会（International Project Management Association，IPMA）创建于 1965 年，是一个非赢利性的专业性国际学术组织，其职能是促进国际项目管理的专业化发展。

国际项目管理资质标准（IPMA Competence Baseline，ICB）是 IPMA 建立的知识体系。

在 ICB 体系的知识和经验部分，IPMA 将其知识体系划分为 28 个核心要素和 14 个附加要素，如表 7-2 所列。

表 7-2　ICB 的知识与经验

要素	知识与经验	
核心 （28 个）	项目和项目管理	项目管理的实施
	按项目进行管理	系统方法与综合
	项目背景	项目阶段与生命期
	项目开发与评估	项目目标与策略
	项目成功与失败的标准	项目启动
	项目收尾	项目结构
	范围与内容	时间进度
	资源	项目费用与融资
	技术状态与变化	项目风险
	效果度量	项目控制
	信息、文档与报告	项目组织
	团队工作	领导
	沟通	冲突与危机
	采购与合同	项目质量管理
附加 （14 个）	项目信息管理	标准与规则
	问题解决	谈判、会议
	长期组织	业务流程
	人力资源开发	组织的学习
	变化管理	行销、产品管理
	系统管理	安全、健康与环境
	法律方面	财务与会计

国际项目管理专业资质认证（International Project Management Professional，IPMP）是 IPMA 在全球推行的四级项目管理专业资质认证体系的总称。

2. PMI 和 PMP 简介

美国项目管理学会 PMI（Project Management Institute）成立于 1969 年，是一个有着近 10 万名会员的国际性学会。

项目管理的知识体系（Project Management Body of Knowledge，PMBOK），是 PMI 早在 20 世纪 70 年代末提出的。PMBOK 指南每 4 年左右更新一次，2012 年为第 5 版（2017 年推出第 6 版）。

PMP（Project Management Professional）指项目管理专业人员资格认证。

目前，PMP 认证只有一个级别，对参加 PMP 认证学员资格的要求与 IPMA 的 C 级相当。PMP 应考人员必须具备以下条件：

①学士学位或同等的大学学历至少具有 4500 小时的项目管理经历。

②虽不具备学士学位或同等学历，但具有至少 7500 小时的管理经历。申请人需要提交用英文写成的在规定时间范围内具有至少 4500～7500 小时的项目管理工作经验的书面材料，这一点就排除了很多不具备项目管理经验的人。根据 PMI 的有关规定，PMP 证书的有效期为三年，三年期满需要利用学分（PDU）对 PMP 证书进行换审。

7.4 PRINCE2——考点梳理

1. PRINCE2 定义与结构

PRINCE2（PRoject IN Controlled Environment 2nd version，受控环境下的项目管理），是英国商务部推出的项目管理方法论。

PRINCE2 认证在国际上被称为项目管理王者认证，世界各地的许多企业将其作为它们管理项目的首选方法。

PRINCE2 是一种基于流程的结构化项目管理方法。

2. PRINCE2 原则

PRINCE2 方法具有 7 个原则：

（1）待续业务验证。

（2）吸取经验教训。

（3）明确定义的角色和职责。

（4）按阶段管理。

（5）例外管理。

（6）关注产品。

（7）根据项目环境剪裁。

3．PRINCE2 主题

PRINCE2 主题描述了项目管理中必须待续关注的方面，对这些主题给予充分重视的项目经理将能够以职业化的方式来胜任这一角色。主题包括：

（1）商业论证。

（2）组织。

（3）质量。

（4）计划。

（5）风险。

（6）变更。

（7）进展。

4．PRINCE2 流程

（1）项目准备流程。

（2）项目指导流程。

（3）项目启动流程。

（4）阶段控制流程。

（5）阶段边界管理。

（6）产品交付管理流程。

（7）项目收尾流程。

7.5　组织结构对项目的影响——考点梳理

1．组织体系

以项目为基础的组织是指他们的业务主要由项目组成，这些组织可以分为两大类：

（1）其主要收入是源自依照合同为他人履行项目的组织。

（2）采用项目制进行管理的组织。

2．组织的文化与风格

大多数组织都已经形成了自己独特的、可描述的文化。这些文化体现在以下 4 个方面：

（1）组织的共同价值观、行为准则、信仰和期望。

（2）组织的方针、办审程序。

（3）组织对于职权关系的观点。

（4）众多其他的因素。

3．组织结构

实施项目组织的结构往往对能否获得项目所需资源和以何种条件获取资源起着制约作用。组织结构可以比喻成一条连续的频谱，一端为职能式，另一端为项目式，中间是形形色色的矩阵式。如图 7-1 所示为与项目有关的主要企业组织结构类型的关键特征。

组织类型 项目特点	职能型组织	矩阵型组织			项目型组织
		弱矩阵型	平衡矩阵型	强矩阵型	
项目经理的权利	很小和没有	有限	小～中等	中等～大	大～全权
全职参与项目工作的职员比例	没有	0%～25%	15%～60%	50%～95%	85%～100%
项目经理的职位	部分时间	部分时间	全时	全时	全时
项目经理的一般头衔	项目协调员/项目主管	项目协调员/项目主管	项目经理/项目主任	项目经理/计划经理	项目经理/计划经理
项目管理行政人员	部分时间	部分时间	部分时间	全时	全时

图 7-1 组织结构对项目的影响

图 7-2～图 7-7 分别为职能型、项目型、弱矩阵型、平衡矩阵型、强矩阵型和复合型项目组织的结构图。

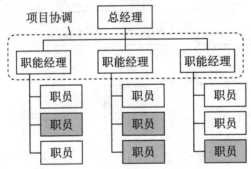

（灰框表示参与项目活动的职员）

图 7-2 职能型组织

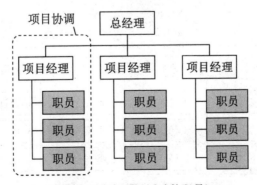

（灰框表示参与项目活动的职员）

图 7-3 项目型组织

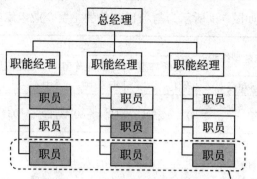

（灰框表示参与项目活动的职员） 项目协调

图 7-4 弱矩阵型组织

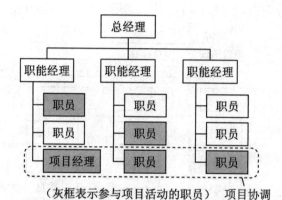

（灰框表示参与项目活动的职员） 项目协调

图 7-5 平衡矩阵型组织

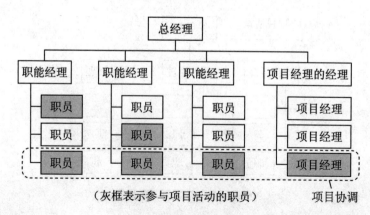

（灰框表示参与项目活动的职员） 项目协调

图 7-6 强矩阵型组织

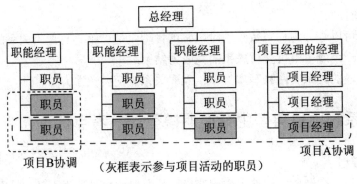

图 7-7　复合型组织

7.6　信息系统项目的生命周期——考点梳理

1. 项目生命周期基础

项目生命周期指项目从启动到收尾所经历的一系列阶段。项目阶段通常按顺序排列，阶段的名称和数量取决于参与项目的一个或多个组织的管理与控制需要、项目本身的特征及其所在的应用领域。

从预测型（或计划驱动的）方法到适应型（或变更驱动的）方法，项目生命周期可以处于这个连续区间内的任何位置。在预测型生命周期中，在项目开始时就对产品和可交付成果进行定义，对任何范围变化都要进行仔细管理。而在适应型生命周期中，产品开发需要经过多次迭代，在每次迭代开始时才能定义该次迭代的详细范围。

2. 项目生命周期的特征

项目的规模和复杂性各不相同，但不论其大小繁简，所有项目都呈现下列通用的生命周期结构（见图 7-8）：启动项目、组织与准备、执行项目工作、结束项目。

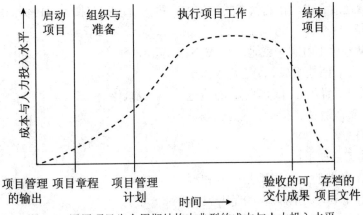

图 7-8　通用项目生命周期结构中典型的成本与人力投入水平

3．项目阶段

一个项目可以划分为任意数量的阶段。项目阶段是一组具有逻辑关系的项目活动的集合，通常以一个或多个可交付成果的完成为结束。

阶段与阶段的关系有两种基本类型：顺序关系、交叠关系。

7.7　信息系统项目典型生命周期模型——考点梳理

1．瀑布模型

瀑布模型是一个经典的软件生命周期模型，一般将软件开发分为：可行性分析（计划）、需求分析、软件设计（概要设计、详细设计）、编码（含单元测试）、测试、运行维护等几个阶段，瀑布模型中每项开发活动具有以下特点：

- 从上一项开发活动接受该项活动的工作对象作为输入。
- 利用这一输入，实施该项活动应完成的工作内容。
- 给出该项活动的工作成果，作为输出传给下一项开发活动。
- 对该项活动的实施工作成果进行评审。

2．螺旋模型

螺旋模型是一个演化软件过程模型，将原型实现的迭代特征与线性顺序（瀑布）模型中控制和系统化的方面结合起来，使得软件的增量版本的快速开发成为可能。在螺旋模型中，软件开发是一系列的增量发布。在早期的迭代中，发布的增量可能是一个纸上的模型或原型；在后期的迭代中，被开发系统的更加完善的版本逐步产生。

螺旋模型强调了风险分析，特别适用于庞大而复杂的、高风险的系统。

3．迭代模型

在大多数传统的生命周期中，阶段是以其中的主要活动命名的：需求分析、设计、编码、测试。传统的软件开发工作大部分强调一个序列化过程，其中一个活动需要在另一个活动开始之前完成。在迭代式的过程中，每个阶段都包括不同比例的所有活动。

4．V 模型

V 模型从整体上看起来就是一个 V 字形的结构，由左右两边组成。左边包含需求分析、概要设计、详细设计、编码；右边包含单元测试、集成测试、系统测试与验收测试（见图 7-9）。

V 模型的特点如下：

- V 模型体现的主要思想是开发和测试同等重要，左侧代表的是开发活动，而右侧代表的是测试活动。

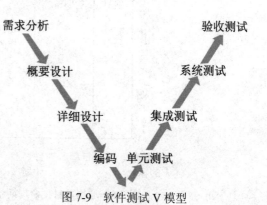

图 7-9　软件测试 V 模型

- V 模型针对每个开发阶段，都有一个测试级别与之相对应。
- 测试依旧是开发生命周期中的阶段，与瀑布模型不同的是有多个测试级别与开发阶段对应。
- V 模型适用于需求明确和需求变更不频繁的情形。

5．原型化模型

原型法认为在很难全面准确地提出用户需求的情况下，首先不要求一定要对系统做全面、详细的调查、分析，而是本着开发人员对用户需求的初步理解，先快速开发一个原型系统，然后通过反复修改来实现用户的最终系统需求。

原型应当具备的特点如下：

- 实际可行。
- 具有最终系统的基本特征。
- 构造方便、快速，造价低。

6．敏捷开发模型

敏捷软件开发又称敏捷开发，是一种从 20 世纪 90 年代开始逐渐引起广泛关注的一些新型软件开发方法，是一种应对快速变化需求的软件开发能力。

敏捷开发是一种以人为核心，迭代、循序渐进的开发方法，相对于传统软件开发方法的"非敏捷"，更强调程序员团队与业务专家之间的紧密协作、面对面的沟通（认为比书面的文档更有效）、频繁交付新的软件版本、紧凑而自我组织型的团队、能够很好地适应需求变化的代码编写和团队组织方法，也更注重软件开发中人的作用。

Scrum 是一种迭代式增量软件开发过程，通常用于敏捷软件开发，包括了一系列实践和预定义角色的过程骨架。Scrum 中的主要角色包括同项目经理类似的 Scrum 主管，负责维护过程和任务，产品负责人代表利益所有者，开发团队包括了所有开发人员。

7.8 单个项目的管理过程——考点梳理

过程就是一组为了完成一系列事先指定的产品、成果或服务而需执行的互相联系的行动和活动。过程包括两大类：一类是项目管理过程，另一类是面向产品的过程。

在美国项目管理协会出版的《项目管理知识体系指南》2012 版中，归纳总结了 47 个项目管理过程。项目管理各过程按其在项目管理中的职能可归纳为 5 个过程组：启动、计划、执行、监督与控制、收尾，每一组都有一个或多个过程。必要的过程组及其过程可用做项目期间应用项目管理知识和技能的指导，此外，对于一个项目，项目管理各过程要反复多次使用，许多过程会在项目绩效期间进行多次重复和修改。

7.9　相关真题及解析——历年真题

1．与组织日常的、例行的运营工作不同，项目具有些非常明显的特点。"没有完全一样的项目"体现了项目的（　　）。

　　A．临时性　　　　B．独特性　　　　C．差异性　　　　D．系统性

2．V 模型是一种典型的信息系统项目的生命周期模型，它表明了测试阶段与开发过程各阶段的对应关系，其中（　　）的主要目的是针对详细设计中可能存在的问题，尤其是检查各单元之间接口上可能存在的问题。

　　A．单元测试　　　B．集成测试　　　C．系统测试　　　D．验收测试

参考答案

1	2
B	B

第8章 项目管理十大知识域

项目管理相关的重要概念包括：

- 项目管理就是将知识、技能、工具与技术应用于项目活动，以满足项目的要求。为了实现对这些知识的应用，需要对项目管理过程进行有效管理。
- 过程是为创建预定的产品、服务或成果而执行的一系列相互关联的行动和活动。
- 每个过程都有各自的输入、工具和技术及相应输出。
- 项目经理需要考虑组织过程资产和事业环境因素。组织过程资产是执行组织使用的计划、流程、政策、程序和知识库，为裁剪组织的过程提供指南和准则，以满足项目的特定要求。事业环境因素是指项目团队不能控制的，将对项目产生影响、限制或指令作用的各种条件，可能限制项目管理的灵活性。

由项目团队实施项目过程，并与干系人互动。这些过程一般可分为以下两大类：

- 项目管理过程。这些过程保证项目在整个生命周期中顺利前行。它们借助各种工具与技术来实现各知识领域的技能和能力。
- 产品导向过程。这些过程定义并创造项目的产品，产品导向过程通常由项目生命周期来定义，并因应用领域而异，也因产品生命周期的阶段而异。

PMBOK®指南从过程间的整合和相互作用，以及各过程的目的等方面来描述项目管理过程的性质。项目管理过程可归纳为五类，即五大项目管理过程组：

（1）启动过程组。定义一个新项目或现有项目的一个新阶段，授权开始该项目或阶段的一组过程。

（2）规划过程组。明确项目范围、优化目标，为实现目标制定行动方案的一组过程。

（3）执行过程组。完成项目管理计划中确定的工作，以满足项目规范要求的一组过程。

（4）监控过程组。跟踪、审查和调整项目进展与绩效，识别必要的计划变更并启动相应变更的一组过程。

（5）收尾过程组。完结所有过程组的所有活动，正式结束项目或阶段的一组过程。

在 PMBOK®指南中，47 个项目管理过程被进一步归于十大知识领域（知识领域是一套完整的概念、术语和活动的集合），这十大知识领域在大部分时间适用于大部分项目。

表 8-1 把 47 个项目管理过程归入五大项目管理过程组和十大项目管理知识领域。

表 8-1　项目管理过程组与知识领域

知识领域	过程组				
	启动	规划	执行	控制	收尾
整体管理	制定项目章程	制订项目管理计划	指导和管理项目执行	监控项目工作、整体变更控制	结束项目或阶段
范围管理		规划范围管理、收集需求、定义范围、创建 WBS		确认范围、控制范围	
时间管理		规划进度管理、定义活动、排列活动顺序、估算活动资源、估算活动持续时间、制订进度计划		控制进度	
成本管理		规划成本管理、估算成本、制定预算		控制成本	
质量管理		规划质量管理	实施质量保证	控制质量	
人力资源管理		规划人力资源管理	组建项目团队 建设项目团队 管理项目团队		
沟通管理		规划沟通管理	管理沟通	控制沟通	
风险管理		规划风险管理、识别风险、实施定性风险分析、实施定量风险分析、规划风险应对		控制风险	
采购管理		规划采购管理	实施采购	控制采购	结束采购
干系人管理	识别干系人	规划干系人管理	管理干系人参与	控制干系人参与	

8.1　项目整体管理

8.1.1　项目整体管理——考点梳理

项目整体管理包括为识别、定义、组合、统一和协调各项目管理过程组的各种过程和活动而开展的过程与活动。

1．制定项目章程

制定项目章程是编写一份正式批准项目并授权项目经理在项目活动中使用组织资源文件的过程。本过程的主要作用是明确定义项目开始和项目边界，确立项目的正式地位，以及高级管理层，直述他们对项目的支持。

图 8-1 描述本过程的输入、工具与技术、输出。

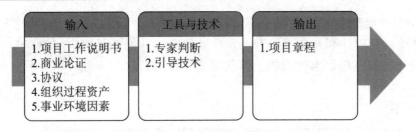

图 8-1 制定项目章程：输入、工具与技术、输出

1）项目工作说明书（Statement of Work，SOW）

项目工作说明书是对项目需交付的产品、服务或成果的叙述性说明，其包括业务需要、产品范围描述、战略计划。

2）商业论证

商业论证或类似文件能从商业角度提供必要的信息，决定项目是否值得投资。高于项目级别的经理和高管们往往使用该文件作为决策的依据。

3）协议

协议定义了启动项目的初衷。协议有多种形式，包括合同、谅解备忘录（MOUs）、品质协议（SLA）、协议书、意向书、口头协议、电子邮件或其他书面协议。通常为外部客户做项目时，就使用合同。

4）专家判断

专家判断常用于评估制定项目章程的输入；专家判断可用于本过程的所有技术和管理细节；专家可来自具有专业知识或受过专业培训的任何小组或个人。

5）引导技术

引导技术广泛应用于各项目管理过程，可用于指导项目章程的制定。头脑风暴、冲突处理、问题解决和会议管理等，都是引导者可以用来帮助团队和个人完成项目活动的关键技术。

项目章程的内容：

- 概括性的项目描述和项目产品描述。
- 项目目的或批准项目的理由即为什么要做这个项目。
- 项目的总体要求，包括项目的总体范围和总体质量要求。
- 可测量的项目目标和相关的成功标准。
- 项目的主要风险，如项目的主要风险类别。
- 总体里程碑进度计划。
- 总体预算。
- 项目的审批要求即在项目的规划、执行、监控和收尾过程中，应该由谁来做出哪种批准。
- 委派的项目经理及其职责和职权。
- 发起人或其他批准项目章程的人员的姓名和职权。

2. 制订项目管理计划

制订项目管理计划是定义、准备和协调所有子计划，并把它们整合为一份综合项目管理计划的过程。本过程的主要作用是生成一份核心文件，作为所有项目工作的依据。

图 8-2 描述本过程的输入、工具与技术、输出。

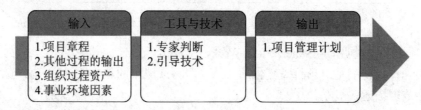

图 8-2　制订项目管理计划：输入、工具与技术、输出

1）项目管理计划

项目管理计划说明项目将如何执行、监督和控制的一份文件，它合并与整合了其他各规划过程所输出的所有子管理计划和基准。

项目管理计划的内容包括：

- 3 个基准（范围基准、进度基准、成本基准）。
- 13 个子计划（范围、需求、进度、成本、质量、过程改进、人力资源、沟通、风险、采购、干系人、变更、配置）。
- 项目所选用的生命周期及各阶段将采用的过程。
- 项目管理团队做出的裁剪决定。
- 关于如何执行工作以实现项目目标的描述。
- 对如何维护绩效测量基准的完整性的说明。
- 干系人的沟通需求和适用的沟通技术。
- 为处理未决问题和制定决策所开展的关键管理审查，包括内容、程度和时间安排等。

2）项目管理信息系统（PMIS）

项目管理信息系统主要由计划系统和控制系统两部分组成。配置管理系统和变更控制系统是项目管理信息系统的子系统。

3. 指导与管理项目工作

指导与管理项目工作是为实现项目目标而领导和执行项目管理计划中所确定的工作，并实施已批准变更的过程。本过程的主要作用是对项目工作提供全面管理。

图 8-3 描述本过程的输入、工具与技术、输出。

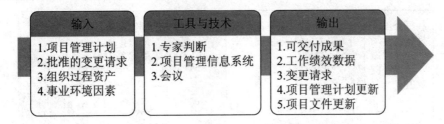

图 8-3　指导与管理项目工作：输入、工具与技术、输出

1）可交付成果

可交付成果是在某一过程、阶段或项目完成时，必须产出的任何独特并可核实的产品、成果或服务能力。通常是为实现项目目标而完成的有形的组件，也可包括项目管理计划。

2）变更请求

变更请求是关于修改任何文档、可交付成果或基准的正式提议，包括纠正措施、预防措施、缺陷补救、更新。

4. 监控项目工作

监控项目工作是跟踪、审查和报告项目进展，以实现项目管理计划中确定的绩效目标的过程。本过程的主要作用是让干系人了解项目的当前状态、已采取的步骤，以及对预算、进度和范围的预测。

图 8-4 描述本过程的输入、工具与技术、输出。

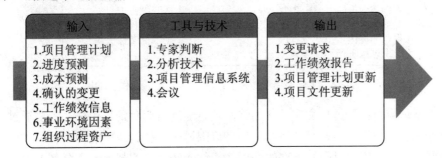

图 8-4　监控项目工作：输入、工具与技术、输出

在整个项目生命周期中，需要收集、分析和加工大量数据和信息，并以各种形式分发给项目团队成员和其他干系人。从各执行过程中收集项目数据，并在项目团队内分享。在各控制过程中，对项目数据进行综合分析和汇总，并加工成项目信息；然后，以口头方式传递项目信息，或者把项目信息编辑成各种形式的报告，加以存储和分发。

工作绩效数据、工作绩效信息和工作绩效报告之间的联系，如图 8-5 所示。

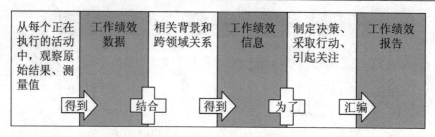

图 8-5　工作绩效数据、工作绩效信息和工作绩效报告之间的联系

分析技术包括：回归分析、分组方法、因果分析、根本原因分析（RCA）、预测方法（例如时间序列、情景构建、模拟等）、失效模式与影响分析（FMEA）、故障树分析（FTA）、储备分析、趋势分析、挣值管理、差异分析。

5. 实施整体变更控制

实施整体变更控制是审查所有变更请求，批准变更，管理可交付成果、组织过程资产、项目文件和项目管理计划的变更，并对变更处理结果进行沟通的过程。本过程的主要作用是从整合的角度考虑记录在案的项目变更，从而降低因未考虑变更对整个项目目标或计划的影响而产生的项目风险。

图 8-6 描述本过程的输入、工具与技术、输出。

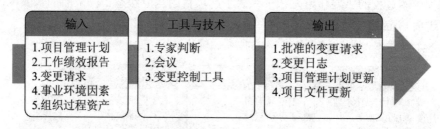

图 8-6　实施整体变更控制：输入、工具与技术、输出

实施整体变更控制过程贯穿项目始终，项目经理对此负最终责任，需要通过谨慎、持续地管理变更来维护项目管理计划、项目范围说明书和其他可交付成果。应该通过否决或批准变更，来确保只有经批准的变更才能纳入修改后的基准中。图 8-7 为一般的变更控制流程图。

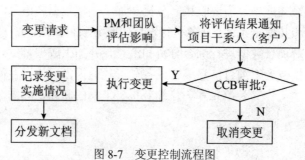

图 8-7　变更控制流程图

　　项目的任何干系人都可以提出变更请求，尽管也可以口头提出，但所有变更请求都必须以书面形式记录，并纳入变更管理和配置管理系统中。变更请求应该由变更控制系统和配置控制系统中规定的过程进行处理。应该评估变更对时间和成本的影响，并向这些过程提供评估结果。

- 配置控制重点关注可交付成果及各个过程的技术规范。
- 变更控制重点着眼于识别、记录、批准或否决对项目文件、可交付成果或基准的变更。

6. 结束项目或阶段

　　结束项目或阶段是完结所有项目管理过程组的所有活动，以正式结束项目或阶段的过程。本过程的主要作用是总结经验教训，正式结束项目工作，为开展新工作而释放组织资源。

　　图 8-8 描述本过程的输入、工具与技术、输出。

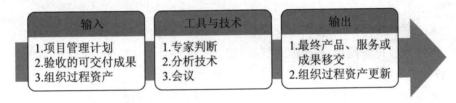

图 8-8　结束项目或阶段：输入、工具与技术、输出

　　行政收尾主要工作包括：产品核实；财务收尾；更新项目记录；总结经验教训、完成项目后评价；更新组织过程资产；解散团队、解散项目干系人在项目上的关系。

　　合同收尾主要工作包括：结束合同工作，进行采购审计，结束当事人之间的合同关系，并将有关资料收集归档。

　　行政收尾与合同收尾的区别在于：

- 每个项目阶段结束时都要进行相应的行政收尾；每一个合同需要而且只需要进行一次合同收尾。
- 从整个项目看，合同收尾发生在行政收尾之前；如果是以合同形式进行的项目，在收尾阶段，先要进行采购审计和合同收尾，然后再进行行政收尾。
- 从某一个合同的角度看，合同收尾中又包括行政收尾工作（合同的行政收尾）。
- 行政收尾要由项目发起人或高级管理层书面确认，合同收尾由负责采购管理成员（可能是项目经理或其他人）向卖方签发合同结束的书面确认。

8.1.2　项目整体管理——历年真题

1. 以下关于项目章程的叙述中，不正确的是（　　　）。

　　A. 项目章程描述了项目发起人或其他批准项目章程的人员姓名和职权

B．项目章程规定了项目的总体目标，包括范围时间成本和质量等

C．项目章程由项目发起人签发

D．项目经理有权修改项目章程

2．项目工作说明书是对项目所需要提供的产品、成果或服务的描述。其内容一般不包括（　　）。

　　A．业务要求　　　B．产品范围描述　　　C．项目目标　　　D．技术可行性分析

3．以下关于项目管理计划的叙述中，不正确的是（　　）。

　　A．项目管理计划最重要的用途是指导项目执行、监控和收尾

　　B．项目管理计划是自上而下制定出来的

　　C．项目管理计划集成了项目中其他规划过程的成果

　　D．制订项目管理计划过程会促进与项目干系人之间的沟通

4．项目经理张工带领团队编制项目管理计划，（　　）不属于编制项目管理计划过程的依据。

　　A．项目章程　　　B．事业环境因素　　　C．组织过程资产　　D．工作分解结构

5．在项目收尾阶段，召开项目总结会议，总结项目实施中的成功和尚需改进之处。属于项目管理中的（　　）。

　　A．合同收尾　　　　　　　　　　　B．管理收尾

　　C．会议收尾　　　　　　　　　　　D．组织过程资产收尾

6．（　　）不属于项目监控工作的成果。

　　A．进度预测　　　　　　　　　　　B．项目文件更新

　　C．工作绩效报告　　　　　　　　　D．项目管理计划更新

请为该项目设计一个项目章程（列出主要栏目及核心内容）。（7分）

结合本题案例，请简要叙述项目管理计划应该包含的主要内容（不包含辅助计划）。（12分）

参考答案

1	2	3	4	5	6
D	D	B	D	B	A

8.2　项目范围管理

8.2.1　项目范围管理——考点梳理

项目范围管理包括确保项目做且只做所需的全部工作，以成功完成项目的各个过

程。管理项目范围主要在于定义和控制哪些工作应该包括在项目内，哪些不应该包括在项目内。

在项目环境中，"范围"这一术语有两种含义：

- 产品范围——某项产品、服务或成果所具有的特性和功能。
- 项目范围——为交付具有规定特性与功能的产品、服务或成果而必须完成的工作。项目范围有时也包括产品范围。

1．规划范围管理

规划范围管理是创建范围管理计划，书面描述将如何定义、确认和控制项目范围的过程。本过程的主要作用是在整个项目中对如何管理范围提供指南和方向。

图 8-9 描述本过程的输入、工具与技术、输出。

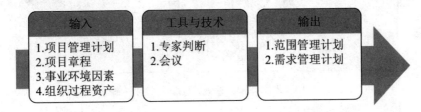

图 8-9　规划范围管理：输入、工具与技术、输出

1）范围管理计划

范围管理计划是项目或项目集管理计划的组成部分，描述将如何定义、制定、监督、控制和确认项目范围。范围管理计划要对将用于下列工作的管理过程做出规定：

- 制定详细项目范围说明书。
- 根据详细项目范围说明书创建 WBS。
- 维护和批准工作分解结构（WBS）。
- 正式验收已完成的项目可交付成果。
- 处理对详细项目范围说明书或 WBS 的变更。

2）需求管理计划

需求管理计划是项目管理计划的组成部分，描述了如何分析、记录和管理需求，以及阶段与阶段间的关系对管理需求的影响。需求管理计划的主要内容至少包括：

- 如何规划、跟踪和报告各种需求活动。
- 配置管理活动，例如如何启动产品变更，如何分析其影响，如何进行追源、跟踪和报告，以及变更审批权限。
- 需求优先级排序过程。
- 产品测量指标及使用这些指标的理由。
- 用来反映哪些需求属性将被列入跟踪矩阵的跟踪结构。

2．收集需求

收集需求是为实现项目目标而确定、记录并管理干系人的需要和需求的过程。本过程主要作用是为定义和管理项目范围（包括产品范围）奠定基础。

图 8-10 描述本过程的输入、工具与技术、输出。

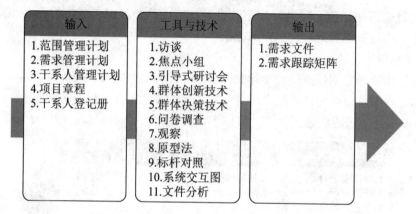

输入	工具与技术	输出
1.范围管理计划 2.需求管理计划 3.干系人管理计划 4.项目章程 5.干系人登记册	1.访谈 2.焦点小组 3.引导式研讨会 4.群体创新技术 5.群体决策技术 6.问卷调查 7.观察 8.原型法 9.标杆对照 10.系统交互图 11.文件分析	1.需求文件 2.需求跟踪矩阵

图 8-10　收集需求：输入、工具与技术、输出

需求的分类：

- 业务需求。整个组织的高层级需要，例如解决业务问题或抓住业务机会，以及实施项目的原因。
- 干系人需求。干系人或干系人群体的需要。
- 解决方案需求。为满足业务需求和干系人需求，产品、服务或成果必须具备的特性、功能和特征。解决方案需求又进一步分为功能需求和非功能需求，功能需求是关于产品能开展的行为，非功能需求是对功能需求的补充，是产品正常运行所需的环境条件或质量。
- 过渡需求。从"当前状态"过渡到"将来状态"所需的临时能力。
- 项目需求。项目需要满足的行动、过程或其他条件。
- 质量需求。用于确认项目可交付成果或其他项目需求的质量标准。

1）焦点小组

焦点小组是召集预定的干系人和主题专家，了解他们对所讨论的产品、服务或成果的期望和态度。由一位受过训练的主持人引导大家进行互动式讨论，焦点小组往往比"一对一"式的访谈更热烈。

2）引导式研讨会

引导式研讨会把主要干系人召集在一起，通过集中讨论来定义产品需求。研讨会是快速定义跨职能需求和协调干系人差异的重要技术。由于群体互动的特点，被有效引导的研讨会有助于参与者之间建立信任、改进关系、改善沟通，从而有利于干系人达成一致意见。此外，研讨会能够比单项会议更早发现问题，更快解决问题。

3）群体创新技术

常用的群体创新技术包括：头脑风暴法、名义小组技术、概念/思维导图、亲和图、多标准决策分析。

4）群体决策技术

群体决策技术就是为达成某种期望结果，而对多个未来行动方案进行评估的过程。本技术用于生成产品需求，并对产品需求进行归类和优先级排序。达成群体决策的方法有很多，例如：一致同意、大多数原则、相对多数原则、独裁。

5）标杆对照

标杆对照将实际或计划的做法（如流程和操作过程）与其他可比组织的做法进行比较，以便识别最佳实践，形成改进意见，并为绩效考核提供依据。标杆对照所采用的可比组织可以是内部的，也可以是外部的。

6）需求文件

需求文件一般包括：业务需求、干系人需求、解决方案需求、项目需求、过渡需求、与需求相关的假设条件、依赖关系和制约因素。

7）需求跟踪矩阵

需求跟踪矩阵是把产品需求从其来源连接到能满足需求的可交付成果的一种表格。使用需求跟踪矩阵，可以把每个需求与业务目标或项目目标联系起来，有助于确保每个需求都具有商业价值。需求跟踪矩阵提供了在整个项目生命周期中跟踪需求的一种方法，有助于确保需求文件中被批准的每项需求在项目结束的时候都能交付。最后，需求跟踪矩阵还为管理产品范围变更提供了框架。

3. 定义范围

定义范围是制定项目和产品详细描述的过程。本过程的主要作用是明确所收集的需求，哪些将包含在项目范围内，哪些将排除在项目范围外，从而明确项目、服务或成果的边界。

图 8-11 描述本过程的输入、工具与技术、输出。

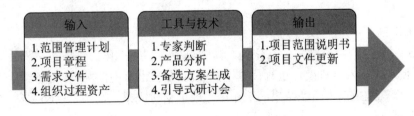

图 8-11 定义范围：输入、工具与技术、输出

1）产品分析

产品分析旨在弄清产品范围，并把对产品的要求转化成项目的要求。产品分析技术

包括产品分解、系统分析、需求分析、系统工程、价值工程和价值分析等。

2）备选方案生成

备选方案生成是一种用来制定尽可能多的潜在可选方案的技术，用于识别执行项目工作的不同方法。许多通用的管理技术都可用于生成备选方案，例如头脑风暴、逆向思维、备选方案分析等。

3）项目范围说明书

项目范围说明书是对项目范围、主要可交付成果、假设条件和制约因素的描述。项目范围说明书记录了整个范围，包括项目和产品范围。

项目范围说明书一般包括项目目标、产品范围描述、验收标准、可交付成果、项目的除外责任、制约因素、假设条件。

项目范围说明书的作用如下：确定范围、沟通基础、规划和控制依据、变更基础、规划基础。

4．创建工作分解结构

创建工作分解结构（WBS）是把项目可交付成果和项目工作分解成较小的、更易于管理的组件的过程。本过程的主要作用是对所要交付的内容提供一个结构化的视图。

图 8-12 描述本过程的输入、工具与技术、输出。

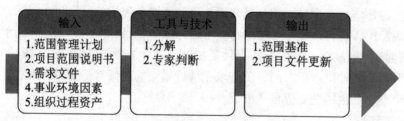

图 8-12　创建工作分解结构：输入、工具与技术、输出

1）WBS

WBS 是对项目团队为实现项目目标、创建可交付成果而需要实施的全部工作范围的层级分解。WBS 组织定义了项目的总范围，代表着经批准的当前项目范围说明书中所规定的工作。

2）工作包

WBS 最低层的组件被称为工作包，其中包括计划的工作。工作包对相关活动进行归类，以便对工作安排进度，进行估算，开展监督与控制。在"工作分解结构"这个词语中，"工作"是指作为活动结果的工作产品或可交付成果，而不是活动本身。

3）分解

分解是一种把项目范围和项目可交付成果逐步划分为更小、更便于管理的组成部分的技术。工作包是 WBS 最低层的工作，可对其成本和持续时间进行估算和管理。分解的程度取决于所需的控制程度，以实现对项目的高效管理。工作包的详细程度因项目规模和复杂程度而异，要把整个项目工作分解为工作包，通常需要开展以下活动：

（1）识别和分析可交付成果及相关工作。

（2）确定 WBS 的结构和编排方法。

（3）自上而下逐层细化分解。

（4）为 WBS 组件制定和分配标识编码。

（5）核实可交付成果分解的程度是否恰当。

创建 WBS 的方法多种多样。常用的方法包括自上而下的方法、使用组织特定的指南和使用 WBS 模板。可以使用自下而上方法对 WBS 子组件进行整合。WBS 的结构可以采用多种形式，例如：

- 以项目生命周期的各阶段作为分解的第二层，把产品和项目可交付成果放在第三层。
- 以主要可交付成果作为分解的第二层。
- 整合可能由项目团队以外的组织来实施的各种子组件（如外包工作）。随后，作为外包工作的一部分，卖方须制定相应的合同 WBS。

图 8-13 是一个 WBS 结构举例，下面分别描述 WBS 中的要素。

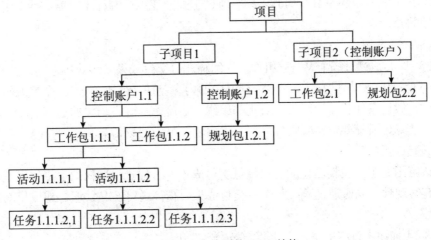

图 8-13　一个典型的 WBS 结构

- 子项目是整个项目中的一个半独立、便于管理、较小部分的项目。
- 控制账户是一个管理控制点。在该控制点上，把范围、预算、实际成本和进度加以整合，并与挣值相比较以测量绩效。
- 工作包是 WBS 最底层的组件。把每个工作包分配到一个控制账户，并根据“账户编码”为工作包建立唯一标识。每个控制账户可能包括一个或多个工作包，但是一个工作包只能属于一个控制账户。
- 规划包是 WBS 的组件，位于控制账户之下，工作内容已知，但详细的进度活动未知。一个控制账户可以包含一个或多个规划包。

- 活动是为完成工作包所需的工作投入。
- 任务是工作的一般内容。

其中，项目、子项目、控制账户、工作包、规划包是 WBS 元素，一般由项目管理团队负责分解。将工作包继续分解为活动，一般由执行部门分解，主要为了制订详细的项目进度计划。将活动分解成任务，一般由相关执行团队的个人进行，也就是说工作包是 WBS 的最底层，但并不是不能继续分解。

要在未来远期才完成的可交付成果或组件，当前可能无法分解。项目管理团队通常需要等待对该可交付成果或组件的一致意见，才能够制定出 WBS 中的相应细节，这种技术被称做滚动式规划。

WBS 包含了全部的产品和项目工作，包括项目管理工作，通过把 WBS 底层的所有工作逐层向上汇总，来确保既没有遗漏的工作，又没有多余的工作。这有时被称为100%规则。

4）范围基准

范围基准是项目管理计划的组成部分，包括经过批准的项目范围说明书、工作分解结构（WBS）和相应的 WBS 词典，只有通过正式的变更控制程序才能进行变更，它被用作比较的基础。

5）WBS 词典

WBS 词典是针对每个 WBS 组件，详细描述可交付成果、活动和进度信息的文件。WBS 词典对 WBS 提供支持、WBS 词典中的内容包括（但不限于）：账户编码标识、工作描述、假设条件和制约因素、负责的组织、进度里程碑、相关的进度活动、所需资源、成本估算、质量要求、验收标准、技术参考文献、协议信息。

5. 确认范围

确认范围是正式验收已完成的项目可交付成果的过程。本过程的主要作用是使验收过程具有客观性，同时通过验收每个可交付成果，提高最终产品、服务或成果获得验收的可能性。

图 8-14 描述本过程的输入、工具与技术、输出。

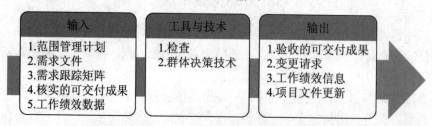

图 8-14　确认范围：输入、工具与技术、输出

确认范围应该贯穿项目始终。如果是在项目的各个阶段对项目的范围进行确认工作，则还要考虑如何通过项目协调来降低项目范围改变的频率，以保证项目范围的改变是有效率和适时的。确认范围的一般步骤如下：

（1）确定需要进行范围确认的时间。

（2）识别范围确认需要哪些投入。

（3）确定范围正式被接受的标准和要素。

（4）确定范围，确认会议的组织步骤。

（5）组织范围确认会议。

确认范围与控制质量

确认范围过程与控制质量过程的不同之处在于：前者关注可交付成果的验收，而后者关注可交付成果的正确性及是否满足质量要求。控制质量过程通常先于确认范围过程，但二者也可同时进行。

6．控制范围

控制范围是监督项目和产品的范围状态，管理范围基准变更的过程。本过程的主要作用是在整个项目期间保持对范围基准的维护。

图 8-15 描述本过程的输入、工具与技术、输出。

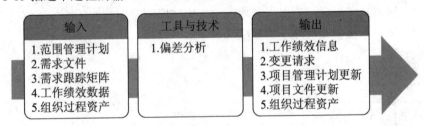

图 8-15　控制范围：输入、工具与技术、输出

1）偏差分析

偏差分析是一种确定实际绩效与基准的差异程度及原因的技术，可利用项目绩效测量结果评估偏离范围基准的程度。确定偏离范围基准的原因和程度，并决定是否需要采取纠正或预防措施，是项目范围控制的重要工作。

2）范围变更控制

在整个项目周期内，如果项目范围发生变化，则要进行范围变更控制。范围变更控制的主要工作如下：

（1）影响导致范围变更的因素，并尽量使这些因素向有利的方面发展。

（2）判断范围变更是否已经发生。

（3）范围变更发生时管理实际的变更，确保所有被请求的变更按照项目整体变更控制过程处理。

8.2.2　项目范围管理——历年真题

1．制定准确、详细的项目范围说明书是保证项目成功实施的关键，（　　）一般不属于项目范围说明书的主要内容。

    A．项目资源需求　　　　　　　　　　B．项目目标

    C．项目目的　　　　　　　　　　　　D．项目交付成果清单

2．项目的工作分解结构是管理项目范围的基础，描述了项目需要完成的工作，（　　）是实施工作分解结构的依据。

    A．项目活动估算　　　　　　　　　　B．组织过程资产

    C．详细的项目范围说明书　　　　　　D．更新的项目管理计划

3．在 WBS 字典中，可不包括的是（　　）。

    A．工作概述　　　　　　　　　　　　B．账户编码

    C．管理储备　　　　　　　　　　　　D．资源需求

4．（　　）不属于范围变更控制的工作。

    A．确定影响导致范围变更的因素，并尽量使这些因素向有利的方面发展

    B．判断范围变更是否已经发生

    C．管理范围变更，确保所有被请求变更按照项目整体变更控制过程处理

    D．确定范围正式被接受的标准和要素

参考答案

1	2	3	4
A	A	C	D

8.3　项目进度管理

8.3.1　项目进度管理——考点梳理

项目进度管理包括为管理项目按时完成所需的各个过程。

1．规划进度管理

规划进度管理是为规划、编制、管理、执行和控制项目进度而制定政策、程序和文档的过程。本过程的主要作用是为如何在整个项目过程中管理项目进度提供指南和方向。

图 8-16 描述本过程的输入、工具与技术、输出。

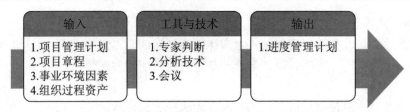

图 8-16 规划进度管理：输入、工具与技术、输出

进度管理计划

进度管理计划是项目管理计划的组成部分，为编制、监督和控制项目进度建立准则和明确活动目标。根据项目需要，进度管理计划可以是正式或非正式的，非常详细或高度概括的，其中应包括合适的控制临界值。

进度管理计划规定：

- 项目进度模型制定。需要规定用于制定项目进度模型的进度规划方法论和工具。
- 准确度。需要规定活动持续时间估算的可接受区间，以及允许的应急储备数量。
- 计量单位。需要规定每种资源的计量单位。
- 组织程序链接。工作分解结构为进度管理计划提供了框架，保证了与估算及相应进度计划的协调性。
- 项目进度模型维护。需要规定在项目执行期间，将如何在进度模型中更新项目状态，记录项目进展。
- 控制临界值。可能需要规定偏差临界值，用于监督进度绩效。它是在需要采取某种措施前，允许出现的最大偏差。通常用偏离基准计划中的参数的某个百分数来表示。
- 绩效测量规则。需要规定用于绩效测量的挣值管理规则或其他测量规则。
- 报告格式。需要规定各种进度报告的格式和编制频率。
- 过程描述。对每个进度管理过程进行书面描述。

2. 定义活动

定义活动是识别和记录为完成项目可交付成果而需采取的具体行动的过程。本过程的主要作用是将工作包分解为活动，作为对项目工作进行估算、进度规划、执行、监督和控制的基础。

图 8-17 描述本过程的输入、工具与技术、输出。

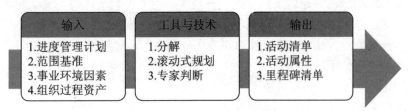

图 8-17 定义活动：输入、工具与技术、输出

1）滚动式规划

滚动式规划是一种迭代式规划技术即详细规划近期要完成的工作，同时在较高层级上粗略规划远期工作。滚动式规划是一种渐进明细的规划方式。

2）活动清单

活动清单是一份包含项目所需的全部进度活动的综合清单。活动清单还包括每个活动的标识及工作范围详述，让项目团队成员知道需要完成什么工作，每个活动都应该有一个独特的名称。

3）活动属性

活动属性是指每项活动所具有的多重属性，用来扩充对活动的描述。活动属性随时间演进。

4）里程碑清单

里程碑是项目中的重要时点或事件。里程碑与常规的进度活动类似，有相同的结构和属性，但是里程碑的持续时间为零，因为里程碑代表的是一个时间点。

里程碑清单列出了所有项目里程碑，并指明每个里程碑是强制性的（如合同要求的）还是选择性的（如根据历史信息确定的）。

3. 排列活动顺序

排列活动顺序是识别和记录项目活动之间的关系的过程。本过程的主要作用是定义工作之间的逻辑顺序，以便在既定的所有项目制约因素下获得最高的效率。

图 8-18 描述本过程的输入、工具与技术、输出。

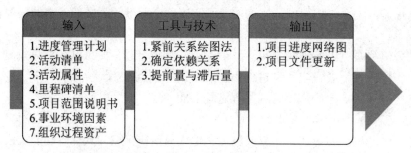

输入	工具与技术	输出
1.进度管理计划	1.紧前关系绘图法	1.项目进度网络图
2.活动清单	2.确定依赖关系	2.项目文件更新
3.活动属性	3.提前量与滞后量	
4.里程碑清单		
5.项目范围说明书		
6.事业环境因素		
7.组织过程资产		

图 8-18　排列活动顺序：输入、工具与技术、输出

1）紧前关系绘图法（Precedence Diagramming Method，PDM）

紧前关系绘图法是创建进度模型的一种技术，用节点表示活动，用一种或多种逻辑关系连接活动，以显示活动的实施顺序。活动节点法（Active On the Node，AON）是紧前绘图法的一种展示方法，一般也被称作单代号网络图（只有节点需要编号），是大多数项目管理软件包所使用的方法。

PDM 包括四种依赖关系或逻辑关系。紧前活动是在进度计划的逻辑路径中，排在非开始活动前面的活动。紧后活动是排在某个活动后面的活动。这些关系的定义如下：

- 完成到开始（Finish Star）。只有紧前活动完成，紧后活动才能开始的逻辑关系。例如，只有比赛（紧前活动）结束，颁奖典礼（紧后活动）才能开始。
- 完成到完成（Finish Finish）。只有紧前活动完成，紧后活动才能完成的逻辑关系。例如，只有完成文件的编写（紧前活动），才能完成文件的编辑（紧后活动）。
- 开始到开始（Star Star）。只有紧前活动开始，紧后活动才能开始的逻辑关系。例如，开始地基浇灌之后，才能开始混凝土的找平。
- 开始到完成（Star Finish）。只有紧前活动开始，紧后活动才能完成的逻辑关系。例如，只有第二位保安人员开始值班（紧前活动），第一位保安人员才能结束值班（紧后活动）。紧前关系绘图法（PDM）的活动关系类型如图 8-19 所示。

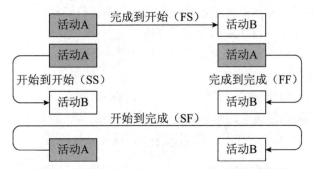

图 8-19　紧前关系绘图法（PDM）的活动关系类型

在 PDM 图中，"完成到开始"是最常用的逻辑关系类型，"开始到完成"关系则很少使用。为了保持 PDM 四种逻辑关系类型的完整性，这里也将以"开始到完成"关系列出。

2）箭线图法（Arrow Diagramming Method，ADM）

箭线图法是用箭线表示活动、节点表示事件的一种网络图绘制方法，如图 8-20（a）所示。这种网络图也被称作双代号网络图（节点和箭线都要编号）或活动箭线图（Active On the Arrow，AOA）。

为了绘图的方便，在箭线图中又人为地引入了一种额外的、特殊的活动叫作虚活动，在网络图中由一个虚箭线表示。虚活动不消耗时间，也不消耗资源，只是为了弥补箭线图在表达活动依赖关系方面的不足。借助虚活动，可以更好地、更清楚地表达活动之间的关系，如图 8-20（a）（活动 A、B 同时进行，只有 A、B 都完成后，C 才可以开始）所示。对应的单代号网络图如图 8-20（b）所示。

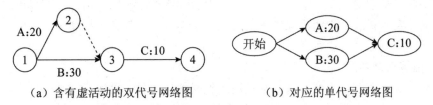

（a）含有虚活动的双代号网络图　　　（b）对应的单代号网络图

图 8-20　两种网络图举例

3）确定依赖关系

依赖关系可能是强制或选择的，内部或外部的。这四种依赖关系可以组合成强制性外部依赖关系、强制性内部依赖关系、选择性外部依赖关系或选择性内部依赖关系。

- 强制性依赖关系。强制性依赖关系是法律或合同要求的或工作的内在性质决定的依赖关系。强制性依赖关系往往与客观限制有关。
- 选择性依赖关系。选择性依赖关系有时又称首选逻辑关系、优先逻辑关系或软逻辑关系。基于具体应用领域的最佳实践来建立选择性依赖关系，或者基于项目的某些特殊性质而采用某种依赖关系，即使还有其他依赖关系可用。
- 外部依赖关系。外部依赖关系是项目活动与非项目活动之间的依赖关系。这些依赖关系往往不在项目团队的控制范围内。
- 内部依赖关系。内部依赖关系是项目活动之间的紧前关系，通常又称团队控制。

4）提前量和滞后量

提前量是相对于紧前活动、紧后活动可以提前的时间量。例如，在新办公大楼建设项目中，绿化施工可以在尾工清单编制完成前 2 周开始，这就是带 2 周提前量的完成到开始关系，如图 8-21 所示。在进度规划软件中，提前量往往表示为负滞后量。

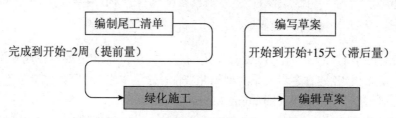

图 8-21　提前量和滞后量示例

滞后量是相对于紧前活动、紧后活动需要推迟的时间量。例如，对于一个大型技术文档，编写小组可以在编写工作开始后 15 天开始编辑文档草案，这就是带 15 天滞后量的开始到开始关系，如图 8-21 所示。

5）项目进度网络图

项目进度网络图是表示项目进度活动之间的逻辑关系（也叫依赖关系）的图形。图 8-20 是项目进度网络图的一个示例，项目进度网络图可手工或借助项目管理软件来绘制。进度网络图包括项目的全部细节，也可只列出一项或多项概括性活动。项目进度网络图应附有简要文字描述，说明活动排序所使用的基本方法。在文字描述中，还应该对任何异常的活动序列做详细说明。

4. 估算活动资源

估算活动资源是估算执行各项活动所需的材料、人员、设备或用品的种类和数量的过程。本过程的主要作用是明确完成活动所需的资源种类、数量和特性，以便做出更准确的成本和持续时间估算。

图 8-22 描述本过程的输入、工具与技术、输出。

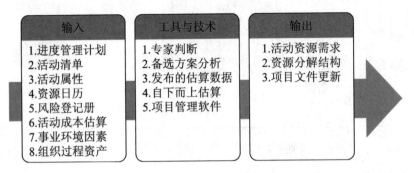

输入	工具与技术	输出
1.进度管理计划 2.活动清单 3.活动属性 4.资源日历 5.风险登记册 6.活动成本估算 7.事业环境因素 8.组织过程资产	1.专家判断 2.备选方案分析 3.发布的估算数据 4.自下而上估算 5.项目管理软件	1.活动资源需求 2.资源分解结构 3.项目文件更新

图 8-22　估算活动资源：输入、工具与技术、输出

1）资源日历

资源日历是表明每种具体资源的可用工作日或工作班次的日历。在估算资源需求情况时，需要了解在规划的活动期间，哪些资源（如人力资源、设备和材料）可用。资源日历规定了在项目期间特定的项目资源何时可用、可用多久。

2）自下而上估算

自下而上估算是一种估算项目持续时间或成本的方法，通过从下到上逐层汇总 WBS 组件的估算而得到项目估算。

3）活动资源需求

活动资源需求明确了工作包中每个活动所需的资源类型和数量。在每个活动的资源需求文件中，都应说明每种资源的估算依据，以及为确定资源类型、可用性和所需数量所做的假设。

4）资源分解结构

资源分解结构是资源依类别和类型的层级展现。资源类别包括人力、材料、设备和用品。资源类型包括技能水平、等级水平或适用于项目的其他类型。资源分解结构有助于结合资源使用情况，组织与报告项目的进度数据。

5．估算活动持续时间

估算活动持续时间是根据资源估算的结果，估算完成单项活动所需工作时段数的过程。本过程的主要作用是确定完成每个活动所需花费的时间量，为制订进度计划过程提供主要输入。

图 8-23 描述本过程的输入、工具与技术、输出。

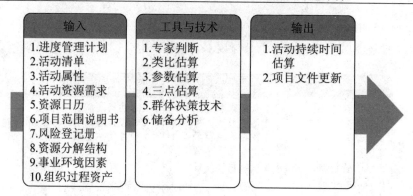

图 8-23　估算活动持续时间：输入、工具与技术、输出

1）类比估算

类比估算是一种使用相似活动或项目的历史数据，来估算当前活动或项目的持续时间或成本的技术。类比估算通常成本较低、耗时较少，但准确性也较低。

2）参数估算

参数估算是一种基于历史数据和项目参数，使用某种算法来计算成本或持续时间的估算技术。

3）三点估算

三点估算是通过考虑估算中的不确定性和风险，来提高活动持续时间估算的准确性。这个概念源自计划评审技术（PERT）。

三点估算的步骤：

（1）确定三个时间参数：最可能时间 t_M、最乐观时间 t_O、最悲观时间 t_P。

（2）计算期望时间：期望时间 t_E（贝塔分布）： $t_E = (t_O + 4t_M + t_P)/6$。

4）储备分析

在进行持续时间估算时，需考虑应急储备（有时称为时间储备或缓冲时间），并将其纳入项目进度计划中，用来应对进度方面的不确定性。应急储备是包含在进度基准中的一段持续时间，用来应对已经接受的已识别风险，以及已经制定应急或减轻措施的已识别风险。应急储备与"已知-未知"风险相关，需要加以合理估算用于完成未知的工作量。应急储备可取活动持续时间估算值的某一百分比、某一固定的时间段，或者通过定量分析来确定。可以把应急储备从各个活动中剥离出来，汇总成为缓冲时间，还可以估算项目所需要的管理储备。管理储备是为管理控制的目的而特别留出的项目时段，用来应对项目范围中不可预见的工作。管理储备用来应对会影响项目的"未知-未知"风险。管理储备不包括在进度基准中，但属于项目总持续时间的一部分，依据合同条款，使用管理储备可能需要变更进度基准。

6. 制订进度计划

制订进度计划是分析活动顺序、持续时间、资源需求和进度制约因素，创建项目进度模型的过程。本过程的主要作用是把进度活动、持续时间、资源、资源可用性和逻辑关系代入进度规划工具，从而形成包含各个项目活动的计划日期的进度模型。

图 8-24 描述本过程的输入、工具与技术、输出。

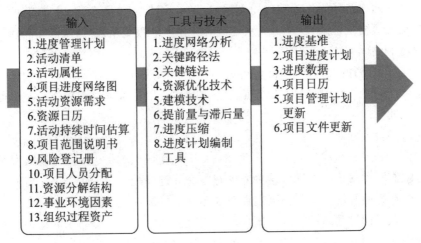

输入	工具与技术	输出
1.进度管理计划 2.活动清单 3.活动属性 4.项目进度网络图 5.活动资源需求 6.资源日历 7.活动持续时间估算 8.项目范围说明书 9.风险登记册 10.项目人员分配 11.资源分解结构 12.事业环境因素 13.组织过程资产	1.进度网络分析 2.关键路径法 3.关键链法 4.资源优化技术 5.建模技术 6.提前量与滞后量 7.进度压缩 8.进度计划编制 　工具	1.进度基准 2.项目进度计划 3.进度数据 4.项目日历 5.项目管理计划 　更新 6.项目文件更新

图 8-24　制订进度计划：输入、工具与技术、输出

1）进度网络分析

进度网络分析是创建项目进度模型的一种技术，它通过多种分析技术，例如关键路径法、关键链法、假设情景分析和资源优化技术等来计算项目活动未完成部分的最早和最晚开始日期，以及最早和最晚完成日期。

2）关键路径法

关键路径法是在进度模型中估算项目最短工期，确定逻辑网络路径的进度灵活性大小的一种方法。这种进度网络分析技术在不考虑任何资源限制的情况下，沿进度网络路径顺推与逆推分析，计算出所有活动的最早开始、最早结束、最晚开始和最晚结束日期。

关键路径是项目中时间最长的活动顺序，决定着可能的项目最短工期，由此得到的最早和最晚的开始和结束日期并不一定就是项目进度计划，而只是把既定的参数（活动持续时间、逻辑关系、提前量、滞后量和其他已知的制约因素）输入进度模型后所得到的一种结果，表明活动可以在该时段内实施。关键路径法用来计算进度模型中的逻辑网络路径的进度灵活性大小。

在任一网络路径上，进度活动可以从最早开始日期减少拖延的时间，而不至于延误项目完工日期或违反进度制约因素，这就是进度灵活性，被称为"总浮动时间"。正常情况下，关键路径的总浮动时间为零，在进行 PDM 排序的过程中，取决于所用的制约因素，关键路径的总浮动时间可能是正值、零或负值。关键路径上的活动被称为关键路径活动。

- 总浮动时间为正值是由于逆推计算所使用的进度制约因素要晚于顺推计算所得

出的最早结束日期。

- 总浮动时间为负值是由于持续时间和逻辑关系违反了对最晚日期的制约因素。
- 进度网络图可能有多条次关键路径。
- 为了使网络路径的总浮动时间为零或正值，可能需要调整活动持续时间（通过增加资源或缩减范围）、逻辑关系（针对选择性依赖关系）、提前量和滞后量或其他进度制约因素。

一旦计算出路径的总浮动时间，也就能确定相应的自由浮动时间。自由浮动时间是指在不延误任何紧后活动最早开始日期或不违反进度制约因素的前提下，某进度活动可以推迟的时间量。

3）关键链法（CCM）

关键链法是一种进度规划方法，允许项目团队在任何项目进度路径上设置缓冲，以应对资源限制和项目不确定性。这种方法建立在关键路径法之上，考虑了资源分配、资源优化、资源平衡和活动历时不确定性对关键路径（通过关键路径法来确定）的影响。关键链法引入了缓冲和缓冲管理的概念，在关键链法中，也需要考虑活动持续时间、逻辑关系和资源可用性，其中活动持续时间中不包含安全冗余。它用统计方法确定缓冲时段，作为各活动的集中安全冗余，放置在项目进度路径的特定节点，用来应对资源限制和项目不确定性。资源约束型关键路径就是关键链。

关键链法增加了作为"非工作进度活动"的持续时间缓冲，用来应对不确定性。如图 8-25 所示，放置在关键链末端的缓冲称为项目缓冲，用来保证项目不因关键链的延误而延误。其他缓冲即接驳缓冲，则放置在非关键链与关键链的接合点，用来保护关键链不受非关键链延误的影响。应该根据相应活动链的持续时间的不确定性来决定每个缓冲时段的长短。一旦确定了"缓冲进度活动"，就可以按可能的最晚开始与最晚结束日期来安排计划活动。这样一来，关键链法不再管理网络路径的总浮动时间，而是重点管理剩余的缓冲持续时间与剩余的活动链持续时间之间的匹配关系。

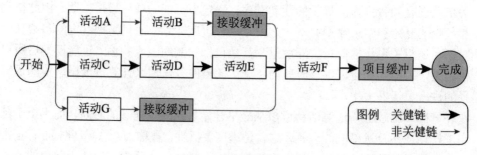

图 8-25　关键链法示例

4）资源优化技术

资源优化技术是根据资源供需情况来调整进度模型的技术，包括：

- 资源平衡。为了在资源需求与资源供给之间取得平衡，根据资源制约对开始日期和结束日期进行调整的一种技术，也可以为保持资源使用量处于均衡水平而进行资源平衡。资源平衡往往导致关键路径改变，通常是延长。
- 资源平滑。对进度模型中的活动进行调整，从而使项目资源需求不超过预定的资源限制的一种技术。相对于资源平衡而言，资源平滑不会改变项目关键路径，完工日期也不会延迟即活动只在其自由和总浮动时间内延迟。

建模技术包括：

- 假设情景分析是对各种情景进行评估，预测它们对项目目标的影响（积极或消极的）。
- 模拟技术基于多种不同的活动假设计算出多种可能的项目工期，以应对不确定性。最常用的模拟技术是蒙特卡洛分析。

5）进度压缩

进度压缩技术是指在不缩减项目范围的前提下缩短进度工期，以满足进度制约因素、强制日期或其他进度目标。进度压缩技术包括（但不限于）：

- 赶工。通过增加资源，以最小的成本增加来压缩进度工期的一种技术。赶工只适用于那些通过增加资源就能缩短持续时间，且位于关键路径上的活动。赶工并非总是切实可行，它可能导致风险或成本的增加。
- 快速跟进。将正常情况下按顺序进行的活动或阶段改为部分并行开展，快速跟进可能造成返工和风险增加。

6）进度基准

进度基准是经过批准的进度模型，只有通过正式的变更，控制程序才能进行变更，用作与实际结果进行比较的依据。它被相关干系人接受和批准，其中包含基准开始日期和基准结束日期。在监控过程中，将用实际开始和结束日期与批准的基准日期进行比较，以确定是否存在偏差。进度基准是项目管理计划的组成部分。

7）项目进度计划

项目进度计划是进度模型的输出，展示活动之间的相互关联，以及计划日期、持续时间、里程碑和所需资源。项目进度计划中至少要包括每个活动的计划开始日期与计划结束日期。

虽然项目进度计划可用列表形式展现，但图形方式更常见。可以采用以下一种或多种图形来呈现：

- 横道图。其也称为甘特图，是展示进度信息的一种图表方式。在横道图中，进度活动列于纵轴，日期排于横轴，活动持续时间则表示为按开始和结束日期定位的水平条形。
- 里程碑图。与横道图类似，但仅需标示出主要可交付成果和关键外部接口的计划开始或完成日期。

- 项目进度网络图。这些图形通常用节点法绘制，没有时间刻度，纯粹显示活动及其相互关系，有时也称为"纯逻辑图"。项目进度网络图也可以是包含时间刻度的进度网络图，有时称为"逻辑横道图"。这些图形中有活动日期，通常会同时展示项目网络逻辑和项目关键路径活动。

进度数据是用以描述和控制进度计划的信息集合。进度数据至少包括进度里程碑、进度活动、活动属性，以及已知的全部假设条件与制约因素，所需的其他数据因应用领域而异。经常可用作支持细节的信息包括（但不限于）：

- 按时段计列的资源需求，往往以资源直方图表示。
- 备选的进度计划，如最好情况或最坏情况下的进度计划、经资源平衡或未经资源平衡的进度计划、有强制日期或无强制日期的进度计划。
- 进度应急储备。

8）进度数据

进度数据还可包括资源直方图、现金流预测，以及订购与交付进度安排等。

9）项目日历

在项目日历中规定可以开展进度活动的工作日和工作班次，它把可用于开展进度活动的时间段（按天或更小的时间单位）与不可用的时间段区分开来。在一个进度模型中，可能需要采用不止一个项目日历来编制项目进度计划，因为有些活动需要不同的工作时段，可能需要对项目日历进行更新。

7．控制进度

控制进度是监督项目活动状态，更新项目进展，管理进度基准变更，以实现计划的过程。本过程的主要作用是提供发现计划偏离的方法，从而可以及时采取纠正和预防措施，以降低风险。

图 8-26 描述本过程的输入、工具与技术、输出。

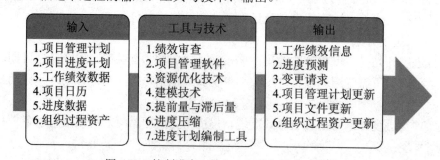

图 8-26　控制进度：输入、工具与技术、输出

1）绩效审查

绩效审查是指测量、对比和分析进度绩效，例如实际开始和完成日期、已完成百分比及当前工作的剩余持续时间。绩效审查可以使用各种技术，其中包括趋势分析、关键

路径法、关键链法、挣值管理。

2）进度预测

进度预测是根据已有的信息和知识，对项目未来的情况和事件进行的估算或预测。随着项目执行，应基于工作绩效信息更新和重新发布预测。这些信息包括项目的过去绩效和期望的未来绩效，以及可能影响项目未来绩效的挣值绩效指数。

8.3.2　项目进度管理——历年真题

1. 项目进度网络图是（　　）。

    A. 活动定义的结果和活动历时估算的输入

    B. 活动排序的结果和进度计划编制的输入

    C. 活动计划编制的结果和进度计划编制的输入

    D. 活动排序的结果和活动历时估算的输入

2. 某软件的工作量是 20000 行，由 4 人组成的开发小组开发，每个程序员的生成效率是 5000 行/人·月，每对程序员的沟通成本是 250 行/人·月，则该软件需要开发（　　）个月。

    A. 1　　　　　　　B. 1.04　　　　　　　C. 1.05　　　　　　　D. 1.08

3. 某项目包括的活动情况如下表所示。活动 D 和活动 F 只能在活动 C 结束后开始，活动 A 和活动 B 可以在活动 C 开始后的任何时间内开始，但是必须在项目结束前完成，活动 E 只能在活动 D 完成后开始。活动 B 是在活动 C 开始 1 天候才开始的。在活动 B 的过程中，发生了一件意外事件，导致活动 B 延期 2 天，为了确保项目按时完成（　　）。

活动	持续时间	活动	持续时间	活动	持续时间
A	4	B	3	C	4
D	2	E	3	F	4

    A. 应为活动 B 添加更多资源

    B. 不需要采取任何措施

    C. 需为关键路径上的任务重新分配资源

    D. 应为活动 D 添加更多的资源

4. 已知网络计划中，工作 M 有两项紧后工作，这两项紧后工作的最早开始时间分别为第 15 天和第 17 天，工作 M 的最早开始时间和最迟开始时间分别为第 6 天和第 9 天，如果工作 M 的持续时间为 9 天，则工作 M（　　）。

    A. 总时差为 3 天　　　　　　　　　　B. 自由时差为 1 天

    C. 总时差为 2 天　　　　　　　　　　D. 自由时差为 2 天

参考答案

1	2	3	4
B	D	B	A

试题 2～4 分析

试题 2：

4 人小组，2-2 沟通渠道为 4×3/2=6 条，

因此，月沟通成本为 6×250=1500 行/月，

所以，4 人小组的每月工作量为：4×5 000-1 500=18 500 行/月。

20 000 行的软件需要的时间：20 000/18 500=1.08 月

试题 3：

参考图 8-27。

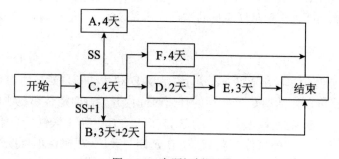

图 8-27　真题解析配图

试题 4：

M 的总时差=M 的最迟开始时间-M 的最早开始时间=9-6=3 天

M 的自由时差=M 的紧后工作中最早开始时间最小的值-M 的最早结束时间（=M 的最早开始时间+M 的持续时间）=15-(6+9)=0 天

8.4　项目成本管理

8.4.1　项目成本管理——考点梳理

项目成本管理包含为使项目在批准的预算内完成而对成本进行规划、估算、预算、融资、筹资、管理和控制的各个过程，从而确保项目在批准的预算内完工。

相关术语如下：

- 全生命周期成本：在产品或系统的整个使用生命期内，在获得阶段、运营与维护

及生命周期结束时对产品的处置所发生的全部成本。

- 可变成本：随着生产量、工作量或时间而变的成本。
- 固定成本：不随生产量、工作量或时间的变化而变化的非重复成本。
- 直接成本：直接可以归属于项目工作的成本，如项目团队差旅费、工资、项目使用的物料及设备使用费等。
- 间接成本：来自一般管理费用科目或几个项目共同担负的项目成本所分摊给本项目的费用，如税金、额外福利和保卫费用等。
- 机会成本：利用一定的时间或资源生产一种商品时，而失去的利用这些资源生产其他最佳替代品的机会所造成的损失。
- 沉没成本：是指由于过去的决策已经发生，而不能由现在或将来的任何决策改变的成本。
- 成本基准：经批准的按时间安排的成本支出计划，并随时反映了经批准的项目成本变更，被用于度量和监督项目的实际执行成本。
- 应急储备：包含在成本基准内的一部分预算，用来应对已经接受的已识别风险，以及已经制定应急或减轻措施的已识别风险。应急储备通常是预算的一部分，用来应对那些会影响项目的"已知-未知"风险。可以为某个具体活动建立应急储备，也可以为整个项目建立应急储备，还可以同时建立。应急储备可取成本估算值的某一百分比、某个固定值或者通过定量分析来确定。
- 管理储备：为了管理控制的目的而特别留出的项目预算，用来应对项目范围中不可预见的工作。管理储备用来应对会影响项目的"未知-未知"风险。管理储备不包括在成本基准中，但属于项目总预算和资金需求的一部分，使用前需要得到高层管理者审批。当动用管理储备资助不可预见的工作时，就要把动用的管理储备增加到成本基准中，从而导致成本基准变更。

1．规划成本管理

规划成本管理是为规划、管理、花费和控制项目成本而制定政策、程序和文档的过程。本过程的主要作用是在整个项目中为如何管理项目成本提供指导和方向。

图 8-28 描述本过程的输入、工具与技术、输出。

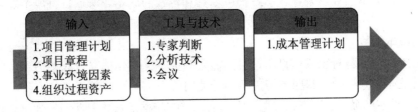

图 8-28　规划成本管理：输入、工具与技术、输出

成本管理计划

成本管理计划是项目管理计划的组成部分，描述将如何规划、安排和控制项目成本。成本管理过程及其工具与技术应记录在成本管理计划中。

成本管理计划一般包括：精确等级、测量单位、组织程序链接、控制临界值、挣值规则、报告格式、过程说明、其他细节。

2．估算成本

估算成本是对完成项目活动所需资金进行近似估算的过程。本过程的主要作用是确定完成项目工作所需的成本数额。

图 8-29 描述本过程的输入、工具与技术、输出。

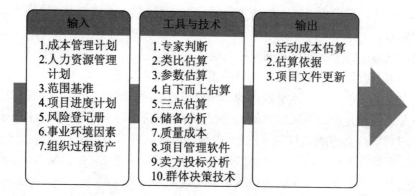

输入	工具与技术	输出
1.成本管理计划 2.人力资源管理计划 3.范围基准 4.项目进度计划 5.风险登记册 6.事业环境因素 7.组织过程资产	1.专家判断 2.类比估算 3.参数估算 4.自下而上估算 5.三点估算 6.储备分析 7.质量成本 8.项目管理软件 9.卖方投标分析 10.群体决策技术	1.活动成本估算 2.估算依据 3.项目文件更新

图 8-29　估算成本：输入、工具与技术、输出

在项目过程中应该随着更详细信息的呈现和假设条件的验证，对成本估算进行审查和优化。在项目生命周期中，项目估算的准确性将随着项目的进展而逐步提高，例如在启动阶段，可得出项目的粗略量级估算（Rough Order of Magnitude，ROM），其区间为 $-25\%\sim+75\%$；之后，随着信息越来越详细，确定性估算的区间可缩小至 $5\%\sim10\%$。

项目成本估算的主要步骤：

（1）识别并分析成本的构成科目。

（2）根据已识别的项目成本构成科目，估算每一科目的成本大小。

（3）分析成本估算结果，找出各种可以相互替代的成本，协调各种成本之间的比例关系。

活动成本估算

活动成本估算是对完成项目工作可能需要的成本的量化估算。成本估算可以是汇总的也可以是详细分列的，其应该覆盖活动所使用的全部资源，包括（但不限于）直接人工、材料、设备、服务、设施、信息技术，以及一些特殊的成本种类，例如融资成本（包括利息）、通货膨胀补贴、汇率或成本应急储备。如果间接成本也包含在项目估算中，则可在活动层次或更高层次上计列间接成本。

3．制定预算

制定预算是汇总所有单个活动或工作包的估算成本，建立一个经批准的成本基准的过程。本过程的主要作用是确定成本基准，可据此监督和控制项目绩效。

图 8-30 描述本过程的输入、工具与技术、输出。

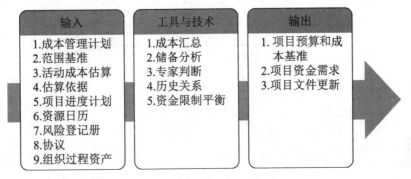

图 8-30　制定预算：输入、工具与技术、输出

1）成本汇总

先把成本估算汇总到 WBS 中的工作包，再由工作包汇总至 WBS 更高层次（如控制账户），最终得出整个项目的总成本。

2）资金限制平衡

根据对项目资金的限制，来平衡资金支出。如果发现资金限制与计划支出之间的差异，则可能需要调整工作的进度计划，以平衡资金支出水平。这可以通过在项目进度计划中添加强制日期来实现。

3）项目预算和成本基准

项目预算和成本基准的各个组成部分如图 8-31 所示。先汇总各项目活动的成本估算及其应急储备，得到相关工作包的成本。然后汇总各工作包的成本估算及其应急储备，得到控制账户的成本。再汇总各控制账户的成本，得到成本基准。

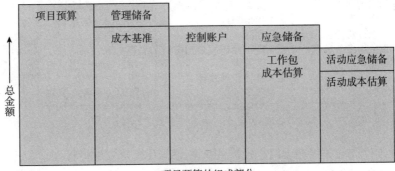

图 8-31　项目预算的组成

由于成本基准中的成本估算与进度活动直接关联，因此可按时间段分配成本基准，得到一条 S 曲线，如图 8-32 所示。最后，在成本基准之上增加管理储备得到项目预算。当出现有必要动用管理储备的变更时，则应该在获得变更控制过程的批准之后，把适量的管理储备移入成本基准中。

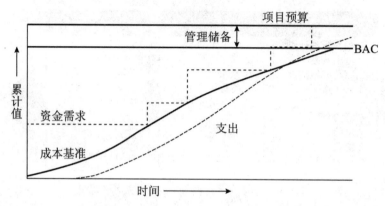

图 8-32   成本基准、支出与资金需求（总资金需求=成本基准+管理储备）

4）项目资金需求

根据成本基准确定总资金需求和阶段性（如季度或年度）资金需求。成本基准中既包括预计的支出，又包括预计的债务。项目资金通常以增量而非连续的方式投入，并且可能是非均衡的，呈现出图 8-32 中所示的阶梯状。如果有管理储备，则总资金需求等于成本基准加管理储备。在资金需求文件中，也可说明资金来源。

4．控制成本

控制成本是监督项目状态，以更新项目成本，管理成本基准变更的过程。本过程的主要作用是发现实际与计划的差异，以便采取纠正措施，降低风险。

图 8-33 描述本过程的输入、工具与技术、输出。

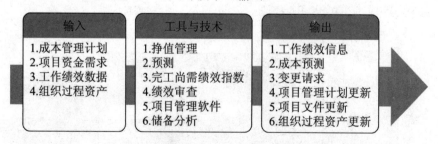

图 8-33   控制成本：输入、工具与技术、输出

有效成本控制的关键在于对经批准的成本基准及其变更进行管理。

项目成本控制包括：

● 对造成成本基准变更的因素施加影响。

- 确保所有变更请求都得到及时处理。
- 当变更实际发生时，管理这些变更。
- 确保成本支出不超过批准的资金限额，既不超出按时段、按 WBS 组件、按活动分配的限额，又不超出项目总限额。
- 监督成本绩效，找出并分析与成本基准间的偏差。
- 对照资金支出，监督工作绩效。
- 防止在成本或资源使用报告中出现未经批准的变更。
- 向有关干系人报告所有经批准的变更及其相关成本。
- 设法把预期的成本超支控制在可接受的范围内。

挣值管理

挣值管理（Earned Value Management，EVM）是把范围、进度和资源绩效综合起来考虑，以评估项目绩效和进展的方法，是一种常用的项目绩效测量方法，把范围基准、成本基准和进度基准整合起来形成绩效基准，以便项目管理团队评估和测量项目绩效和进展。作为一种项目管理技术，挣值管理要求建立整合基准，用于测量项目期间的绩效。EVM 的原理适用于所有行业的所有项目。

8.4.2　项目成本管理——历年真题

1. 某项目成本明细如下：设备费 1.5 万元，差旅费 0.5 万元，设备租赁费 0.8 万元，管理分摊费用 0.3 万元。下列说法中，（　　）是不正确的。

　　A. 设备费 1.5 万元属于直接成本

　　B. 差旅费 0.5 万元属于直接成本

　　C. 设备租赁费 0.8 万元属于间接成本

　　D. 管理分摊费用 0.3 万元属于间接成本

2. 成本管理分为成本估算、成本预算和成本控制三个过程，以下关于成本预算的叙述中，不正确的是（　　）。

　　A. 成本预算过程完成后，可能会引起项目管理计划的更新

　　B. 管理储备是为范围和成本的潜在变化而预留的预算，需要体现在项目成本基线中

　　C. 成本基准计划可以作为度量项目绩效的依据

　　D. 成本基准按时间分段计算，通常以 S 曲线的形式表示

3. 项目成本控制是指（　　）。

　　A. 对成本费用的趋势及可能达到的水平所作的分析和推断

　　B. 预先规定计划期内项目施工的耗费和成本要达到的水平

　　C. 确定各个成本项与计划值相比的差额和变化率

　　D. 在项目施工过程中，对形成成本的要素进行监督、调节和控制

4．项目经理正在估算某个 ERP 项目的成本，此时尚未掌握项目的全部细节，项目经理此时可用（　　）来估算成本。

　　A．类比估算法　　　　　　　　B．自上而下估算法
　　C．蒙特卡洛分析　　　　　　　D．参数模型

5．项目经理负责对项目进行成本估算，表 8-2 是依据某项目分解的成本估算表，该项目总成本估算是（　　）万元。

表 8-2　真题配表

研发阶段	需求调研	需求分析	项目策划	概要设计	详细设计	编码	系统测试	其他	合计
占研发比/%	3	4	5	5	10	51	13	9	100
工作量/万元	7	9	11	11	22	112	28	20	220

项目	研发阶段	项目管理	质量保证	配置管理	其他	合计
占项目比例/%	84	7	4	3	2	100
阶段工作量/万元	220	—	—	—	—	—

　　A．184　　　　　　B．219　　　　　　C．262　　　　　　D．297

参考答案

1	2	3	4	5
C	B	D	A	C

试题分析
试题 5：220÷84%=262 万元

8.5　项目质量管理

8.5.1　项目质量管理——考点梳理

项目质量管理包括执行组织确定质量政策、目标与职责的各过程和活动，从而使项目满足其预定的需求。

国际标准化组织对质量的定义是："反映实体满足主体明确和隐含需求能力的特性总和"。国家标准（GB/T 19000—2008）对质量的定义为："一组固有特性满足要求的程度"。

质量与等级不是相同的概念，等级作为设计意图，是对用途相同但技术特性不同的可交付成果的级别分类。质量水平未达到质量要求肯定是个问题，而低等级不一定是个问题，例如：

- 一个低等级（功能有限）、高质量（无明显缺陷，用户手册易读）的软件产品不是问题产品，该产品适合一般情况下使用。
- 一个高等级（功能繁多）、低质量（有许多缺陷，用户手册杂乱无章）的软件产品，也许是问题产品。该产品的功能会因质量低劣而无效或低效。

ISO 9000 质量管理的八项管理原则已经成为改进组织业绩的框架，其目的在于帮助组织达到待续成功。八项基本原则为：以顾客为中心、领导作用、全员参与、过程方法、管理的系统方法、持续改进、基于事实的决策方法、与供方互利的关系。

1．规划质量管理

规划质量管理是识别项目及其可交付成果的质量要求或标准，并书面描述项目将如何证明符合质量要求的过程。本过程的主要作用是为整个项目中如何管理和确认质量提供了指南和方向。

图 8-34 描述本过程的输入、工具与技术、输出。

输入	工具与技术	输出
1.项目管理计划	1.成本效益分析	1.质量管理计划
2.干系人登记册	2.质量成本	2.过程改进计划
3.风险登记册	3.七种基本质量工具	3.质量测量指标
4.需求文件	4.标杆对照	4.质量核对单
5.事业环境因素	5.实验设计	5.项目文件更新
6.组织过程资产	6.统计抽样	
	7.其他质量管理工具	
	8.会议	

图 8-34　规划质量管理：输入、工具与技术、输出

1）质量成本

质量成本包括在产品生命周期中为预防不符合要求、为评价产品或服务是否符合要求，以及因未达到要求（返工）而发生的所有成本。失败成本常分内部（项目内部发现的）和外部（客户发现的）两类，失败成本也称为劣质成本。图 8-35 给出了每类质量成本的一些例子。

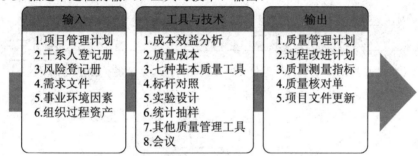

一致性成本	非一致性成本
预防成本（生产合格产品） · 培训 · 流程文档化 · 设备 · 选择正确的做事时间 评价成本（评定质量） · 测试 · 破坏性测试导致的损失 · 检查	内部失败成本 （项目内部发现的） · 返工 · 废品 外部失败成本 （客户发现的） · 责任 · 保修 · 业务流失
在项目期间用于防止失败的费用	项目期间和项目完成后用于处理失败的费用

图 8-35　质量成本

2）七种基本质量工具

（1）因果图又称鱼骨图或石川图

问题陈述放在鱼骨的头部，作为起点用来追溯问题来源，回推到可行动的根本原因（如图 8-36 所示）。在问题陈述中，通常把问题描述为一个要被弥补的差距或要达到的目标，通过看问题陈述和问"为什么"来发现原因，直到发现可行动的根本原因或者列尽每根鱼骨上的合理可能性。要在被视为特殊偏差的不良结果与非随机原因之间建立联系，鱼骨图往往是行之有效的。基于这种联系，项目团队应采取纠正措施，消除在控制图中呈现的特殊偏差。

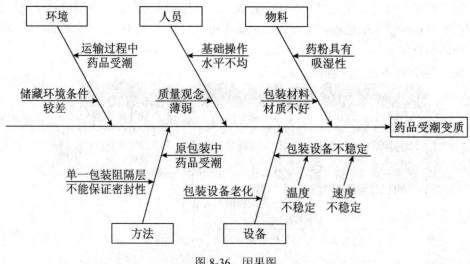

图 8-36　因果图

（2）流程图也称过程图（见图 8-37）

流程图用来显示在一个或多个输入转化成一个或多个输出的过程中，所需要的步骤顺序和可能分支。它通过映射 SIPOC 模型（见图 8-38）中的水平价值链的过程细节来显示活动、决策点、分支循环、并行路径及整体处理顺序。流程图可能有助于了解和估算一个过程的质量成本，通过工作流的逻辑分支及其相对频率来估算质量成本。这些逻辑分支是为完成符合要求的成果而需要开展的一致性工作和非一致性工作的细分。

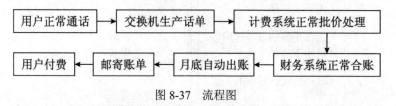

图 8-37　流程图

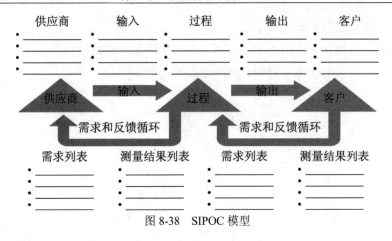

图 8-38　SIPOC 模型

（3）核查表又称计数表（见表 8-3）

核查表是用于收集数据的查对清单，它合理排列各种事项，以便有效地收集关于潜在质量问题的有用数据。当开展检查识别缺陷时，用核查表收集数据属性就特别方便。用核查表收集的关于缺陷数量或后果的数据，又经常使用帕累托图来显示。

表 8-3　核查表

类别	结果	频率
属性-1		
属性-2		
⋮		
属性-n		

（4）帕累托图（见图 8-39）

帕累托图是一种特殊的垂直条形图，用于识别造成大多数问题的少数重要原因。在横轴上所显示的原因类别作为有效的概率分布，涵盖 100%的可能观察结果。横轴上每个特定原因的相对频率逐渐减少，直至以"其他"来涵盖未指明的全部其他原因。在帕累托图中，通常按类别排列条形图，以测量频率或后果。

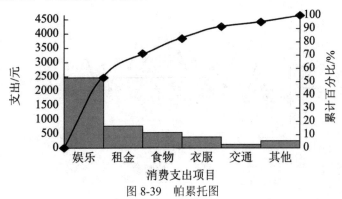

图 8-39　帕累托图

（5）直方图（见图8-40）

直方图是一种特殊形式的条形图，用于描述集中趋势、分散程度和统计分布形状。与控制图不同，直方图不考虑时间对分布内的变化的影响。

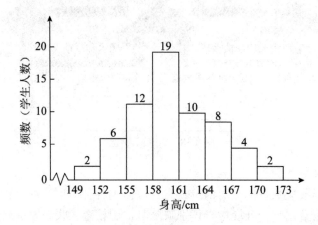

图8-40　直方图

（6）控制图（见图8-41）

其用于确定一个过程是否稳定或者是否具有可预测的绩效。处于均值两侧的控制界限（上限和下限）是根据标准的统计原则计算确定的，控制界限是一个稳定过程的自然波动范围。管理者可基于计算出的控制界限，识别须采取纠正措施的检查点，以预防不在控制界限内的绩效出现。在使用控制图对项目进行监控的过程中，出现以下两种情况则认为过程不稳定（失控），应该采取纠正措施：

①任意一个数据点超出控制界限。

②连续7个点落在均值的上方或下方。

控制图最常用来跟踪批量生产中的重复性活动，也可用来监测成本与进度偏差、产量、范围变更频率或其他管理工作成果，其用来确定项目管理过程是否受控。

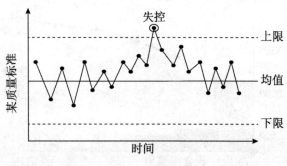

图8-41　控制图

（7）散点图，又称相关图（见图 8-42）

散点图标有许多坐标点（X，Y），解释因变量 Y 相对于自变量 X 的变化。相关性可能成正比例（正相关）、负比例（负相关）或不存在（零相关）。如果存在相关性，则可以画出一条回归线来估算自变量的变化将如何影响因变量的值。

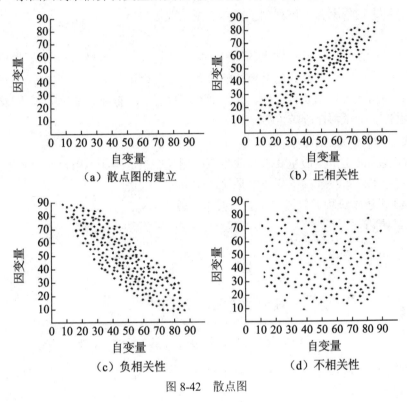

图 8-42　散点图

3）标杆对照

标杆对照是将实际或计划的项目实践与可比项目的实践进行对照，以便识别最佳实践，形成改进意见，并为绩效考核提供依据。

4）实验设计（DOE）

实验设计是一种统计方法，用来识别哪些因素会对正在生产的产品或正在开发的流程的特定变量产生影响。DOE 可以在规划质量管理过程中使用，以确定测试的数量和类别，以及这些测试对质量成本的影响。

5）统计抽样

统计抽样是指从目标总体中选取部分样本用于检查。抽样的频率和规模应在规划质量管理过程中确定，以便在质量成本中考虑测试数量和预期废料等。

6）质量管理计划

质量管理计划是项目管理计划的组成部分，描述将如何实施组织的质量政策，以及项目管理团队准备如何达到项目的质量要求。

7）过程改进计划

过程改进计划是项目管理计划的子计划和组成部分，其详细说明了在项目管理过程和产品开发过程中分析的各个步骤，以识别增值活动。过程改进计划需要考虑的方面包括：过程边界、过程配置、过程测量指标、绩效改进目标。

8）质量测量指标

质量测量指标专用于描述项目、产品属性，以及控制质量过程如何对属性进行测量，通过质量测量得到实际数值。测量指标的可允许变动范围称为公差。质量测量指标用于实施质量保证和完成控制质量过程，其包括准时性、成本控制、缺陷频率、故障率、可用性、可靠性和测试覆盖度等。

2．实施质量保证

实施质量保证是审计质量要求和质量控制测量结果，确保采用合理的质量标准和操作性定义的过程。本过程的主要作用是促进质量过程改进。

图 8-43 描述本过程的输入、工具与技术、输出。

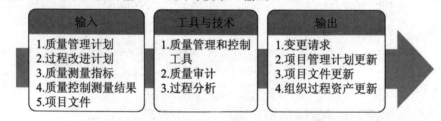

输入	工具与技术	输出
1.质量管理计划 2.过程改进计划 3.质量测量指标 4.质量控制测量结果 5.项目文件	1.质量管理和控制工具 2.质量审计 3.过程分析	1.变更请求 2.项目管理计划更新 3.项目文件更新 4.组织过程资产更新

图 8-43　实施质量保证：输入、工具与技术、输出

实施质量保证过程使用规划质量管理和控制质量过程的工具和技术，除此之外，其他可用的工具包括：

- 亲和图。

亲和图与心智图相似，针对某个问题可联想出有组织的想法模式的各种创意。在项目管理中，如果使用亲和图确定范围分解的结构则有助于 WBS 的制定。

- PDPC。

过程决策程序图用于理解一个目标与达成此目标的步骤之间的关系。PDPC 有助于制订应急计划，因为它能帮助团队预测那些可能破坏目标实现的中间环节。

- 关联图。

关联图是关系图的变种，有助于在包含相互交叉逻辑关系（可有多达 50 个相关项）的中等复杂情形中创新性地解决问题。

- 树形图。

树形图也称系统图，用于表现如 WBS、RBS（风险分解结构）和 OBS（组织分解结构）的层次分解结构。

- 优先矩阵。

用来识别关键事项并选出合适的备选方案，通过一系列决策排列出备选方案的优先顺序。先对标准排序和加权，再应用于所有备选方案，计算出数学得分，然后对备选方案排序。

- 活动网络图。

活动网络图也称为箭头图，包括两种格式的网络图：AOA（活动箭线图）和最常用的 AON（活动节点图）。

- 矩阵图。

矩阵图是一种质量管理和控制工具，使用矩阵结构对数据进行分析。矩阵图在行列交叉的位置展示因素、原因和目标之间的强弱关系。

1）质量审计

质量审计是用来确定项目活动是否遵循了组织和项目的政策、过程与程序的一种结构化的、独立的过程。

质量审计的目标是：

- 识别全部正在实施的良好及最佳实践；
- 识别全部违规做法、差距及不足；
- 分享所在组织或行业中类似项目的良好实践；
- 积极、主动地提供协助，以改进过程的执行，从而帮助团队提高生产效率；
- 强调每次审计都应对组织经验教训的积累做出贡献。

质量审计采取后续措施纠正问题，可以令质量成本降低，并提高发起人或客户对项目产品的接受度。质量审计可事先安排，也可随机进行；可由内部或外部审计师进行。

质量审计还可确认已批准的变更请求（包括更新、纠正措施、缺陷补救和预防措施）的实施情况。

2）过程分析

过程分析是指按照过程改进计划中概括的步骤来识别所需的改进，它也要检查在过程运行期间遇到的问题、制约因素，以及非增值活动。过程分析包括根本原因分析——用于识别问题、探究根本原因。过程分析还是可制订预防措施的一种具体技术。

3．控制质量

控制质量是监督并记录质量活动执行结果，以便评估绩效，并推荐必要的变更过程。本过程的主要作用包括：①识别过程低效或产品质量低劣的原因，采取相应措施消除这些问题。②确认项目的可交付成果及工作满足主要干系人的既定需求，足以进行最终验收。

图 8-44 描述本过程的输入、工具与技术、输出。

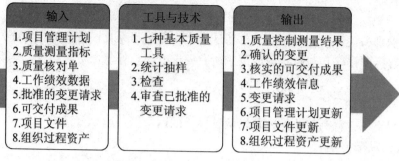

图 8-44　控制质量：输入、工具与技术、输出

项目管理团队需要具备在统计控制方面的实用知识，以便评估在控制质量的输出中所包含的数据。另外，了解以下术语之间的差别，对项目管理团队也是有用的：

- 预防（保证在过程中不出现错误）与检查（保证错误不落到客户手中）。
- 属性抽样（结果为合格或不合格）与变量抽样（在连续的量表上标明结果所处的位置，表明合格的程度）。
- 公差（结果的可接受范围）与控制界限（在统计意义上稳定的过程或过程绩效的普通偏差的边界）。

检查

检查是指检验工作产品，以确定是否符合书面标准。检查的结果通常包括相关的测量数据。检查可在任何层次上进行，例如可以检查单个活动的成果或项目的最终产品。检查也可称为审查、同行审查、审计或巡检等，在某些应用领域，这些术语的含义比较具体。检查也可用于确认缺陷补救。

实施质量保证与控制质量的区别：

在项目规划和执行阶段，开展质量保证，建立满足干系人需求的信心。在项目监控和收尾阶段，开展质量控制，用可靠的数据来证明项目已经达到发起人或客户的验收标准。

8.5.2　项目质量管理——历年真题

1、2. 质量控制的方法、技术和工具有很多，其中（1）可以用来分析过程是否稳定，是否发生了异常情况。（2）直观地反映了项目中可能出现的问题与各种潜在原因之间的关系。

（1）A. 因果图　　　B. 控制图　　　C. 散点图　　　D. 帕累托图

（2）A. 散点图　　　B. 帕累托图　　　C. 控制图　　　D. 鱼骨图

3. 某项目组的测试团队对项目的功能及性能进行全面测试，来保证项目的可交付成果及工作满足主要干系人的既定需求，项目组所采用的质量管理方式是（　　　）。

A. 规划质量　　　　　　　　　　B. 质量控制

C. 实施质量保证　　　　　　　　D. 质量改进

4．下列哪一项属于质量控制的范畴？

　　A．确定项目和产品的质量要求和标准

　　B．确定工作是否能持续改进

　　C．提出措施建议，消除产品性能不符合要求的根本原因

　　D．确定项目活动是否符合组织和项目政策

参考答案

1、2		3	4
（1）B	（2）D	B	C

8.6　项目人力资源管理

8.6.1　项目人力资源管理——考点梳理

项目人力资源管理包括组织、管理与领导项目团队的过程。

项目团队由为完成项目而承担不同角色与职责的人员组成。项目团队成员可以具备不同的技能，项目团队成员可以是全职或兼职的，项目团队成员可随项目的进展而增加或减少。虽然项目团队成员被分配了特定的角色和职责，但让全员参与项目规划并给出决策仍是有益的。团队成员在规划阶段就参与进来，既可让他们对项目规划工作贡献专业技能，又可以培养他们对项目工作的责任感。

领导者的工作主要涉及三方面：确定方向、统一思想、激励和鼓舞。

管理者被组织赋予职位和权力，其负责某件事情的管理或实现某个项目的目标。管理者需要持续不断地为干系人创造他们所期望的成果。

通俗地说，领导者设定目标，管理者率众实现目标。

项目经理具有领导者和管理者的双重身份，对项目经理而言，管理能力和领导能力均不可或缺，而对于大型复杂项目，领导能力更为重要。

1．规划人力资源管理

规划人力资源管理是识别和记录项目角色、职责、所需技能、报告关系，并编制人员配备管理计划的过程。本过程的主要作用是建立项目角色与职责、建立项目组织图，规划人力资源管理还包含人员招募和遣散时间表的人员配备管理计划。

图 8-45 描述本过程的输入、工具与技术、输出。

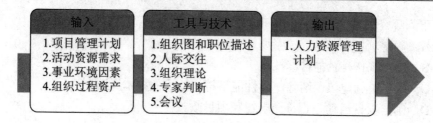

图 8-45　规划人力资源管理：输入、工具与技术、输出

1）组织图和职位描述

组织图和职位描述可采用多种格式来记录团队成员的角色与职责。大多数格式属于以下三类（见图 8-46）：层级型、矩阵型和文本型。层级型可用于规定高层级角色，而文本型更适合用于记录详细职责。

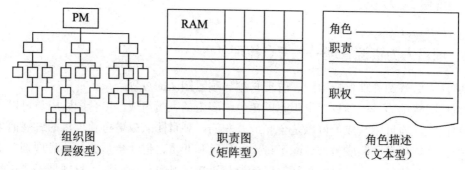

图 8-46　角色与职责定义格式

责任分配矩阵（RAM）

责任分配矩阵是显示分配给每个工作包的项目资源的表格。它表示工作包或活动与项目团队成员之间的关系。矩阵图能反映与每个人相关的所有活动，以及与每项活动相关的所有人员，它也可确保任何一项任务都只有一个人负责，从而避免职责不清问题的出现。RAM 的一个例子是 RACI（执行、负责、咨询和知情）矩阵，如表 8-4 所列。表 8-4 中最左边的一列表示有待完成的工作（活动），分配给每项工作的资源可以是个人或小组。项目经理也可根据项目需要，选择"领导""资源"或其他适用词汇，来分配项目责任。如果团队是由内部和外部人员组成，则 RACI 矩阵对明确划分角色和期望特别有用。

表 8-4　RACI 矩阵

RACI 项目	人员名称				
活动	安妮	本	卡洛斯	蒂娜	埃德
制定章程	A	R	I	I	I
收集需求	I	A	R	C	C
提交变更请求	I	A	R	R	C
制订测试计划	A	C	I	I	R

2）人力资源管理计划

作为项目管理计划的一部分，人力资源管理计划提供了关于如何定义、配备、管理及最终遣散项目人力资源的指南，人力资源管理计划及其后续修订也是制订项目管理计划过程的输入。人力资源管理计划包括（但不限于）以下内容：角色和职责、项目组织图、人员配备管理计划。

3）人员配备管理计划

人员配备管理计划是人力资源管理计划的组成部分，其说明将在何时、以何种方式获得项目团队成员，以及他们需要在项目中工作多久。它描述了如何满足项目对人力资源的需求，它的内容因应用领域和项目规模而异，但应包括人员招募、资源日历、人员遣散计划、培训需要、认可与奖励、合规性、安全。

资源日历

资源日历表明每种具体资源的可用工作日和可用工作班次的日历。项目管理团队可用资源直方图向所有干系人直观地展示人力资源分配情况。资源直方图可在整个项目期间中显示每周（或每月）需要某人、某部门或项目团队的工作小时数。我们可在资源直方图中画一条水平线，其代表某特定资源最多可用的小时数。如果柱形超过该水平线，则表示需要采用资源优化策略，如增加资源或修改进度计划。资源直方图示例见图 8-47。

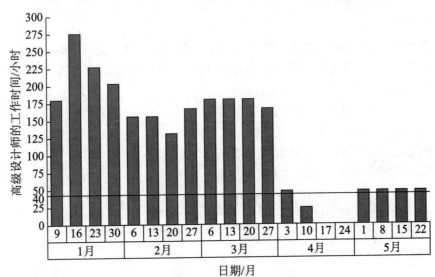

图 8-47　资源直方图示例

2. 组建项目团队

组建项目团队是确认人力资源的可用情况，并为开展项目活动而组建团队的过程。本过程的主要作用是指导团队选择，并进行职责分配，组建一个成功的团队。

图 8-48 描述本过程的输入、工具与技术、输出。

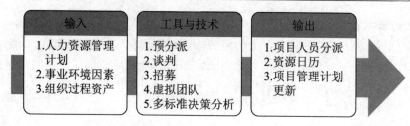

图 8-48　组建项目团队：输入、工具与技术、输出

1）预分派

如果项目团队成员是事先选定的，他们就是被预分派的。预分派可在下列情况下发生：在竞标过程中项目团队承诺分派特定人员进行项目工作；项目进度取决于特定人员的专有技能；项目章程中指定了某些人员的工作分派。

2）谈判

在众多项目中，通过谈判完成人员分派。例如，项目管理团队需要与下列各方谈判：职能经理、执行组织中的其他项目管理团队、外部组织、卖方、供应商、承包商等。

3）招募

如果执行组织不能为完成项目提供所需的人员，就需要从外部获得服务，这可能包括雇佣独立咨询师或把相关工作分包给其他组织。

4）虚拟团队

虚拟团队的使用为招募项目团队成员提供了新的可能性，虚拟团队可定义为具有共同目标、在完成角色任务的过程中很少或没有时间面对面工作的一群人。

3. 建设项目团队

建设项目团队是提高工作能力，促进团队成员互动，改善团队整体氛围，以提高项目绩效的过程。本过程的主要作用是提高团队协作能力，增强人际关系能力，激励团队成员，降低人员离职率，提升整体项目绩效。

图 8-49 描述本过程的输入、工具与技术、输出。

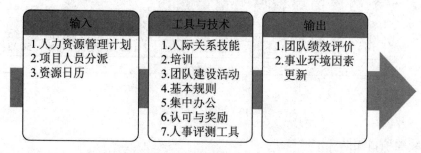

图 8-49　建设项目团队：输入、工具与技术、输出

1）人际关系技能

人际关系技能有时被称为"软技能"，具有良好人际关系技能的人有较高情商，并熟练掌握沟通技巧、冲突解决方法、谈判技巧，其还有较大影响力，具有团队建设技能和团队引导技能。

2）培训

培训是指可提高项目团队成员能力的活动。培训可以是正式或非正式的，培训方式包括课堂培训、在线培训、计算机辅助培训、在岗培训（由其他项目团队成员提供）、线下辅导及训练。

3）团队建设活动

团队建设活动既可以是状态审查会上的 5 分钟议程，又可以是为改善人际关系而设计的、在非工作场所专门举办的体验活动。团队建设活动旨在帮助各团队成员更加有效地协同工作。如果团队成员的工作地点相隔甚远，无法进行面对面接触，则特别需要有效的团队建设活动。非正式的沟通和活动有助于建立信任并保持良好的工作关系。有一种团队发展的模型叫塔克曼阶梯理论，这个理论包括团队建设通常要经过的五个阶段。这些阶段通常按顺序进行，然而团队停滞在某个阶段或退回到较早阶段的情况也并非罕见。如果团队成员曾经共事过，则项目团队建设也可跳过某个阶段。

- 形成阶段。在形成阶段，团队成员相互认识，并了解项目情况及他们应在项目中的正式角色与职责。团队成员倾向于相互独立地做事情。
- 震荡阶段。在震荡阶段，团队开始从事项目工作，制定技术决策、讨论项目管理方法。如果团队成员不能用合作和开放的态度处理不同观点和意见，则团队工作可能变得事与愿违。
- 规范阶段。在规范阶段，团队成员开始协同工作，并调整各自的工作习惯和行为来支持团队，团队成员开始相互信任。
- 成熟阶段。进入成熟阶段后，团队就像一个组织有序的单位那样展开工作。团队成员之间相互依靠，可平稳高效地解决问题。
- 解散阶段。在解散阶段，团队完成所有工作，团队成员离开项目。通常在项目可交付成果完成之后，再解散团队；或者在项目结束或阶段过程中解散团队。

某个阶段持续时间的长短取决于团队活力、团队规模和团队领导力。项目经理应该对团队活力有较好的理解，以便有效地带领团队经历各个阶段。

4）基本规则

用基本规则对项目团队成员的可接受行为做出明确规定，尽早制定并遵守明确的规则，有助于减少误解，提高生产力。团队对例如行为规范、沟通方式、协同工作、会议礼仪等基本规则进行讨论，有利于团队成员相互了解各自价值观，规则一旦建立，则全体项目团队成员都必须遵守。

5）集中办公

集中办公也被称为"紧密矩阵"，其是指把最活跃的项目团队成员安排在同一个物理地点工作，以增强团队工作能力。

6）认可与奖励

在建设项目团队过程中，需要对成员的优良行为给予认可与奖励，最初的奖励计划是在规划人力资源管理过程中编制的。必须认识到，只有能满足被奖励者的某个重要需求的奖励才是有效的奖励。在管理项目团队过程中，通过项目绩效评估，以正式或非正式的方式做出奖励决定。在决定对某成员认可与奖励时，应考虑不同背景成员的文化差异。

7）人事评测工具

人事评测工具能让项目经理和项目团队认清成员的优势和劣势。如态度调查、细节评估、结构化面谈、能力测试及焦点小组讨论，这些工作有利于增进团队成员间的理解、信任和沟通，人事评测工具可在整个项目期间不断提高团队绩效。

8）团队绩效评价

团队绩效评价基于项目技术成功度（包括质量水平）、项目进度绩效（按时完成）和成本绩效（在财务约束条件内完成）来评价团队绩效。团队绩效评价以任务和结果为导向，它的存在是高效团队的重要特征。评价团队有效性的指标包括：

（1）个人技能的改进使成员更有效地完成工作任务；

（2）团队能力的改进使团队更好地开展工作；

（3）团队成员离职率的降低；

（4）团队凝聚力的加强使团队成员公开分享信息和经验并互相帮助，来提高项目绩效。

4. 管理项目团队

管理项目团队是指跟踪团队成员工作表现，提供反馈，解决问题并管理团队变更，以优化项目绩效的过程。本过程的主要作用是影响团队行为，管理冲突，解决问题，并评估团队成员的绩效。

图 8-50 描述本过程的输入、工具与技术、输出。

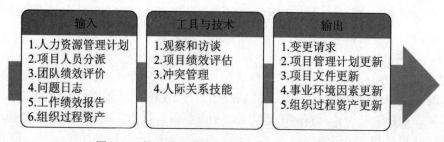

图 8-50　管理项目团队：输入、工具与技术、输出

1）项目绩效评估

在项目过程中，进行项目绩效评估的目的包括澄清角色与职责，向团队成员提供建设性反馈意见，发现未知或未解决问题，制订个人培训计划，以及确立未来目标。

2）冲突管理

在项目环境中，冲突不可避免。冲突的来源包括资源稀缺、进度优先级排序和个人工作风格差异等因素。

成功的冲突管理可提高生产力，改进工作关系。如果管理得当，意见分歧有利于提高创造力和改进决策。如果意见分歧成为负面因素，则首先应由项目团队成员负责解决；如果冲突升级，项目经理应提供协助并给出满意的解决方案；如果破坏性冲突继续存在，则可使用正式程序，包括采取惩戒措施。

有五种常用的冲突管理方法：

① 撤退/回避。从实际或潜在冲突中退出，将问题推迟到准备充分的时候再解决或将问题推给其他人员解决。

② 缓和/包容。强调一致性而非差异性，为维持和谐关系而退让一步，考虑其他人员的需要。

③ 妥协/调解。为了解决冲突，寻找能让各方都满意的方案。

④ 强迫/命令。以牺牲其他方利益为代价，推行某一方的观点，只提供赢—输方案。通常利用权力来强行解决紧急问题。

⑤ 合作/解决问题。综合考虑不同的观点和意见，采用合作的态度和开放式对话引导各方达成共识并兑现承诺。

3）人际关系技能

项目经理应该综合运用技术、人际关系和概念技能来分析形势，并与团队成员有效互动，恰当地使用人际关系技能，可充分发挥全体团队成员的优势。

项目经理最常用的人际关系技能包括：

- 领导力。成功的项目需要强有力的领导技能，领导力在项目生命周期中的所有阶段都很重要。领导力对沟通愿景及鼓舞项目团队高效工作十分重要。
- 影响力。在矩阵环境中，项目经理对团队成员仅有很小的命令职权，他们适时影响干系人的能力，这对保证项目成功非常关键。影响力主要体现在说服别人以及清晰表达观点和立场；积极且有效地倾听；了解并综合考虑各种观点；收集关键信息以解决重要问题，相互信任并达成一致意见。
- 有效决策。有效决策包括谈判能力、影响组织与项目管理团队的能力。进行有效决策需要：着眼于要达到的目标、遵循决策流程、研究环境因素、分析可用信息、提升团队成员个人素质、激发团队创造力、管理风险。

（1）权利。权利是影响行为，改变事情的过程和方向，克服阻力，使人们进行原本并不愿意进行的事情的潜在能力。

一个人要行使权力，首先要清楚权力的来源。项目经理的权力有 5 种来源。

① 职位权力。职位权力来源于管理者在组织中的职位和职权。在高级管理层对项目经理正式授权的基础上，项目经理给予员工工作的权力。

② 惩罚权力。惩罚权力是用降职、扣薪、惩罚、批评、威胁等负面手段的能力。惩罚权力很有力但会对团队气氛造成破坏。滥用惩罚权力会导致项目失败，应谨慎使用。

③ 奖励权力。奖励权力是给予下属奖励的能力。奖励包括加薪、升职、福利、休假、礼物、口头表扬、认可度、特殊的任务以及其他让员工满意行为的手段。

④ 专家权力。专家权力来源于个人的专业技能。如果项目经理让员工意识到他是某些领域的权威人士，则员工会在这些领域遵从项目经理的意见。来自一线的中层管理者通常具有很大的专家权力。

⑤ 参照权力。参照权力是成为别人学习榜样所拥有的力量。参照权力是因为他人对专业人士的认可和敬佩导致其他人员愿意模仿和服从专业人士的行为和建议，这是一种个人魅力，具有优秀品质的领导者的参照权力很大。这些优秀品质包括诚实、正直、自信、自律、坚毅、刚强、宽容和专注等。领导者想要拥有参照权力，就要加强对这些品质的修炼。

（2）激励理论。激励即激发鼓励，就是利用某种外部诱因调动人的积极性和创造性，使人有一股内在的动力，朝向所期望的目标前进的心理过程。

现代项目管理在激励方面的理论基础包括：马斯洛需求层次理论、赫茨伯格的双因素理论、X 理论和 Y 理论、期望理论。

（3）马斯洛的需求层次理论。马斯洛的需求层次理论是一个 5 层的金字塔结构（如图 8-51 所示），其表示人们的行为受到一系列需求的引导和刺激，在不同的层次满足不同的需求，才能达到激励的作用。

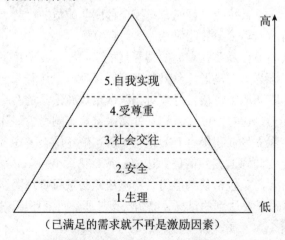

（已满足的需求就不再是激励因素）

图 8-51　马斯洛需求层次理论

（4）赫茨伯格双因素理论。赫茨伯格双因素理论认为有两种完全不同的因素影响人们的工作行为。

第一类是保健因素，这些因素与工作环境或条件相关，能降低人们产生的不满意感，包括工作环境、工资薪水、公司政策、个人生活、管理监督、人际关系等。当保健因素不健全时，人们就会对工作产生不满意感，但即使保健因素良好，也只能消除部分工作环节中的不满意，却无法增加人们对整体工作的满意感，所以这些因素是无法起到激励作用的。

第二类是激励因素。这些因素与员工的工作本身或工作内容相关、能促使人们产生工作满意感的一类因素。激励因素是高层次的需要，包括成就、承认、工作本身、责任、发展机会等。当缺乏激励因素时，人们就会缺乏进取心，对工作无所谓，激励因素强时，则员工会感到强大的激励作用而产生较好的工作满意感，只有这类因素才能真正激励员工。

赫兹伯格的双因素理论强调内在激励，在组织行为学中具有划时代意义，为管理者更好地激发员工工作动机提供了新思路。

（5）X 理论和 Y 理论。X 理论注重满足员工的生理需求和安全需求，激励仅在生理和安全层次起作用，同时 X 理论注重惩罚，认为惩罚是有效的管理工具。

崇尚 X 理论的领导者认为，在领导工作中必须对员工采取强制、惩罚、解雇等手段强迫员工努力工作，对员工应当严格监督、控制和管理。在领导行为上应当实行高度控制和集中管理。

Y 理论认为激励在需求的各个层次上都起作用，常用的激励办法是：将员工个人目标与组织目标融合，扩大员工的工作范围，尽可能把员工的工作安排得富有意义并具有挑战性，使其工作之后感到自豪，满足其自尊和自我实现的需要，使员工达到自我激励的目的。

崇尚 Y 理论的管理者对员工采取以人为中心的、宽容的和放权的领导方式，使下属目标和组织目标很好地结合起来，为提高员工的智慧和能力创造有利的条件。

（6）期望理论。期望理论由美国心理学家弗鲁姆于 1964 年提出。

期望理论是一种通过考察人们的努力行为与其所获得的最终奖酬之间的因果关系，期望理论可说明激励过程，并以选择合适的行为达到最终的奖励目标。

期望理论认为，一个目标对人的激励程度受两个因素影响：

①目标效价指实现该目标对个人有多大价值的主观判断。如果实现该目标对个人来说很有价值，则个人的积极性就高；反之，积极性低。

②期望值指个人对实现该目标可能性大小的主观估计。只有个人认为实现该目标的可能性很大，才会去努力争取实现，从而在较高程度上发挥目标的激励作用；如果个人认为实现该目标的可能性很小，甚至完全没有可能，则目标激励作用小，以至完全没有。

期望理论认为激励水平等于目标效价和期望值的乘积，即

$$激发力量＝目标效价×期望值$$

当人们有需要，且有达到这个需要的可能，其积极性才高。

8.6.2　项目人力资源管理——历年真题

1. 一般来说，团队发展会经历 5 个阶段。"团队成员之间相互依靠，平稳高效地解决问题，团队成员的集体荣誉感非常强"是（　　）的主要特征。

  A. 形成阶段　　　　　　　　　　B. 震荡阶段

  C. 规范阶段　　　　　　　　　　D. 发挥阶段

2. 成功的冲突管理可以大大提高团队生产力并促进积极的工作关系，以下关于冲突的叙述中，不正确的是（　　）。

  A. 一般来说，冲突是一个团队的问题，而不是某人的个人问题

  B. 冲突的解决应聚焦问题

  C. 冲突的解决应聚焦在过去，分析冲突造成的原因

  D. 冲突是自然的，而且要找出一个解决办法

3. （　　）是通过考察人们的努力行为与其所获得的最终奖酬之间的因果关系来说明激励过程，并以选择合适的行为达到最终的奖酬目标的理论。

  A. 马斯洛需求层次理论　　　　　B. 赫茨伯格双因素理论

  C. X 理论与 Y 理论　　　　　　　D. 期望理论

4. 项目经理的权力有多种来源，其中（　　）是由于他人对专业人士的认可和敬佩从而愿意模仿和服从，以及希望自己成为专业人士，这是一种人格魅力。

  A. 职位权力　　　　　　　　　　B. 奖励权力

  C. 专家权力　　　　　　　　　　D. 参照权力

5. （　　）不属于项目团队建设的工具和技巧。

  A. 事先分派　　　　　　　　　　B. 培训

  C. 集中办公　　　　　　　　　　D. 认可和奖励

6. 描述项目团队成员在项目中何时，以何种方式，以及在项目中工作的持续日等信息相关的是（　　）。

  A. 项目组织结构　　　　　　　　B. 角色职责分配

  C. 活动资源需求　　　　　　　　D. 人员配备管理计划

参考答案

1	2	3	4	5	6
D	C	D	D	A	D

8.7　项目沟通管理

8.7.1　项目沟通管理——考点梳理

项目沟通管理包括为确保项目信息及时且恰当地规划、收集、生成、发布、存储、检索、管理、控制、监督和最终处置所需的各个过程。项目经理的大多数时间都用于与团队成员和其他干系人的沟通，无论这些成员或干系人是来自组织内部还是组织外部。有效的沟通在项目干系人之间架起一座桥梁，把具有不同文化和组织背景、不同技能水平、不同观点和利益的各类干系人联系起来。这些干系人能影响项目的执行和结果。

沟通的基本模型用于显示信息如何在双方（发送方和接收方）之间被发送和被接收。该模型的关键要素包括：编码、信息和反馈信息、媒介、噪声、解码。

基本沟通模型包含 5 个基本状态：已发送、已收到、已理解、已认可、已转化为积极的行动。

1．规划沟通管理

规划沟通管理是根据干系人的信息需要和要求及组织的可用资产情况，制订合适的项目沟通方式和计划的过程。本过程的主要作用是识别和记录与干系人的最有效率且最有效果的沟通方式。

图 8-52 描述本过程的输入、工具与技术、输出。

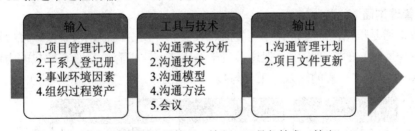

图 8-52　规划沟通管理：输入、工具与技术、输出

1）沟通方法

可以使用多种沟通方法在项目干系人之间共享信息。这些方法可以分为：

- 交互式沟通。交互式沟通在两方或多方之间进行多向信息交换，这是确保全体参与者对特定话题达成共识的最有效的方法，包括会议、电话、即时通信、视频会议等。
- 推式沟通。推式沟通把信息发送给需要接收这些信息的特定接收方，这种方法可以确保信息的发送，但不能确保信息全部送达受众或被目标受众理解。推式沟通包括信件、备忘录、报告、电子邮件、传真、语音邮件、日志、新闻稿等。

- 拉式沟通。拉式沟通用于信息量很大或受众很多的情况，要求接收者自主地访问信息内容。这种方法包括企业内网、电子在线课程、经验教训数据库、知识库等。

2）沟通管理计划

沟通管理计划是项目管理计划的组成部分，描述将如何对项目沟通进行规划、结构化和监控。该计划包括如下信息：

- 干系人的沟通需求。
- 需要沟通的信息，包括语言、格式、内容、详细程度。
- 发布信息的原因。
- 发布信息及告知收悉或做出回应的时限和频率。
- 负责沟通相关信息的人员。
- 负责授权保密信息发布的人员。
- 将要接收信息的个人或小组。
- 传递信息的技术或方法，如备忘录、电子邮件或新闻稿等。
- 为沟通活动分配的资源，包括时间和预算。
- 问题升级程序，用于规定下层员工无法解决问题时的上报时限和上报路径。
- 随项目进展，对沟通管理计划进行更新与优化的方法。
- 通用术语表。
- 项目信息流向图、工作流程（兼有授权顺序）、报告清单、会议计划等。
- 沟通制约因素，通常来自特定的法律法规、技术要求和组织政策等。

2. 管理沟通

管理沟通是根据沟通管理计划，生成、收集、分发、储存、检索及最终处置项目信息的过程。本过程的主要作用是促进项目干系人之间实现有效率且有效果的沟通。

图 8-53 描述本过程的输入、工具与技术、输出。

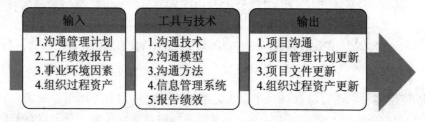

输入	工具与技术	输出
1.沟通管理计划	1.沟通技术	1.项目沟通
2.工作绩效报告	2.沟通模型	2.项目管理计划更新
3.事业环境因素	3.沟通方法	3.项目文件更新
4.组织过程资产	4.信息管理系统	4.组织过程资产更新
	5.报告绩效	

图 8-53　管理沟通：输入、工具与技术、输出

1）报告绩效

报告绩效是指收集和发布绩效信息，包括状况报告、进展测量结果及预测结果。应该定期收集基准数据与实际数据进行对比分析，以便了解项目进展与绩效，并对项目结果做出预测。

报告绩效需要向每位受众适度地提供信息，可以是简单的状态报告，也可以是详尽的报告；可以是定期编制的报告，也可以是异常情况报告。简单的状态报告可显示例如"完成百分比"的绩效信息或每个领域（如范围、进度、成本和质量）的状态指示图。较为详尽的报告包括：

- 对过去绩效的分析。
- 项目预测分析，包括时间与成本。
- 风险和问题的当前状态。
- 本报告期完成的工作。
- 下个报告期需要完成的工作。
- 本报告期被批准的变更汇总。
- 需要审查和讨论的其他相关信息。

2）项目沟通

管理沟通过程包括创建、分发、接收、告知收悉和理解信息所需的活动。项目沟通包括（但不限于）绩效报告、可交付成果状态、进度进展情况和已发生的成本。受相关因素的影响，项目沟通变动可能会很大，这些因素包括（但不限于）信息的紧急性和影响、信息传递方法、信息机密程度。

3．控制沟通

控制沟通是在整个项目生命周期中对沟通进行监督和控制的过程，以确保满足项目干系人对信息的需求。本过程的主要作用是随时确保所有参与者之间的信息流动的最优化。

图 8-54 描述本过程的输入、工具与技术、输出。

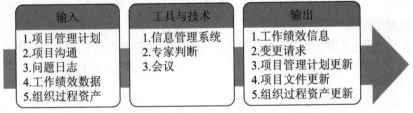

图 8-54　控制沟通：输入、工具与技术、输出

1）项目例会

项目例会由项目经理主持召开，主要议题如下：

（1）项目进展程度调查和汇报；

（2）项目问题的解决；

（3）项目潜在风险的评估；

（4）项目团队人力资源协调。

2）项目总结会议

项目总结会议的目的如下：

（1）了解项目全过程的工作情况以及相关团队或成员的绩效状况；

（2）了解出现的问题并提出改进措施；

（3）了解项目全过程中出现的值得吸取的经验并进行总结；

（4）对总结过后的文档进行讨论，通过后则存入公司的知识库，从而形成公司的知识积累。

8.7.2　项目沟通管理——历年真题

1. 绩效报告一般不包括（　　）方面的内容。

　　A. 项目的进展情况　　　　　　　　B. 成本支出情况

　　C. 项目存在的问题及解决方案　　　D. 干系人沟通需求

2. 关于项目沟通管理计划编制的叙述，不正确的是（　　）。

　　A. 沟通管理计划编制是确定干系人的信息与沟通需求的过程

　　B. 沟通管理计划应描述信息收集和文件归档的结构

　　C. 沟通管理计划中应明确发送信息和重要信息的格式

　　D. 编制沟通计划的最后一步是项目干系人分析

3. 以下关于项目沟通管理的叙述中，不正确的是（　　）。

　　A. 对于大多数项目而言，沟通管理计划应在项目初期就完成

　　B. 基本的项目沟通内容信息可以从项目工作分解结构中获得

　　C. 制定合理的工作分解结构与项目沟通是否充分无关

　　D. 项目的组织结构在很大程度上影响项目的沟通需求

4. 沟通管理计划包括确定项目干系人的信息和沟通需求，在编制沟通计划时，（　　）是沟通计划编制的输入。

　　A. 组织过程资产　　　　　　　　　B. 项目章程

　　C. 沟通需求分析　　　　　　　　　D. 项目范围说明书

参考答案

1	2	3	4
D	D	C	A

8.8　项目干系人管理

8.8.1　项目干系人管理——考点梳理

项目干系人管理包括这些过程：识别能影响项目或受项目影响的全部人员、群体或组织，分析干系人对项目的期望和影响，制定合适的管理策略有效调动干系人参与项目

的决策和执行。干系人管理还关注于干系人的持续沟通，以便了解干系人的需要和期望，解决实际发生的问题，管理利益冲突，促进干系人合理参与项目决策和活动。应该把干系人满意度作为一个关键的项目目标来管理。

1．识别干系人

识别干系人是指识别能影响项目决策、活动或结果的个人、群体和组织，以及被项目决策、活动、结果所影响的个人、群体或组织，并分析和记录他们相关信息的过程。这些信息包括他们的利益、参与度、相互依赖、影响力及对项目成功的潜在影响等。本过程的主要作用是帮助项目经理建立对各个干系人或干系人群体的适度关注。

图 8-55 描述本过程的输入、工具与技术、输出。

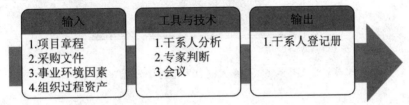

图 8-55　识别干系人：输入、工具与技术、输出

典型的项目干系人包括：客户、用户、高层领导、项目发起人、项目经理、项目团队、社会人员、其他。

1）干系人分析

干系人分析是系统地收集和分析各种定量与定性信息，以确定在整个项目中应该考虑哪些人的利益。通过干系人分析，识别出干系人的利益、期望和影响，并把他们与项目的目标联系起来。干系人分析也有助于了解干系人之间的关系（包括干系人与项目的关系，干系人相互之间的关系），并利用这些关系来建立联盟和伙伴合作，从而提高项目成功的可能性。在项目或阶段的不同时期，应该对干系人之间的关系施加不同的影响。

干系人分析通常应遵循以下步骤：

（1）识别全部潜在项目干系人的相关信息。

（2）分析每个干系人可能的影响，并把他们分类和排序。

（3）评估关键干系人对不同情况可能做出的反应。

有多种分类模型可用于干系人分析：

- 权力/利益方格。根据干系人的职权（权力）大小及对项目结果的关注（利益）程度进行分类。如图 8-56 所示，图中 A～H 代表干系人的位置。
- 权力/影响方格。根据干系人的职权大小及主动参与（影响）项目的程度进行分类。
- 影响/作用方格。根据干系人主动参与（影响）项目的程度及改变项目计划或执行的能力（作用）进行分类。
- 凸显模型。根据干系人的权力（施加自己意愿的能力）、紧急程度和合法性对干系人进行分类。

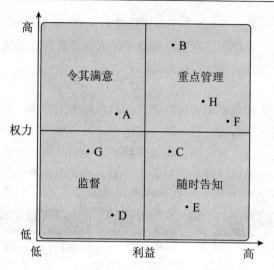

图 8-56　干系人权力/利益方格分析图

2）干系人登记册

干系人登记册是识别干系人过程的主要输出，用于记录已识别的干系人的所有详细信息，包括（但不限于）：

- 基本信息，例如姓名、职位、地点、项目角色、联系方式。
- 评估信息。评估信息包括主要需求、主要期望、对项目的潜在影响、与生命周期的哪个阶段最密切相关。
- 干系人分类。干系人分为内部和外部，包括：支持者、中立者、反对者等。

2. 规划干系人管理

规划干系人管理是基于对干系人需求、利益及对项目成功的潜在影响的分析，制定合适的管理策略，以有效调动干系人参与整个项目生命周期的过程。本过程的主要作用是为项目干系人的互动提供清晰且可操作的计划，以获取项目利益。

图 8-57 描述本过程的输入、工具与技术、输出。

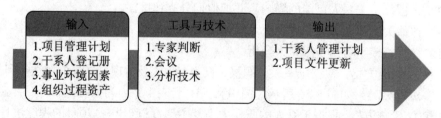

图 8-57　规划干系人管理：输入、工具与技术、输出

1）分析技术

应该比较所有干系人的当前参与程度和计划参与程度（为项目成功所需的），在整

个项目生命周期中，干系人的参与对项目的成功至关重要。

干系人的参与程度可分为如下类别：

- 不知晓。对项目和潜在影响不知晓。
- 抵制。知晓项目和潜在影响，抵制变更。
- 中立。知晓项目，既不支持，也不反对。
- 支持。知晓项目和潜在影响，支持变更。
- 领导。知晓项目和潜在影响，积极致力于保证项目成功。

可在干系人参与评估矩阵中记录干系人的当前参与程度。

2）干系人管理计划

干系人管理计划是项目管理计划的组成部分，为有效调动干系人参与而规定所需的管理策略。

除了干系人登记册中的资料，干系人管理计划通常还包括：

- 关键干系人的参与程度和当前参与程度；
- 干系人变更的范围和影响；
- 干系人之间的相互关系和潜在交叉；
- 项目现阶段的干系人沟通需求；
- 需要分发给干系人的信息，包括语言、格式、内容和详细程度；
- 分发相关信息的理由，以及可能对干系人参与所产生的影响；
- 向干系人分发所需信息的时限和频率；
- 随着项目的进展，更新和优化干系人管理计划的方法。

3．管理干系人参与

管理干系人参与是指在整个项目生命周期中，与干系人进行沟通和协作，以满足其需要与期望，解决实际出现的问题，并促进干系人合理参与项目活动的过程。本过程的主要作用是帮助项目经理加强来自干系人的支持，并把干系人的抵制降到最低，从而显著提高项目成功的机会。

图 8-58 描述本过程的输入、工具与技术、输出。

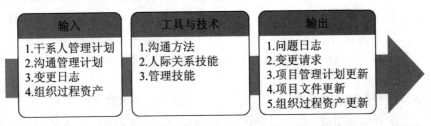

图 8-58　管理干系人参与：输入、工具与技术、输出

管理干系人参与包括以下活动：

- 调动干系人适时参与项目，以获取或确认他们对项目成功的持续承诺。
- 通过协商和沟通保证管理干系人的期望，确保实现项目目标。
- 处理尚未成为问题的干系人关注点，预测干系人在未来可能提出的问题。需要尽早识别和讨论这些关注点，以便评估相关的项目风险。
- 澄清和解决已识别出的问题。

4．控制干系人参与

控制干系人参与是全面监督项目干系人之间的关系，调整策略和计划，以调动干系人参与的过程。本过程的主要作用是随着项目进展和环境变化，维持并提升和改变干系人参与活动的效率和效果。

图 8-59 描述本过程的输入、工具与技术、输出。

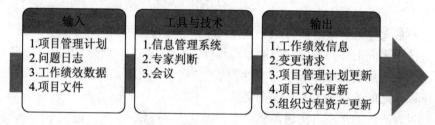

图 8-59　控制干系人参与：输入、工具与技术、输出

8.8.2　项目干系人管理——历年真题

1．管理项目干系人参与过程的主要作用是（　　）。

　　A．限制干系人参与项目　　　　　　　B．鼓励干系人参与项目
　　C．提升干系人对项目支持　　　　　　D．与干系人进行沟通

2．在进行干系人分析时，可使用权力/利益方格的方法，以下叙述中，正确的是（　　）。

　　A．对于权力高、利益低的干系人管理策略是随时汇报、重点关注
　　B．对于权力高、利益高的干系人的管理策略是重点管理、及时报告
　　C．对于权力低、利益高的干系人的管理策略是花较少的经历监督即可
　　D．对于权力低、利益低的干系人的管理策略是可以忽略不计

3．在编制沟通计划时，干系人登记册是沟通计划编制的输入，（　　）不是干系人登记册的内容。

　　A．主要沟通对象　　　　　　　　　　B．关键影响人
　　C．次要沟通对象　　　　　　　　　　D．组织结构与干系人的责任关系

4．在进行项目干系人分析时，经常用到权力/利益分析法，对待属于第 A 区域的项目干系人如图 8-60 所示，应采取的策略是（　　）。

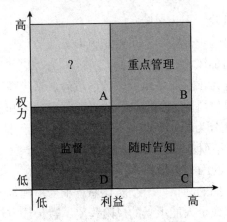

图 8-60　项目干系人分析图

A. 随时告知
C. 花较少的精力

B. 令其满意
D. 争取支持

参考答案

1	2	3	4
C	B	D	B

8.9　项目风险管理

8.9.1　项目风险管理——考点梳理

项目风险管理包括规划风险管理、识别风险、实施风险分析、规划风险应对和控制风险等各个过程。项目风险管理的目标在于提高项目中积极事件的概率和影响，降低项目中消极事件的概率和影响。

项目风险是一种不确定的事件或条件，一旦发生就会对一个或多个项目目标造成积极或消极的影响，如范围、进度、成本和质量。

项目风险源于任何项目中都存在不确定性：

- 已知风险是指已经识别并分析过的风险，可对这些风险规划提出应对措施；对于那些已知但又无法主动管理的风险，要分配一定的应急储备。
- 未知风险无法进行主动管理，因此需要分配一定的管理储备。
- 已发生的消极项目风险被视为问题。

风险分类：

- 按后果分为纯粹风险（不能带来机会）、投机风险。

- 按来源分为自然风险、人为风险。
- 按可管理性分为可管理风险、不可管理风险。
- 按影响范围分为局部风险、总体风险。
- 按后果的承担者分为项目业主风险、政府风险、承包商风险、投资方风险、设计单位风险、监理单位风险、供应商风险、担保方风险和保险公司风险等。
- 按风险的可预测性分为已知风险（概率及影响均可预见）、可预测风险（影响不可预见）、不可预测风险（概率及影响均不可预见）。

影响干系人风险态度的因素包括：

- 风险偏好。为了预期的回报，一个实体愿意承受不确定性的程度。
- 风险承受力。组织或个人能承受的风险程度、数量或容量。
- 风险临界值。干系人特别关注的特定的不确定性程度或影响程度。低于风险临界值，组织会接受风险；高于风险临界值，组织将不能承受风险。

1. 规划风险管理

规划风险管理是定义如何实施项目风险管理活动的过程。本过程的主要作用是，确保风险管理的程度、类型和可见度与风险及项目对组织的重要性相匹配。

图 8-61 描述本过程的输入、工具与技术、输出。

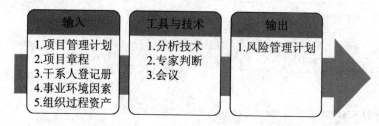

图 8-61　规划风险管理：输入、工具与技术、输出

风险管理计划是项目管理计划的组成部分，描述将如何安排与实施风险管理活动。风险管理计划包括以下内容：

（1）方法论。

确定项目风险管理将使用的方法、工具及数据来源。

（2）角色与职责。

确定风险管理计划中每个活动的领导者和支持者，以及风险管理团队的成员，并明确其职责。

（3）预算。

根据分配的资源估算所需资金，并将其纳入成本基准，制定应急储备和管理储备的使用方案。

（4）时间安排。

确定在项目生命周期中实施风险管理过程的时间和频率，制定进度应急储备的使用方案，确定风险管理活动并纳入项目进度计划中。

（5）风险类别。

规定对潜在风险成因的分类方法。风险分解结构（Risk Breakdown Structure，RBS）是按风险类别排列的一种层级结构，有助于项目团队在识别风险的过程中发现有可能引起风险的多种原因。

（6）风险概率和影响的定义。

（7）概率和影响矩阵。

概率和影响矩阵是把每个风险发生的概率和对项目目标的影响——映射起来的表格，是对风险进行优先排序的典型方法。

（8）修订的干系人承受力。

可在规划风险管理过程中对干系人的承受力进行修订，以适应具体项目的情况。

（9）报告格式。

规定将如何记录、分析和沟通风险管理过程的结果，规定风险登记册及其他风险报告的内容和格式。

（10）跟踪。

规定将如何记录风险活动，促进当前项目的开展，以及将如何审计风险的管理过程。

2．识别风险

识别风险是判断哪些风险可能影响项目并记录其特征的过程。本过程的主要作用是对已有风险进行文档化管理，并为项目团队预测未来事件积累知识和技能。

图 8-62 描述本过程的输入、工具与技术、输出。

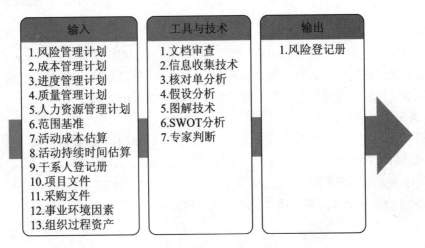

图 8-62　识别风险：输入、工具与技术、输出

1）信息收集技术

可用于风险识别的信息收集技术包括：

- 头脑风暴。

在主持人的引导下，参加者提出各种关于项目风险的主意。头脑风暴可采用畅所欲言的传统自由模式，也可采用结构化的集体访谈方式。可用风险类别（如风险分解结构中的）作为基础框架，然后依风险类别进行识别和分类，并进一步阐明风险的定义。

- 德尔菲技术。

德尔菲技术是组织专家达成一致意见的一种方法，项目风险专家匿名参与其中，组织者使用调查问卷就重要的项目风险征询意见，然后对专家的答卷进行归纳，并把结果反馈给专家做进一步评论。这个过程反复几轮后，可能达成一致意见。德尔菲技术有助于减轻数据的偏倚，防止个人对结果产生不恰当的影响。

- 访谈。

访谈有经验的项目参与者、干系人或相关主题专家，有助于识别风险。

- 根本原因分析。

根本原因分析是发现问题、找到其深层原因并制定预防措施的一种特定技术。

风险图解技术包括因果图、系统和过程流程图、影响图。

2）SWOT 分析

这种技术从项目的每个优势（Strength）、劣势（Weakness）、机会（Opportunity）和威胁（Threat）出发，对项目进行考察，把产生于内部的风险都包括在内，从而更全面地考虑风险。首先，从项目、组织或一般业务范围的角度识别组织的优势和劣势；然后，通过 SWOT 分析再识别出由组织优势带来的各种项目机会，以及由组织劣势引发的各种威胁。这一分析也可用于考察组织优势能够抵消威胁的程度，以及机会可以克服劣势的程度。

3）风险登记册

风险登记册是项目风险管理过程中非常重要的文件，在识别风险后建立，在其他风险管理过程之后进行更新。分析每个风险管理过程之后风险登记册的更新内容，有助于更好地理解各风险管理过程的主要目标和作用，详见图 8-63。

3. 实施定性风险分析

实施定性风险分析是评估并综合分析风险的概率和影响，对风险进行优先排序，从而为后续分析或行动提供基础的过程。本过程主要作用是，降低项目的不确定性级别，并重点关注高优先级的风险。

图 8-64 描述本过程的输入、工具与技术、输出。

风险登记册	是	记录风险分析和应对规划结果的文件		
	识别	已识别风险清单		潜在应对措施清单
	定性分析	每个风险的概率和影响评估	风险评级和分值	风险紧迫性或风险分类
		低概率风险的观察清单		需要进一步分析的风险
	定量分析	项目的概率分析		实现成本和时间目标的概率
		量化风险优先级清单		定量风险分析结果的趋势
	规划应对之后，更新	风险责任人及其职责	商定的应对策略	实施所选应对策略所需要的具体行动
		风险发生的触发条件、征兆和预警信号		应急计划及启动应急计划的触发因素
		实施应对策略所需要的预算和进度活动		实施风险应对措施直接导致的次生风险
		弹回计划，以便在风险发生并且主要应对措施无效时使用		
		在采取预定应对措施之后仍然存在的残余风险，以及已经有意接受的风险		
		根据项目的定量风险分析及组织的风险临界值，计算出来的应急储备		
	控制	风险再评估、风险审计和定期风险审查的结果		项目风险及其应对的实际结果

图 8-63　风险管理各过程之后风险登记册更新的内容

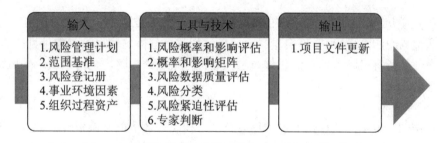

图 8-64　实施定性风险分析：输入、工具与技术、输出

　　概率和影响矩阵用来评估每个风险的重要性和所需的关注优先级，根据概率和影响的各种组合，该矩阵把风险划分为低、中、高风险。

　　组织应该规定怎样的概率和影响组合是高风险、中等风险和低风险。在黑白矩阵里，用不同的灰度表示不同的风险级别，如图 8-65 所示。通常，在项目开始之前组织就要制定风险评级规则，并将其纳入组织过程资产。在规划风险管理过程中，应该把风险评级规则裁剪成适合的具体项目。

4．实施定量风险分析

　　实施定量风险分析是就已识别风险对项目整体目标的影响进行定量分析的过程。本过程的主要作用是：产生量化风险信息来支持决策制定，降低项目的不确定性。

　　图 8-66 描述本过程的输入、工具与技术、输出。

概率	威胁					机会				
0.90	0.05	0.09	0.18	0.36	0.72	0.72	0.36	0.18	0.09	0.05
0.70	0.04	0.07	0.14	0.28	0.56	0.56	0.28	0.14	0.07	0.04
0.50	0.03	0.05	0.10	0.20	0.40	0.40	0.20	0.10	0.05	0.03
0.30	0.02	0.03	0.06	0.12	0.24	0.24	0.12	0.06	0.03	0.02
0.10	0.01	0.01	0.02	0.04	0.08	0.08	0.04	0.02	0.01	0.01
	0.05/非常低	0.10/低	0.20/中等	0.40/高	0.80/非常高	0.80/非常高	0.40/高	0.20/中等	0.10/低	0.05/非常低

图 8-65 概率和影响矩阵

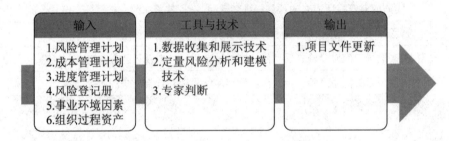

图 8-66 实施定量风险分析：输入、工具与技术、输出

实施定量风险分析的对象是在定性风险分析过程中被确定为对项目的竞争性需求存在潜在重大影响的风险。实施定量风险分析过程就是分析这些风险对项目目标的影响，主要用来评估所有风险对项目的总体影响。在进行定量分析时，也可以对单个风险分配优先级数值。

1）概率分布

在建模和模拟中广泛使用的连续概率分布，代表着数值的不确定性，如进度活动的持续时间和项目组成部分的成本的不确定性。不连续分布用于表示不确定性事件，如测试结果或决策树的某种可能情景等。

2）敏感性分析

敏感性分析有助于确定哪些风险对项目具有最大的潜在影响，它有助于理解项目目标的变化与各种不确定因素变化之间存在怎样的关联，其把其他不确定因素固定在基准值，考察每个因素的变化会对目标产生多大程度的影响。敏感性分析的典型表现形式是龙卷风图。

3）预期货币价值（EMV）

预期货币价值分析是当某些情况在未来可能发生或不发生时，计算平均结果的一种统计方法（不确定性下的分析）。EMV 是建立在风险中立的假设之上的，既不避险又不冒险。把每个可能结果的数值与其发生的概率相乘，再把所有乘积相加，就可以计算出项目的 EMV，这种技术经常在决策树分析中使用（见图 8-67）。

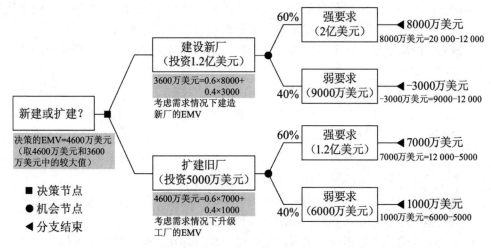

图 8-67　决策树分析示例

4）建模和模拟

项目模拟旨在使用一个模型，计算项目各细节方面的不确定性对项目目标的潜在影响。模拟通常采用蒙特卡洛技术，在模拟中，要利用项目模型进行多次（反复）计算，每次计算时，都从这些变量的概率分布中随机抽取数值（如成本估算或活动持续时间）作为输入。通过多次计算，得出一个概率分布直方图（如总成本或完成日期）。对于成本风险分析，需要使用成本估算进行模拟；对于进度风险分析，需要使用进度网络图和持续时间估算进行模拟。

5．规划风险应对

规划风险应对是针对项目目标，制定提高机会、降低威胁的方案和措施的过程。本过程的主要作用是根据风险的优先级来制定应对措施，并把风险应对所需的资源和活动加进项目的预算、进度计划和项目管理计划中。

图 8-68 描述本过程的输入、工具与技术、输出。

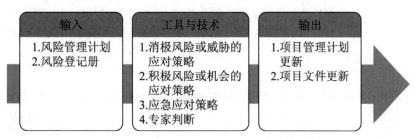

图 8-68　规划风险应对：输入、工具与技术、输出

1）消极风险或威胁的应对策略

要根据风险的发生概率和对项目总体目标的影响选择不同的策略，规避和减轻策略通常适用于高影响的严重威胁，而转移和接受则更适用于低影响的不严重威胁。

- 规避。风险规避是指项目团队采取行动来消除威胁或保护项目免受风险影响的风险应对策略。
- 转移。风险转移是指项目团队把威胁造成的影响连同应对责任一起转移给第三方的风险应对策略。转移风险是把风险管理责任简单地推给另一方，而并非消除风险，采用风险转移策略，需要向风险承担者支付风险费用。风险转移策略对处理风险的财务结果最有效，在很多情况下，成本补偿合同可把成本风险转移给买方，而总价合同则可把风险转移给卖方。
- 减轻。风险减轻是指项目团队采取行动降低风险发生的概率。它意味着把不利风险的概率或影响降低到可接受的临界值范围内。
- 接受。风险接受是指项目团队决定接受风险的存在，而不采取任何措施（除非风险真的发生）的风险应对策略。该策略表明，项目团队已决定不为处理某风险而变更项目管理计划，或者无法找到其他的合理应对策略。最常见的主动接受策略是建立应急储备，安排一定的时间、资金和资源来应对风险。

2）积极风险或机会的应对策略

积极风险或机会的应对策略包括开拓、分享、提高和接受这4个过程：

- 开拓。如果组织想要确保机会得以实现，就要对风险采取本策略。本策略旨在消除与某个特定积极风险相关的不确定性，确保机会出现。
- 分享。分享积极风险是指把应对机会的部分或全部责任分配给最能为项目利益抓住机会的第三方。
- 提高。本策略旨在提高机会的发生概率和提升积极影响，识别那些可影响积极风险发生的关键因素，并使这些因素最大化以提高机会发生的概率。
- 接受。接受机会是指当机会发生时乐于利用，但不主动追求机会。

3）应急应对策略

应急应对策略即只有在某些预定条件发生时才能实施的应对计划。如果风险的发生有充分的预警信号，则应该制定应急应对策略。采用这一技术制订的风险应对方案，通常称为应急计划或弹回计划，其中包括已识别的、用于启动计划的触发事件。

6. 控制风险

控制风险是在整个项目中实施风险应对计划、跟踪已识别风险、监督残余风险、识别新风险，以及评估风险过程有效性的过程。本过程的主要作用是在整个项目生命周期中提高应对风险的效率，不断优化风险应对策略。

图8-69描述本过程的输入、工具与技术、输出。

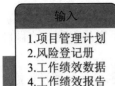

输入	工具与技术	输出
1.项目管理计划	1.风险再评估	1.工作绩效信息
2.风险登记册	2.风险审计	2.变更请求
3.工作绩效数据	3.偏差和趋势分析	3.项目管理计划更新
4.工作绩效报告	4.技术绩效测量	4.项目文件更新
	5.储备分析	5.组织过程资产更新
	6.会议	

图 8-69　控制风险：输入、工具与技术、输出

控制风险应该在项目生命周期中，实施风险登记册中所列出的风险应对措施，还应该持续监督项目工作以便发现新风险、风险变化和过时风险。

控制风险过程需要基于项目执行中生成的绩效数据，采用例如偏差和趋势分析的各种技术。控制风险过程的目的在于确定：

- 项目假设条件是否仍然成立；
- 某个已评估过的风险是否已发生变化或消失；
- 风险管理政策和程序是否已得到遵守；
- 根据当前的风险评估，是否需要调整成本或进度应急储备。

控制风险会涉及选择替代策略、实施应急和弹回计划、采取纠正措施，以及修订项目管理计划。风险应对责任人应定期向项目经理汇报计划的有效性、未曾预料到的后果，以及为合理应对风险而需要采取的纠正措施。

1）风险审计

风险审计是检查并记录风险应对措施在处理已识别风险及其根源方面的有效性，以及风险管理过程的有效性。项目经理要确保按项目风险管理计划所规定的频率实施风险审计，既可以在日常的项目审查会中进行风险审计，又可单独召开风险审计会议。在实施审计前，要明确定义审计的格式和目标。

2）储备分析

储备分析是指在项目的任何时控点比较剩余应急储备与剩余风险量，从而确定剩余储备是否仍然合理。

8.9.2　项目风险管理——历年真题

1. 风险可以从不同角度、根据不同的标准来进行分类。百年不遇的暴雨属于（　　）。
  A．不可预测风险　　　　　　　　B．可预测风险
  C．已知风险　　　　　　　　　　D．技术风险

2.（　　）提供了一种结构化方法以便使风险识别的过程系统化、全面化，使组织能够在统一的框架下进行风险识别，提高组织风险识别的质量。
  A．帕累托图　　　B．检查表　　　　C．风险类别　　　D．概率影响矩阵

3．以下关于信息系统项目风险的叙述中，不正确的是（　　　）。

　　A．信息系统项目风险是一种不确定性或条件，一旦发生，会对项目目标产生积极或消极的影响

　　B．信息系统项目风险既包括对项目目标的威胁，也包括对项目目标的机会

　　C．具有不确定性的事件是信息系统项目风险定义的充分条件

　　D．信息系统项目的已知风险是那些已经经过识别和分析的风险，其后果也可以预见

4．公司任命小李作为项目 A 的项目经理，由于小李不能计划所有不可预测事件，它设立了一个应急储备，包括处理已知或未知风险的时间、资金或资源。这属于（　　　）。

　　A．风险回避，用应急储备避免风险的发生

　　B．风险接受，用应急储备接受风险的发生

　　C．风险转移，因为应急储备使项目成本提高

　　D．不当风险规划，应识别并考虑所有风险

5．图 8-70 是一个选择出行路线的"决策树图"，统计路线 1 和路线 2 堵车和不堵车的用时和其发生的概率（P），计算出路线 1 和路线 2 的加权平均用时，按照计算结果选择出行路线，以下结论中正确的是（　　　）。

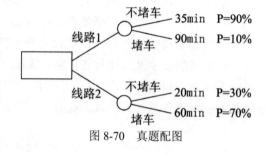

图 8-70　真题配图

　　A．路线 1 的加权平均用时为 40.5 min，路线 2 的加权平均用时为 48 min，因此选择路线 1

　　B．路线 1 的加权平均用时为 62.5 min，路线 2 的加权平均用时为 40 min，因此选择路线 2

　　C．路线 1 的加权平均用时为 40.5 min，路线 2 的加权平均用时为 44 min，因此选择路线 1

　　D．由于路线 2 堵车和不堵车时间都比路线 1 短，因此选择路线 2

参考答案

1	2	3	4	5
A	C	C	B	A

第 5 题分析：

路线 1=35×0.9+90×0.1=40.5min；路线 2=20×0.3+60×0.7=48min。

8.10 项目采购管理

8.10.1 项目采购管理——考点梳理

项目采购管理包括从项目团队外部采购或获得的所需产品、服务、成果的各个过程。

项目采购管理包括合同管理和变更控制过程，通过这些过程编制合同和订购单，并由具备相应权限的项目团队成员签发，然后再对合同和订购单进行管理。

1. 规划采购管理

规划采购管理是记录项目采购决策、明确采购方法、识别潜在卖方的过程。本过程的主要作用是确定是否需要外部支持，如果需要，则还要决定采购什么、如何采购、采购多少，以及何时采购。

图 8-71 描述本过程的输入、工具与技术、输出。

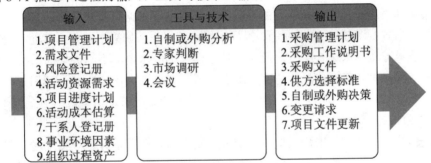

图 8-71 规划采购管理：输入、工具与技术、输出

1）合同类型

组织使用的各种合同协议类型也会影响规划采购管理过程中的决策。

通常可把合同分成两大类即总价类和成本补偿类合同，还有第三种常用的混合类即工料合同。这三类合同的定义、特点、适用场景如图 8-72 所示。

合同类型	合同特点及适用场景		
总价合同	为既定产品、服务或成果的采购设定一个总价。可以规定财务奖励条款		
	买方需要准确定义拟采购的产品或服务。可能允许范围变更，通常会导致合同价格提高		
	固定总价合同（FFP）	总价加激励费用合同（FPIF）	总价加经济价格调整合同（FP-EPA）
工料合同	在不能很快编写出准确工作说明书的情况下，经常使用工料合同		
	增加人员、聘请专家和寻求其他外部支持	兼具成本补偿合同和总价合同的某些特点	
成本补偿合同	向卖方支付为完成工作而发生的全部合法实际成本，外加一笔费用作为卖方的利润		
	如果工作范围在开始时无法准确定义，或者如果项目工作存在较高的风险就可采用		
	成本加固定费用合同（CPFF）	成本加激励费用合同（CPIF）	成本加奖励费用合同（CPAF）

图 8-72 总价合同、工料合同与成本合同

2）自制或外购分析

自制或外购分析是一种通用的管理技术，用来确定某项工作应由项目团队自行完成，还是应该从外部采购。有时，虽然项目组织内部具备相应的能力，但由于相关资源正在从事其他项目，为满足进度要求也需要从组织外部进行采购。

3）采购管理计划

采购管理计划是项目管理计划的组成部分，说明项目团队将如何从执行组织外部获取货物和服务，以及如何管理从编制采购文件到合同收尾的各个采购过程。

4）采购工作说明书

依据项目范围基准，为每次采购编制工作说明书（SOW），对将要包含在相关合同中的那一部分项目范围进行定义。采购 SOW 应该详细描述拟采购的产品、服务或成果，以便替潜在卖方确定他们是否有能力提供这些产品、服务或成果。工作说明书中可包括规格、数量、质量、性能参数、履约期限、工作地点和其他需求。

5）采购文件

采购文件是用于征求潜在卖方的建议书，如果主要依据价格来选择卖方（如购买商业或标准产品时），通常就使用标书、投标或报价等术语；如果主要依据其他考虑（如技术能力或技术方法）来选择卖方，通常就使用建议书的术语。不同类型的采购文件有不同的常用名称，可能包括信息邀请书（RFI）、投标邀标书（IFB）、建议邀请书（RFP）、报价邀请书（RFQ）、投标通知、谈判邀请书及卖方初始应答邀请书。

6）供方选择标准

供方选择标准通常是采购文件的一部分，制定这些标准是为了对卖方建议书进行评级或打分。一般的供方选择标准包括：对需求的理解，总成本或生命周期成本，技术能力，风险，管理方法，技术方案，担保，财务实力，生产能力和兴趣，企业规模和类型，卖方以往的业绩，证明文件，知识产权，所有权。

2. 实施采购

实施采购是获取卖方应答、选择卖方并授予合同的过程。本过程的主要作用是通过达成协议，使内部和外部干系人的期望达成一致。

图 8-73 描述本过程的输入、工具与技术、输出。

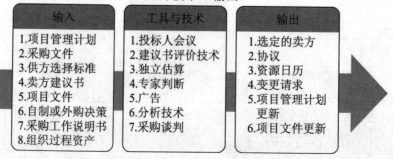

图 8-73　实施采购：输入、工具与技术、输出

1）投标人会议

投标人会议（又称承包商会议、供货商会议、投标前会议）就是在投标书或建议书提交之前，在买方和所有潜在卖方之间召开的会议。会议的目的是保证所有潜在卖方对采购要求都有清楚且一致的理解，确保没有任何投标人会得到特别优待。为公平起见，买方必须尽力确保每个潜在卖方都能听到其他卖方所提出的问题和买方所做出的每个回答。供应商可以运用相关技术来保证公平待遇，例如在召开会议之前就收集投标人的问题或安排投标人考察现场。供应商要把对问题的回答，以修正案的形式纳入采购文件中。

2）独立估算

对于许多采购项目，采购组织可以自行编制独立估算或邀请外部专业估算师做出成本估算，并将此作为标杆，用来与潜在卖方的应答做比较。如果两者之间存在明显差异，则可能表明采购工作说明书存在缺陷或内容不明确，以及潜在卖方误解或未能完全理解采购工作说明书。

3）采购谈判

采购谈判是指在合同签署之前，对合同的结构、要求及其他条款加以澄清，以取得一致意见。

对于复杂的采购，合同谈判可以是一个独立的过程，有自己的输入（例如各种问题或待解决事项清单）和输出（如记录下来的决定）。

3．控制采购

控制采购是管理采购关系、监督合同执行情况，并根据需要实施变更和采取纠正措施的过程。本过程的主要作用是确保买卖双方履行法律协议，满足采购需求。

图 8-74 描述本过程的输入、工具与技术、输出。

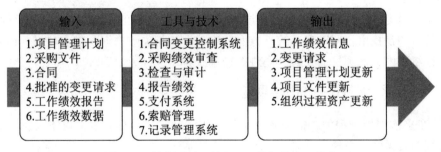

输入	工具与技术	输出
1.项目管理计划	1.合同变更控制系统	1.工作绩效信息
2.采购文件	2.采购绩效审查	2.变更请求
3.合同	3.检查与审计	3.项目管理计划更新
4.批准的变更请求	4.报告绩效	4.项目文件更新
5.工作绩效报告	5.支付系统	5.组织过程资产更新
6.工作绩效数据	6.索赔管理	
	7.记录管理系统	

图 8-74　控制采购：输入、工具与技术、输出

1）采购绩效审查

采购绩效审查是一种结构化的审查，依据合同来审查卖方在规定的成本和进度内完成项目内容、达到质量要求的情况。其包括对卖方所编文件的审查、买方开展的检查，以及在卖方实施工作期间进行的质量审计。

2）检查与审计

在项目执行过程中，应该根据合同规定，由买方开展相关的检查与审计，卖方应对此提供支持。通过检查与审计，验证卖方的工作过程或可交付成果对合同的遵守程度。

4．结束采购

结束采购是完结单次项目采购的过程。本过程的主要作用是把合同和相关文件归档以备将来参考。

图 8-75 描述本过程的输入、工具与技术、输出。

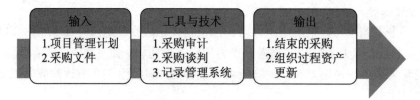

图 8-75　结束采购：输入、工具与技术、输出

1）合同提前终止

合同提前终止是结束采购的一个特例，合同可由双方协商一致而提前终止，或因一方违约而提前终止、或为买方的便利而提前终止（如果合同中有这种规定）。合同终止条款规定了双方对提前终止合同的权力和责任，根据这些条款，买方可能有权因各种原因或仅为自己的便利而随时终止整个合同或合同的某个部分。但是根据这些条款，买方应该对卖方为该合同或该部分合同所做的准备工作给予补偿，就该合同或该部分合同中已经完成和验收的工作支付报酬。

2）采购审计

采购审计是指对从规划采购管理过程到控制采购过程的所有采购过程进行结构化审查，其目的是找出合同准备或管理方面的成功经验与失败教训，供本项目其他采购合同或执行组织内其他项目的采购合同进行借鉴。

8.10.2　项目采购管理——历年真题

1．在采购规划过程中，需要考虑组织过程资产等一系列因素，以下（　　）不属于采购规划时需要考虑的。

　　A．项目管理计划　　　　　　　　B．风险登记册

　　C．采购工作说明书　　　　　　　D．干系人登记册

2．在编制项目采购计划时，根据采购类型的不同需要不同类型的合同来配合，（　　）包括支付给卖方的实际成本，加上一些通常作为卖方利润的费用。

　　A．固定总价合同　　　　　　　　B．成本补偿合同

　　C．工时和材料合同　　　　　　　D．单价合同

3．实施采购过程中往往需要综合采用多种办法来保证采购能够顺利进行。（　　）不属于实施采购过程中需要用到的方法和技术。

　　A．投标人会议　　　　　　　　B．自制/外购分析

　　C．独立估算　　　　　　　　　D．采购谈判

4．某承建单位准备把机房项目中的消防系统工程分包出去，并准备了详细的设计图纸和各项说明。该项目工程包括：火灾自动报警、广播、火灾早期报警灭火等。为使总体成本可控，该分包合同宜采用（　　）方式。

　　A．单价合同　　　　　　　　　B．成本加酬金合同

　　C．总价合同　　　　　　　　　D．委托合同

参考答案

1	2	3	4
C	B	B	C

第9章 项目管理辅助知识

9.1 项目立项管理

9.1.1 项目立项管理——考点梳理

1. 立项管理内容

项目立项包括提交项目建议书、项目可行性研究、项目招标与投标等内容。

1）项目建议书

项目建议书（又称立项申请）是项目建设单位向上级主管部门提交项目申请时所必须的文件，它是该项目建设筹建单位或项目法人根据国民经济的发展、国家和地方中长期规划、产业政策、生产力布局、国内外市场、所在地的内外部条件、本单位的发展战略等提出的某一具体项目的建议文件，项目建议书是对拟建项目提出的框架性的总体设想。

项目建议书应该包括的核心内容如下：

（1）项目的必要性。

（2）项目的市场预测。

（3）产品方案或服务的市场预测。

（4）项目建设必须的条件。

2）项目可行性研究

可行性研究具有预见性、公正性、可靠性、科学性的特点。

可行性研究内容一般包括以下内容：

（1）投资必要性。

主要根据市场调查及预测的结果，以及有关的产业政策等因素论证项目投资建设的必要性。

（2）技术的可行性。

主要从串项目实施的技术角度，合理设计技术方案并进行比较、选择和评价。

（3）财务可行性。

主要从项目及投资者的角度，设计合理财务方案，从企业理财的角度进行资本预算，评价项目的财务盈利能力进行投资决策，并从融资主体（企业）的角度评价股东投资收益、现金流量计划及债务偿还能力。

（4）组织可行性。

制订合理的项目实施进度计划、设计合理的组织机构、选择经验丰富的管理人员、建立良好的协作关系、制订合适的培训计划等，保证项目顺利执行。

（5）经济可行性。

主要是从资源配置的角度衡量项目的价值，评价项目在实现区域经济发展目标、有效配置经济资源、增加供应、创造就业、改善环境、提高人民生活等方面的效益。

（6）社会可行性。

主要分析项目对社会的影响，包括政治体制、方针政策、经济结构、法律道德、宗教民族、妇女儿童及社会稳定性等。

（7）风险因素及对策。

主要是对项目的市场风险、技术风险、财务风险、组织风险、法律风险、经济及社会风险等因素进行评价，制定规避风险的对策，为项目全过程的风险管理提供依据。

3）项目招投标

（1）招标

招标是在一定范围内公开货物、工程和服务采购的条件及要求，邀请众多投标人参加投标，并按照规定程序从中选择交易对象的一种市场交易行为。

招标有公开招标、邀请招标和议标等。

公开招标是指招标人以招标公告的方式邀请不特定的法人或者其他组织投标。

邀请招标是指招标人以投标邀请书的方式邀请特定的法人或者其他组织投标。

招标代理：招标人有权自行选择招标代理机构，委托其办理招标事宜。招标代理机构是依法设立从事招标代理业务并提供服务的社会中介组织。任何单位和个人不得以任何方式为招标人指定招标代理机构。

（2）投标

投标活动流程如下。

① 编制标书。

投标书实质上是一项有效期至规定开标日期为止的要约，内容必须十分明确，中标后与招标人签订合同的重要内容应全部列入，且在有效期内不得撤回标书、变更标书报价或对标书内容作实质性修改。

《招标投标法》第二十八条规定：投标人应当在招标文件要求提交投标文件的截止时间前，将投标文件送达投标地点。招标人收到投标文件后，应当签收保存，不得开启。投标人少于三个的，招标人应当依照本法重新招标。在招标文件要求提交投标文件的截止时间后送达的投标文件，招标人应当拒收。

② 递交标书。

投标人必须按照招标文件规定的地点、在规定的时间内送达投标文件。投递投标书的方式最好是直接送达或委托代理人送达，以便获得招标机构已收到投标书的回执。

如果是以邮寄方式送达的，投标人必须留出邮寄时间，保证投标文件能够在截止日期之前送达招标人指定的地点而不是以"邮戳为准"。在截止时间后送达的投标文件，即已经过了招标有效期的，招标人应当原封退回，不得进入开标阶段。

③ 标书的签收。

招标人收到标书以后应当签收，不得开启。为了保护投标人的合法权益，招标人必须履行完备的签收、登记和备案手续。要记录投标文件递交的日期和地点以及密封状况时，签收人签名后应将所有递交的投标文件放置在保密安全的地方，任何人不得开启投标文件。

（3）评标

评标由评标委员会负责。评标委员会由具有高级职称或同等专业水平的技术、经济等相关领域专家、招标人和招标机构代表等 5 人以上单数组成，其中技术、经济等方面专家人数不得少于成员总数的 2/3。

采用最低价评标法评标的，在商务、技术条款均满足招标文件要求时，评标价格最低者为推荐中标人；采用综合评价法评标的，综合得分最高者为推荐中标人。

（4）选定项目承建方

中标人的投标应当符合下列条件之一。

① 能最大限度地满足招标文件中规定的各项综合评价标准。

② 能满足招标文件的实质性要求，并且经评审的投标价格最低，但是投标价格低于成本的除外。

中标人确定后，招标人应当向中标人发出中标通知书，并同时将中标结果通知所有未中标的投标人。中标通知书对招标人和中标人具有法律效力。

招标人和中标入应当自中标通知书发出之日起 30 日内，按照招标文件和中标人的投标文件订立书面合同，招标人和中标人不得再订立背离合同实质性内容的其他协议。依法必须进行招标的项目，招标人应当自确定中标人之日起 15 天内，向有关行政监督部门提交招标投标情况的书面报告。

2. 可行性研究

1）可行性研究的步骤

一般地，可行性研究分为初步可行性研究、详细可行性研究、可行性研究报告三个基本的阶段，可以归纳成几个基本步骤：

（1）确定项目规模和目标。

（2）研究正在运行的系统。

（3）建立新系统的逻辑模型。

（4）导出和评价各种方案。

（5）推荐可行性方案。

（6）编写可行性研究报告。

（7）递交可行性研究报告。

2）初步可行性研究

初步可行性研究能够回答下面的一些问题：

（1）项目进行投资建设的必要性。

（2）项目建设的周期。

（3）项目需要的人力、财力资源。

（4）项目的功能和目标是否可以实现。

（5）项目的经济效益、社会效益是否可以保证。

（6）项目从经济上、技术上是否合理。

初步项目可行性研究的内容与详细的项目可行性研究基本相同，主要包括以下内容：市场情况、信息系统设计开发能力、配件、网络物理布局、技术和设备选择、网络安装工程、企业管理费、人力资源、项目实施及经济评价。

辅助（功能）研究包括项目的一个或几个方面，但不是所有方面，并且只能作为初步项目可行性研究、项目可行性研究和大规模投资建议的前提条件或辅助。

3）详细可行性研究

机会研究、初步可行性研究、详细可行性研究、评估与决策是投资前时期的四个阶段。在实际工作中，前三个阶段依项目的规模和繁简程度可把前两个阶段省略或合二为一，但详细可行性研究是不可缺少的。

详细可行性研究的方法包含：

（1）投资估算法（指数估算法、因子估算法、单位能力投资估算法）。

（2）增量净效益法（有无比较法）。

详细可行性研究的内容很多，一般包括：

（1）概述。

（2）需求确定。

（3）现有资源、设施情况分析。

（4）设计（初步）技术方案。

（5）项目实施进度计划建议。

（6）投资估算和资金筹措计划。

（7）项目组织、人力资源、技术培训计划。

（8）经济和社会效益分析（效果评价）。

（9）合作/协作方式。

3. 项目评估与论证

1）项目论证

"先论证，后决策"是现代项目管理的基本原则，项目论证是指对拟实施项目技术上的先进性、适用性，经济上的合理性、盈利性，实施上的可能性、风险性进行全面科学的综合分析，为项目决策提供客观依据的一种技术经济研究活动。

项目前评价的作用主要体现在以下几个方面：

（1）项目论证是确定项目是否实施的依据。

（2）项目论证是筹措资金、向银行贷款的依据。

（3）项目论证是编制计划、设计、采购、施工以及机构设备、资源配置的依据。

（4）项目论证是防范风险、提高项目效率的重要保证。

项目论证的一般程序包括：

（1）明确项目范围和业主目标。

（2）收集并分析相关资料。

（3）拟定多种可行的能够相互替代的实施方案。

（4）多方案分析、比较。

（5）选择最优方案进一步详细全面地论证。

（6）编制项目论证报告、环境影响报告书和采购方式审批报告。

（7）编制资金筹措计划和项目实施进度计划。

2）项目评估

项目评估指在项目可行性研究的基础上，由第三方（国家、银行或有关机构）根据国家颁布的政策、法规、方法、参数和条例等，从项目（或企业）、国民经济、社会角度出发，对拟建项目建设的必要性、建设条件、生产条件、产品市场需求、工程技术、经济效益和社会效益等进行评价、分析和论证，进而判断其是否可行的一个评估过程。

项目评估的依据包括：

（1）项目建议书及其批准文件。

（2）项目可行性研究报告。

（3）报送单位的申请报告及主管部门的初审意见。

（4）有关资源、配件、燃料、水、电、交通、通信、资金（包括外汇）等方面的协议文件。

（5）必需的其他文件和资料。

9.1.2　项目立项管理——历年真题

1. 项目经理小李依据当前技术发展趋势和所掌握的技术能否支撑该项目的开发，进行可行性研究。小李进行的可行性研究属于（　　）。

　　A. 经济可行性分析　　　　　　　B. 技术可行性分析

　　C. 运行环境可行性分析　　　　　D. 其他方面的可行性分析

2. 某系统开发项目邀请第三方进行项目评估，（　　）不是项目评估的依据。

　　A. 项目建议书及其批准文件

　　B. 项目可行性研究报告

C. 报送单位的申请报告及主管部门的初审意见

D. 项目变更管理策略

3. 辅助（功能）研究是项目可行性研究中的一项重要内容。以下叙述中，正确的是（　　）。

A. 辅助（功能）研究只包括项目的某一方面，而不是项目的所有方面

B. 辅助（功能）研究只能针对项目的初步可行性研究内容进行辅助的说明

C. 辅助（功能）研究只涉及项目的非关键部分的研究

D. 辅助（功能）研究的费用与项目可行性研究的费用无关

4. 项目论证是一个连续的过程，一般包括以下几个步骤，正确的执行顺序是（　　）。

①收集并分析相关资料

②明确项目和业主目标

③拟定多种可行的实施方案并分析比较

④选择最优方案进行评审论证

⑤编制资金筹措计划和项目实施进度计划

⑥编制项目论证报告

A. ①②③④⑤⑥　　　　　　　　B. ②①③⑤④⑥

C. ①②③④⑥⑤　　　　　　　　D. ②①③④⑥⑤

5. 确定信息系统集成项目的需求是项目成功实施的保证，项目需求确定属于（　　）的内容。

A. 初步可行性研究　　　　　　　B. 范围说明书

C. 项目范围基准　　　　　　　　D. 详细可行性研究

参考答案

1	2	3	4	5
B	D	A	D	D

9.2　项目合同管理

9.2.1　项目合同管理——考点梳理

1. 合同管理基础概念

合同的类型

1）按项目范围划分

以项目的范围为标准划分，可以分为项目总承包合同、项目单项承包合同和项目分

包合同三类。

订立项目分包合同必须同时满足 5 个条件即：

（1）经过买方认可。

（2）分包的部分必须是项目非主体工作。

（3）只能分包部分项目，而不能转包整个项目。

（4）分包方必须具备相应的资质条件。

（5）分包方不能再次分包。

2）按项目付款方式划分

通常可把合同分成两大类即总价类和成本补偿类合同，还有第三种常用的混合类即工料合同。这三类合同的定义、特点、适用场景如图 9-1 所示。

总价合同	为既定产品、服务或成果的采购设定一个总价，可以规定财务奖励条款		
	买方需要准确定义拟采购的产品或服务；可允许范围变更，通常会导致合同价格提高		
	固定总价合同（FFP）	总价加激励费用合同（FPIF）	总价加经济价格调整合同（FP-EPA）
工料合同	在不能很快编写出准确工作说明书的情况下，经常使用工料合同		
	增加人员、聘请专家和寻求其他外部支持		兼具成本补偿合同和总价合同的某些特点
成本补偿合同	向卖方支付为完成工作而发生的全部合法实际成本，外加一笔费用作为卖方的利润		
	如果工作范围在开始时无法准确定义，如果项目工作存在较高的风险，就可采用		
	成本加固定费用合同（CPFF）	成本加激励费用合同（CPIF）	成本加奖励费用合同（CPAF）

图 9-1　总价合同、工料合同与成本合同

在项目工作中，要根据项目的实际情况和外界条件的约束来选择合同类型。一般情况下，可以按下列经验来进行选择：

- 如果工作范围很明确，且项目的设计已具备详细的细节，则使用总价合同。
- 如果工作性质清楚，但范围不是很清楚，而且工作不复杂，又需要快速签订合同则使用工料合同。
- 如果工作范围尚不清楚，则使用成本补偿合同。
- 如果双方分担风险，则使用工料合同；如果买方承担成本风险，则使用成本补偿合同；如果卖方承担成本风险，则使用总价合同。
- 如果购买标准产品，且数量不大，则使用单边合同。

合同的内容一般包括：

（1）项目名称。

（2）标的的内容和范围。

（3）项目的质量要求。

（4）项目的计划、进度、地点、地域和方式。

（5）项目建设过程中的各种期限。

（6）技术情报和资料的保密。

（7）风险责任的承担。

（8）技术成果的归属。

（9）验收的标准和方法。

（10）价款、报酬（或使用费）及其支付方式。

（11）违约金或损失赔偿的计算方法。

（12）争议解决的方法。

（13）名称术语解释。

（14）附件，可包括相关文档、变更约定、技术支持等。

2．合同管理过程

合同管理包括：合同签订管理、合同履行管理、合同变更管理、合同档案管理、合同违约索赔管理。

为了使合同的签约各方对合同有一致理解，需要加强从谈判到产品验收的项目全生命期管理。

合同的履行管理包括对合同的履行情况进行跟踪管理，主要指对合同当事人按合同规定履行应尽的义务和应尽的职责，并进行检查，及时、合理地处理和解决合同履行过程中出现的问题，包括合同争议、合同违约和合同索赔等事宜。

一般在合同订立之后，引起项目范围、合同有关各方权利责任关系变化的事件，均可以看作是合同变更。一般具备以下条件才可以变更合同：

- 双方当事人协商，并且不因此而损坏国家和社会利益。
- 由于不可抗力导致合同义务不能执行。
- 由于另一方在合同约定的期限内没有履行合同，并且在被允许的推迟履行期限内仍未履行。

合同档案管理（文本管理）是整个合同管理的基础，它作为项目管理的组成部分，是被统一整合为一体的一套具体的过程、相关的控制职能和自动化工具。项目管理团队使用合同档案管理系统对合同文件和文字记录进行管理。合同档案管理还包括正本和副本管理、合同文件格式等内容。在文本格式上，为了限制执行人员随意修改合同，一般要求采用电脑打印文本，手写的旁注和修改等不具有法律效力。

合同索赔是指在项目合同的履行过程中，由于当事人一方未能履行合同所规定的义务而导致另一方遭受损失时，受损失方向过失方提出赔偿的权利要求。

在实际的工作中，既可能出现买方向卖方索赔的情况，又可能出现卖方向买方索赔的情况。在现有的参考资料中，将卖方向买方的索赔称为合同索赔，而将买方向卖方的索赔称为合同反索赔。在本节中，索赔和反索赔统称为合同索赔。

索赔可以从不同的角度、按不同的标准进行分类：

（1）按索赔的目的分类，可分为工期索赔和费用索赔。

（2）按索赔的依据分类，可分为合同规定的索赔、非合同规定的索赔。

（3）按索赔的业务性质分类，可分为工程索赔和商务索赔。

（4）按索赔的处理方式分类，可分为单项索赔和总索赔。

合同索赔流程如下：

（1）提出索赔要求。当出现索赔事项时，索赔方以书面的索赔通知书形式，在索赔事项发生后的 28 天以内，向监理工程师正式提出索赔意向通知。

（2）报送索赔资料。在索赔通知书发出后的 28 天内，向监理工程师提出延长工期和补偿经济损失的索赔报告及有关资料。

（3）监理工程师答复。监理工程师在收到送交的索赔报告有关资料后，在 28 天内给予答复，然后要求索赔方进一步给出索赔理由、补充证据。

（4）监理工程师逾期答复后果。监理工程师在收到承包人送交的索赔报告的有关资料后，28 天未予答复或未对承包人作进一步要求，视为该项索赔已经认可。

（5）持续索赔。当索赔事件持续进行时，索赔方应当阶段性向监理工程师表明索赔意向，在索赔事件终了后 28 天内，向监理工程师送交索赔的有关资料和最终索赔报告，监理工程师应在 28 天内给予答复或要求索赔方进一步补充索赔理由和证据。逾期未答复，视为该项索赔成立。

（6）仲裁与诉讼。当监理工程师对索赔的答复，索赔方或发包人不接受时即进入仲裁或诉讼程序。

9.2.2　项目合同管理——历年真题

1．某系统集成商中标一个县政府办公系统的开发项目，该项目在招标时已经明确确定该项目的经费不超过 150 万元，此项目适合签订（　　）。

    A．工料合同　　　　　　　　　B．成本补偿合同

    C．分包合同　　　　　　　　　D．总价合同

2．某系统集成商中标一个县政府办公系统的开发项目，在合同执行过程中县政府提出在办公系统中增加人员考勤管理的模块，由于范围发生变化，合同管理人员需要协调并重新签订合同，该合同的管理内容属于（　　）。

    A．合同签订管理　　　　　　　B．合同履行管理

    C．合同变更管理　　　　　　　D．合同档案管理

3．以下关于合同管理的叙述中，不正确的是（　　）。

    A．合同管理主要包括合同签订管理、合同履行管理、合同变更管理和合同档案管理

    B．有多重因素会导致合同变更，例如范围变更、成本变更、质量要求的变更甚至人员变更都可能引起合同的变更甚至重新签订

C．公平合理是合同变更的处理原则之一

D．合同一般要求采用计算机打印文本，手写的旁注和修改等同样具有法律效力

4．合同索赔是合同管理的一项重要内容，合同索赔流程的正确步骤是（　　）。

①发出索赔通知书　　　②监理工程师答复　　　③提交索赔材料

④索赔认可　　　　　　⑤提交索赔报告

A．①②③⑤④　　　　　　　　　B．②①③⑤④

C．①③②④⑤　　　　　　　　　D．③②①④⑤

参考答案

1	2	3	4
D	C	D	C

9.3　信息文档管理与配置管理

9.3.1　信息文档管理与配置管理——考点梳理

1．信息系统项目文档及其管理

软件文档一般分为三类：开发文档、产品文档、管理文档。

（1）开发文档描述开发过程本身。

基本的开发文档包括：可行性研究报告和项目任务书、需求规格说明、功能规格说明、设计规格说明（包括程序和数据规格说明）、开发计划、软件集成和测试计划、质量保证计划、安全和测试信息。

（2）产品文档描述开发过程的产物。

基本的产品文档包括培训手册、参考手册和用户指南、软件支持手册、产品手册和信息广告。

（3）管理文档记录项目管理的信息。

例如开发过程的每个阶段的进度和进度变更的记录、软件变更情况的记录、开发团队的职责定义、项目计划和项目阶段报告、配置管理计划。

文档的质量可以分为 4 级：

① 最低限度文档（1 级文档）。其适合开发工作最低为 1 人/月的开发者自用程序。

② 内部文档（2 级文档）。其可用于没有与其他用户共享资源的专用程序。

③ 工作文档（3 级文档）。其适合于由同一单位内若干人联合开发的程序或可被其他单位使用的程序。

④ 正式文档（4 级文档）。其适合那些要正式发行供普遍使用的软件产品。关键性

程序或具有重复管理应用性质（如工资计算）的程序需要 4 级文档，4 级文档遵守 GB/T 8567—2006 的有关规定。

信息系统文档的规范化管理主要体现在文档书写规范、图表编号规则（如图 9-2 所示）、文档目录编写标准和文档管理制度等几个方面。

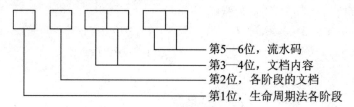

第5—6位，流水码
第3—4位，文档内容
第2位，各阶段的文档
第1位，生命周期法各阶段

图 9-2　图表编号规则

2．配置管理

配置管理包括 6 个主要活动：制订配置管理计划、配置标识、配置控制、配置状态报告、配置审计、发布管理和交付。

1）配置项

GB/T 11457—2006 对配置项的定义为："为配置管理设计的硬件、软件或两者的集合，在配置管理过程中作为一个单个实体来对待。"

在信息系统的开发流程中需加以控制的配置项可以分为基线配置项和非基线配置项两类。例如：基线配置项可能包括所有的设计文档和源程序等；非基线配置项可能包括项目的各类计划和报告等。

所有配置项的操作权限应由 CMO（配置管理员）严格管理，基本原则是：基线配置项向开发人员开放读取的权限；非基线配置项向 PM、CCB 及相关人员开放。

2）配置项状态

配置项的状态可分为"草稿""正式"和"修改"三种。配置项刚建立时，其状态为"草稿"。配置项通过评审后，其状态变为"正式"；此后若更改配置项，则其状态变为"修改"。当配置项修改完毕并重新通过评审时，其状态又变为"正式"，配置项状态变化如图 9-3 所示。

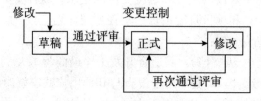

图 9-3　配置项状态变化

3）配置项版本号

（1）处于"草稿"状态的配置项的版本号格式为 0.YZ，YZ 的数字范围为 01～99。随着草稿的修正，YZ 的取值应递增，YZ 的初值和增幅由用户自己把握。

（2）处于"正式"状态的配置项的版本号格式为 X.Y，X 为主版本号，取值范围为 1～9。Y 为次版本号，取值范围为 0～9。配置项第一次成为"正式"文件时，版本号为 1.0。如果配置项升级幅度比较小，则可以将变动部分制作成配置项的附件，附件版本依次为 1.0，1.1。当附件的变动积累到一定程度时，配置项的 Y 值可适量增加，Y 值增加到一定程度时，X 值将适量增加。当配置项升级幅度比较大时，才允许直接增大 X 值。

（3）处于"修改"状态的配置项的版本号格式为 X.YZ。配置项正在修改时，一般只增大 Z 值，X.Y 值保持不变。当配置项修改完毕，状态成为"正式"时，将 Z 值设置为 0，增加 X.Y 值。参见上述规则（2）。

版本管理的目的是按照一定的规则保存配置项的所有版本，避免发生版本丢失或混淆等现象，并且可以快速准确地查找到配置项的任何版本。

4）配置基线

配置基线（简称为基线）由一组配置项组成，这些配置项构成一个相对稳定的逻辑实体。基线中的配置项被"冻结"了，不能再被任何人随意修改，对基线的变更必须遵循正式的变更控制程序。

基线通常对应于开发过程中的里程碑，一个产品可以有多个基线，也可以只有一个基线。交付给外部顾客的基线一般称为发行基线，内部开发使用的基线一般称为构造基线。

5）配置库

配置库（Configuration Library）存放配置项并记录与配置项相关的所有信息，它是配置管理的有力工具。

配置库可以分开发库、受控库、产品库 3 种类型。

（1）开发库，也称为动态库、程序员库或工作库，用于保存开发人员当前正在开发的配置实体。动态库是开发人员的个人工作区，由开发人员自行控制，无需对其进行配置控制。

（2）受控库，也称为主库，包含当前的基线加上对基线的变更。受控库中的配置项被置于完全的配置管理之下。当信息系统开发的某个阶段工作结束时，将当前的工作产品存入受控库。

（3）产品库，也称为静态库、发行库、软件仓库，包含已发布使用的各种基线的存档，被置于完全的配置管理之下。在开发的信息系统产品完成系统测试之后，作为最终产品存入产品库内，等待交付用户或现场安装。

配置库的建库模式有两种：

① 按配置项的类型分类建库，适用于通用软件的开发组织。

② 按开发任务建立相应的配置库，适用于专业软件的开发组织。

6）配置管理员

配置管理员（Configuration Management Officer，CMO）负责在整个项目生命周期中进行配置管理活动。

7）配置管理系统

配置管理系统是用来进行配置管理的软件系统，其目的是通过确定配置管理细则和提供规范的配置管理软件，加强信息系统开发过程的质量控制，增强信息系统开发过程的可控性，确保配置项的完备、清晰、一致性和可追踪性，以及配置项状态的可控制性。

8）日程配置管理活动

日程配置管理活动包括：

① 制订配置管理计划。

② 配置标识。

③ 配置控制。

④ 配置状态报告。

⑤ 配置审计。

⑥ 发布管理和交付。

基于配置库的变更控制如图9-4所示。

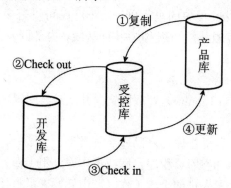

图9-4　基于配置库的变更控制

配置状态报告也称配置状态统计，其任务是有效地记录和报告配置管理所需要的信息，目的是及时、准确地给出配置项的当前状况，供相关人员了解，以加强配置管理工作。

配置审计也称配置审核或配置评价，包括功能配置审计和物理配置审计，分别用以验证当前配置项的一致性和完整性。

3. 文档管理和配置管理工具

（1）常用付费配置管理工具有：Rational ClearCase、Perforce、CA CCC、Havest Merant

PVCS、Microsoft VSS、CVS。

（2）常用的开源免费的软件配置管理工具有：SVN、GIT、CVS。

9.3.2　信息文档管理与配置管理——历年真题

1．以下关于软件版本控制的叙述中，正确的是（　　）。

A．软件开发人员对源文件的修改在配置库中进行

B．受控库用于管理当前基线和控制对基线的变更

C．版本管理与发布由 CCB 执行

D．软件版本升级后，新基线存入产品库且版本号更新，旧版本可删除

2、3．某项目范围基础发生变化，经（1）同意，对需求规格说明书进行变更，则该配置项的状态应从（2）。

（1）A．项目经理　　　　　　　　B．技术负责人

C．配置管理员　　　　　　　D．变更控制委员会

（2）A．"草稿"变迁为"正在修改"

B．"正式发布"变迁为"正在修改"

C．"Check in"变迁为"Check out"

D．"Check out"变迁为"Check in"

4．配置项目版本控制的步骤是（　　）。

①技术评审或领导审批　　　　　②正式发布

③修改处于"草稿"状态的配置项　　④创建配置项

A．①④③②　　　B．③②①④　　　C．④③①②　　　D．④③②①

5．在项目配置项中有基线配置项和非基线配置项，（　　）一般属于非基线配置项。

A．详细设计　　　B．概要设计　　　C．进度计划　　　D．源代码

参考答案

1	2、3		4	5
B	（1）D	（2）B	A	C

9.4　知识管理

9.4.1　知识管理——考点梳理

1．知识的分类

知识可分为两类：显性知识与隐性知识。凡是能以文字与数字来表达，且以资料、科学法则、特定规格及手册等形式展现者皆属显性知识，这种知识随时都可在个人之间

相互传送；隐性知识是相当个人化而富有弹性的知识，因人而异，很难用公式或文字来加以说明，因而也就难以流传或与别人分享，个人主观的洞察力、直觉与预感等皆属隐性知识。

2．知识管理

知识管理主要涉及以下 4 个方面的工作：

（1）自上而下地监测、推动与知识有关的活动。

（2）创造和维护知识基础设施。

（3）更新组织和转化知识资产。

（4）使用知识以提高其价值。

3．学习型组织

学习型组织是一个能熟练地创造、获取和传递知识的组织，同时也要善于修正自身的行为，以适应新的知识和见解。

学习型组织应包括 5 项要素：

（1）建立共同愿景。

（2）团队学习。

（3）改变心智模式。

（4）自我超越。

（5）系统思考。

4．著作权法

著作权法及实施条例的客体是指受保护的作品。

著作权法及实施条例的主体是指著作权关系人，通常包括著作权人和受让者两种。著作权人又称为原始著作权人，其是根据创作的事实进行确认的，依法取得著作权资格的创作、开发者；受让者又称为后继著作权人，是指没有参与创作，通过著作权转移活动而享有著作权的人。

根据著作权法及实施条例的规定，著作权人对作品享有以下五种权利：

（1）发表权。

决定作品是否公之于众的权利。

（2）署名权。

表明作者身份，在作品上署名的权利。

（3）修改权。

修改或授权他人修改作品的权利。

（4）保护作品完整权。

保护作品不受歪曲、篡改的权利。

（5）使用权、使用许可权和获取报酬权、转让权。

它们是以复制、表演、播放、展览、发行、摄制电影、电视、录像，或者改编、翻译、注释和编辑等方式使用作品的权利，以及许可他人以上述方式使用作品，并由此获得报酬的权利。

根据著作权法的相关规定，著作权的保护是有一定期限的，具体规定如下：

（1）著作权属于公民。署名权、修改权、保护作品完整权的保护期没有任何限制，永远受法律保护；发表权、使用权和获得报酬权的保护期为作者终生及其死亡后的 50 年（第 50 年的 12 月 31 日），作者死亡后，著作权依照继承法进行转移。

（2）著作权属于单位。发表权、使用权和获得报酬权的保护期为 50 年（首次发表后的第 50 年的 12 月 31 日），若 50 年内未发表的不予保护，但单位变更、终止后，其著作权由承受其权利义务的单位享有。

当第三方需要使用时，需得到著作权人的使用许可，双方应签订相应的合同。合同中应包括许可使用作品的方式、是否专有使用、许可的范围与时间期限、报酬标准与方法，以及违约责任等。若合同未明确许可的权力，需再次经著作权人许可。合同的有效期限不超过 10 年，期满时可以续签。

在下列情况下使用作品，可以不经著作权人许可、不向其支付报酬，但应指明作者姓名、作品名称，不得侵犯其他著作权：

（1）为个人学习、研究或欣赏，使用他人已经发表的作品；为学校课堂教学或科学研究，翻译或者少量复制已经发表的作品，供教学或科研人员使用，但不得出版发行。

（2）为介绍、评论某一个作品或说明某一个问题，在作品中适当引用他人已经发表的作品；为报道时事新闻，在报纸、期刊、广播、电视节目或新闻纪录影片中引用已经发表的作品。

（3）报纸、期刊、广播电台、电视台刊登或播放其他报纸、期刊、广播电台、电视台已经发表的社论、评论员文章；报纸、期刊、广播电台、电视台刊登或者播放在公众集会上发表的讲话，但作者声明不许刊登、播放的除外。

（4）国家机关为执行公务使用已经发表的作品；图书馆、档案馆、纪念馆、博物馆和美术馆等为陈列或保存版本的需要，复制本馆收藏的作品。

（5）免费表演已经发表的作品。

（6）对设置或者陈列在室外公共场所的艺术作品进行临摹、绘画、摄影及录像。

（7）将已经发表的汉族文字作品翻译成少数民族文字在国内出版发行，将已经发表的作品改成盲文出版。

5. 计算机软件保护条例

保护条例的客体是计算机软件，计算机软件是指计算机程序及其相关文档。根据保护条例的规定，受保护的软件必须由开发者独立开发，并且已经固定在某种有形物体上，例如光盘、硬盘、U 盘等。

对于由两个或两个以上的开发者或组织合作者开发的软件，著作权的归属根据合同约定确定。若无合同，则共享著作权；若合作开发的软件可以分割使用，则开发者对自己开发的部分单独享有著作权，可以在不破坏整体著作权的基础上行使。

如果开发者在单位或组织任职期间所开发的软件符合以下条件，则软件著作权应归单位或组织所有：

（1）针对本职工作中明确规定的开发目标所开发的软件。

（2）开发出的软件属于从事本职工作活动的结果。

（3）使用了单位或组织的资金、专用设备、未公开的信息等物质、技术条件，并由单位或组织承担责任的软件。

如果是接受他人委托而进行开发的软件，其著作权的归属应由委托人与受托人签订书面合同约定；如果没有签订合同或合同中未规定的，则其著作权由受托人享有。由国家机关下达任务开发的软件，著作权的归属由项目任务书或合同规定，若未明确规定，其著作权应归任务接受方所有。

6．商标法

商标法应满足以下三个条件：

（1）商标是用在商品或服务上的标记，与商品或服务不能分离，并依附于商品或服务。

（2）商标是区别于他人商品或服务的标志，应具有特别显著性的区别功能，从而便于消费者识别。

（3）商标的构成是一种艺术创造，可以由文字、图形、字母、数字、三维标志和颜色组合，以及由上述要素的组合构成的可视性标志。

注册商标的有效期限为 10 年，自核准注册之日起计算。注册商标有效期满，需要继续使用的应当在期满前 6 个月内申请续展注册；在此期间未能提出申请的，可以给予 6 个月的宽展期。宽展期满仍未提出申请的，注销其注册商标，每次续展注册的有效期为 10 年。

7．专利法

根据《中华人民共和国专利法》的规定，专利法的客体是发明创造，这里的发明创造是指发明、实用新型和外观设计。

我国现行专利法规定的发明专利权保护期限为 20 年，实用新型和外观设计专利权的期限为 10 年，均从申请日开始计算。在保护期内，专利权人应该按时缴纳年费。

9.4.2　知识管理——历年真题

1.（　　）不受《著作权法》保护。
　　①文字作品　　②口述作品　　③音乐、戏剧、曲艺　④摄影作品
　　⑤计算机软件　⑥时事新闻　　⑦通用表格和公式
　　A．②⑥⑦　　　　B．②⑤⑥　　　　C．⑥⑦　　　　　D．③⑤

2．关于知识产权的理解，不正确的是（　　　）。

　　A．知识产权的客体不是有形物，而是知识、信息等抽象物

　　B．知识产权具有地域性，即在本国获得承认和保护的知识产权不具有域外效力

　　C．对于专利权的域外效力，可以依赖国际公约或者双边协定取得

　　D．知识产权具有一定的有效期限，无法永远存在

3．甲乙两人分别独立开发出相同主题的发明，但甲完成在先，乙完成在后。依据专利法规定，（　　　）。

　　A．甲享有专利申请权，乙不享有

　　B．甲不享有专利申请权，乙享有

　　C．甲、乙都享有专利申请权

　　D．甲、乙都不享有专利申请权

参考答案

1	2	3
C	C	C

9.5　项目变更管理

9.5.1　项目变更管理——考点梳理

项目变更的常见原因如下：

- 产品范围（成果）定义的过失或者疏忽。
- 项目范围（工作）定义的过失或者疏忽。
- 增值变更。
- 应对风险的紧急计划或回避计划。
- 项目执行过程与基准要求不一致带来的被动调整。
- 外部事件。

1．项目变更分类

项目变更分类根据变更性质可分为：重大变更、重要变更和一般变更，通过不同审批权限控制。

项目变更根据变更的迫切性可分为：紧急变更、非紧急变更，通过不同变更处理流程进行。

2．变更管理组织结构

1）CCB（项目控制委员会或配置控制委员会）或相关职能的类似组织是项目的所

有者权益代表，负责裁定接受哪些变更。CCB 由项目所涉及的多方人员共同组成，通常包括用户和实施方的决策人员。CCB 是决策机构，不是作业机构。通常 CCB 的工作是通过评审手段来决定项目基准是否能变更，但不提出变更方案。

2）项目经理。项目经理是受业主委托对项目经营过程负责者，其正式权利由项目章程取得，而资源调度的权力通常在基准中明确。基准中不包括的储备资源需经授权人批准后方可使用。项目经理在变更中的作用是响应变更提出者的需求，评估变更对项目的影响及应对方案，将需求由技术要求转化为资源需求供授权人决策。并根据评审结果实施即调整基准，确保反映项目实施情况。

3．变更控制工作程序

（1）提出与接受变更申请。

（2）对变更的初审。

（3）变更方案论证。

（4）项目管理委员会审查。

（5）发出变更通知并组织实施。

（6）变更实施的监控。

（7）变更效果的评估。

（8）判断发生变更后的项目是否已纳入正常轨道。

项目规模小且与其他项目的关联度小时，变更的提出与处理过程可在操作上力求简便、高效，但关于小项目变更仍应注意以下几点：

- 对变更产生的因素施加影响：防止不必要的变更，减少无谓的评估，提高必要变更的通过效率。
- 对变更的确认应当正式化。
- 变更的操作过程应当规范化。

对进度变更的控制，包括：

- 判断项目进度的当前状态。
- 对造成进度变化的因素施加影响。
- 查明进度是否已经改变。
- 在实际变化出现时对其进行管理。

对成本变更的控制，包括：

- 对造成费用基准变更的因素施加影响。
- 确保变更请求获得同意。
- 当变更发生时，管理这些实际的变更。
- 保证潜在的费用超支不超过授权的项目阶段资金和总体资金。
- 监督费用绩效，找出与费用基准的偏差。
- 准确记录所有与费用基准的偏差。

- 防止错误的、不恰当的或未批准的变更被纳入费用或资源使用报告中。
- 就审定的变更，通知利害关系者。
- 采取措施，将预期的费用超支控制在可接受的范围内。

9.5.2　项目变更管理——历年真题

1. 依据变更的重要性分类，变更一般分为（　　）、重要变更和一般变更。

  A. 紧急变更　　　　B. 重大变更　　　　C. 标准变更　　　　D. 特殊变更

2. 在项目变更管理中，变更影响分析一般由（　　）负责。

  A. 变更申请提出者　　　　　　　　B. 变更管理者

  C. 变更控制委员会　　　　　　　　D. 项目经理

3. 项目整体变更控制管理的流程是：变更请求→（　　）。

  A. 同意或否决变更→变更影响评估→执行

  B. 执行变更→变更影响评估→同意或否决变更

  C. 变更影响评估→同意或否决变更→执行

  D. 同意或否决变更→执行→变更影响评估

4. 结合案例，请描述项目变更管理的主要工作程序。（10 分）

参考答案

1	2	3
B	D	C

第 10 章　项目管理高级知识

组织战路是战略规划周期的成果，在此背景下愿景和使命转换成符合组织价值观的战略计划，组织通过制订战略计划来解释如何实现愿景。战略计划被划分成组织的一系列初始方案，这些初始方案可能被编组在既定周期内或要实施的项目组合中，为进一步与组织战略保持一致，项自集通过组织初始方案的选择及授权过程被正式授权。连接项目组合管理与组织战略的目标是建立平衡的、可操作的计划，该计划帮助组织实现其目标，以及平衡组织在执行项目集、项目及其他运营活动过程中资源的使用以实现价值最大化（如图 10-1 所示）。

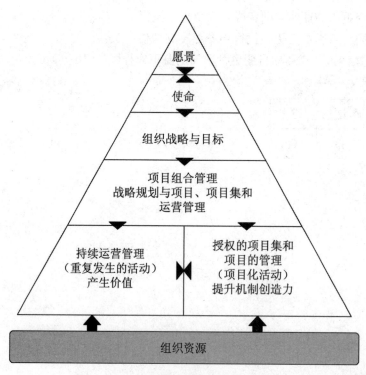

图 10-1　组织内战略与运营过程

组织战略、组织级项目管理、项目组合管理、项目集管理、项目管理之间的关系，如图 10-2 所示。

组织级项目管理（OPM）是一个战略执行框架，利用项目组合、项目集和项目管理及组织运行实践，自始至终地、可预测地交付组织战略，以产生更好的绩效、更好的结果和可持续的优势。		
项目组合、项目集和项目管理均需符合组织战略，或者由组织战略驱动。		
项目组合、项目集和项目管理又以不同的方式服务于战略目标的实现。		
项目组合管理通过选择正确的项目集或项目，对工作进行优先排序，以及提供所需资源，来与组织战略保持一致。	项目集管理对项目集所包含的项目和其他组成部分进行协调，对它们之间的依赖关系进行控制，从而实现既定收益。	项目管理通过制订和实施计划来完成既定的项目范围，为所在项目集或项目组合的目标服务，并最终为组织战略服务。
OPM 把项目、项目集和项目组合管理的原则和实践与组织驱动因素（如组织结构、组织文化、组织技术、人力资源实践）联系起来，从而提升组织能力，支持战略目标。		
组织首先度量其能力，然后规划并执行改进措施，以系统化地达成最佳实践的目标。		

图 10-2　组织战略、组织级项目管理、项目组合、项目集、项目之间的关系

10.1　战略管理——考点梳理

组织战略是组织实施项目组合管理、项目集管理和项目管理的基础，只有从组织战略的高度来思考各个层次项目管理在组织中的位置，才能够理解项目组合管理、项目集管理和项目管理在组织战略实施中的作用。

战略管理是一个组织在一定时期内对其全局性、长远的发展方向、目标、任务和政策，以及对组织资源调配等方面做出的相应决策，以及对这些决策进行跟踪、监督、变更等方面的管理工作。

组织战略的组成因素包括：①战略目标；②战略方针；③战略实施能力；④战略措施。

在将企业战略转化为战略行动的过程中，一般包括 4 个相互联系的阶段：

（1）战略启动阶段。

（2）战略计划实施阶段。

（3）组织战略运作阶段。

（4）组织战略的控制与评估。

10.1.1　组织事业战略类型

基于对组织事业问题解决这一核心问题，可以将组织战略进一步细分为以下 4 种战略类型。

（1）防御者战略。

作为相对成熟行业中的成熟组织，组织内部产品线较窄，同时组织高层也不愿意积

极探索熟知领域以外的机会。除非顾客有紧迫的需要，否则高层不愿意就运作方法和组织的结构做出较大程度和范围的调整。组织努力的方向主要是提高组织的运行效率，扩大或者是继续保持目前的市场占有情况，预防竞争对手对组织原有市场的侵蚀，维持行业内的相对地位。

（2）探索者战略。

该战略主要致力于组织发现和发掘新产品、新技术和新市场，为组织提供的发展机会，组织的核心技能是市场能力和研发能力，它可以拥有较多的技术类型和较长的产品线，同时也可能会面临较大的风险。采取该类战略的组织由于注重创新，能够发起其他组织没有发现或者不敢去尝试的机会，因此通常会成为该产业内其他组织的战略标杆。

（3）分析者战略。

该战略主要是保证组织在规避风险的同时，又能够提供创新产品和服务。分析者战略主要应用于两种市场有效运作的组织类型：一类是在较稳定的环境，另一类是变化较快的环境。前者强调规范化和高效率运作，后者强调关注竞争对手的动态并迅速作出有利的调整。

（4）反应者战略。

该战略主要是指对外部环境缺乏控制、不敏感的组织类型，它既缺乏适应外部竞争的能力，又缺乏有效的内部控制机能。该战略没有一个系统化的战略设计与组织规划，除非迫不得已，组织不会就外部环境的变化作出调整。

10.1.2　战略组织类型

在组织战略实践过程中，组织战略实施可以概括为 5 种不同的类型，分别为：指挥型、变革型、合作型、文化型、增长型。

10.1.3　组织战略层次

一般来说，组织完整的战略包括以下三个层次：

（1）目标层。

（2）方针层。

（3）行为层。

项目组合计划对战略的影响主要体现在以下 6 个方面：

（1）维持项目组合的一致性。

（2）分配财务资源。

（3）分配人力资源。

（4）分配材料或设备资源。

（5）测量项目组合组件绩效。

（6）管理风险。

10.2　组织级项目管理

组织级项目管理（Organizational Project Management，OPM）是指在组织战略的指导下，具体落实组织的战略行动，从业务管理、组织架构、人员配置等多个方面对组织进行项目化的管理。

组织级项目管理主要包括以下三个方面的目的：

（1）指导组织的投资决策和恰当的投资组合，实现组织资源的最优化配置。

（2）提供透明的组织决策机制，使组织项目管理的流程合理化和规范化。

（3）提高实现期望投资回报率的可能性，加强对组织项目管控的系统性和科学性。

组织级项目管理框架由三部分内容组成：最佳实践；组织能力；成果。

10.3　项目组合管理——考点梳理

项目组合是将项目、项目集，以及其他方面的工作内容组合起来进行有效管理，以满足组织的战略性的业务目标。这些组件是可量化的，也就是说可以被度量、排序以及分优先级。

项目组合所包含的组件，如图 10-3 所示。

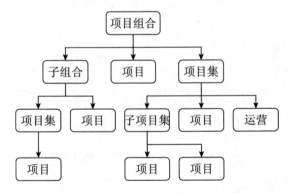

图 10-3　项目组合包含的组件示意图

项目组合中包含的项目既可以位于项目集之内，又可以位于项目集之外。项目组合中的项目集和项目可能没有必然联系，但它们都是组织实现战略时需要关注的管理对象。

项目组合组件包括：项目集管理、项目管理、日常运作管理、项目组合治理。

项目组合管理过程实施主要包括：

（1）评估项目组合管理过程的当前状态。

（2）定义项目组合管理的愿景和计划。

（3）实施项目组合管理过程。

（4）改进项目组合管理过程。

项目组合经理的一般职责为：

（1）总体上指导和监控整个项目组合的执行。

（2）提供日常的项目组合的监督工作。

（3）定期复审项目组合的健康情况和业务发展目标一致性分析。

（4）确保准确收集到组合分析所需的项目组合组件的信息。

10.3.1　项目组合管理过程组

项目组合的过程组有清晰的依赖关系。项目组合经理可重复使用某个过程组，并且过程组内的个别过程优先于项目组合组件授权。一个过程组包括一些项目组合管理过程，它们通过各自的输入、输出联系在一起，一个过程的输出可能是另一个过程的输入。图10-4 显示了分属于三个项目组合过程组和五个项目组合管理知识领域的 16 个项目组合管理过程。

知识领域	过程组		
	定义过程组	调整过程组	控制与授权过程组
项目组和战略管理	制订项目管理战略计划 制定项目组合章程 定义项目组合管理计划	管理战略变更	
项目组和治理管理	制订项目组合管理计划 定义项目组合	优化项目组合	授权项目组合 规定项目组合监督
项目组和绩效管理	制订项目组合绩效管理计划	管理供应与需求 管理项目组合价值	
项目组和沟通管理	制订项目组合沟通管理计划	管理项目组合信息	
项目组和风险管理	制订项目组合风险管理计划	管理项目组合风险	

图 10-4　项目组合管理过程组和知识域

10.3.2　项目组合风险管理

项目组合风险管理重点关注以下三个目标：

（1）项目组合财务价值最大化。

（2）裁剪项目组合，确保项目组合满足组织的战略目标。

（3）在组织给定的能力和实力限制下，对项目组合中的项目集和项目进行平衡。

项目组合风险管理中包含三个关键要素，即风险计划、风险评估以及风险响应。

项目组合风险管理过程主要包含制订项目组合风险管理计划以及管理项目组合风

险两个子过程：

（1）制订项目组合风险管理计划：包括识别项目组合的风险、风险责任人、风险承受能力以及风险管理过程。

（2）管理项目组合风险：执行项目组合风险管理计划，包括风险评估、风险响应以及监督风险。

10.4　项目集管理——考点梳理

PMI 将项目集定义为"经过协调管理以获取单独管理所无法取得的收益的一组相关联的项目、子项目集和项目集活动"。

项目集活动定义为"在项目期间执行的、清晰的、已安排好的工作组成部分"。

组件是在项目集管理范围内用来描述项目集中的一个或多个工作内容。

项目集管理就是在项目集中应用知识、技能、工具和技术来满足项目集的要求，获得分别管理各项目集组件所无法实现的收益和控制。

项目集管理绩效域是互补的，在整个项目集管理工作范围内，这些活动区域、关注或功能可以在某一绩效域中单独体现并区分于其他领域。在所有项目集管理阶段，项目集经理在多个项目集管理绩效域主动执行相关工作。

项目集管理绩效域包括：项目集战略一致性、项目集收益管理、项目集干系人争取、项目集治理和项目集生命周期管理，如图 10-5 所示。

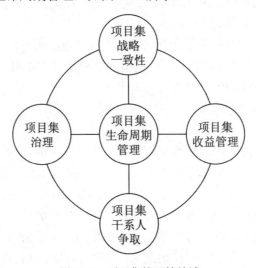

图 10-5　项目集管理绩效域

（1）项目集战略一致性。

识别通过实施项目集来实现组织战略目标的机会和收益。

（2）项目集收益管理。

定义、创造、最大化、交付和维持项目集提供的收益。

（3）项目集干系人争取。

捕捉和了解干系人的需求、期望和需要，分析项目集对干系人的影响，取得和维持干系人支持，管理干系人沟通，减轻和疏通干系人阻力。

（4）项目集治理。

在实施整个项目集期间，为维持项目集管理的监督而建立过程和程序，以及为适用的政策和实践提供决策支持。

（5）项目集生命周期管理。

管理所有与项目集定义、项目集收益交付及项目集收尾（如图 10-6 所示）相关的项目集活动。

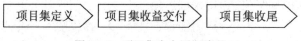

图 10-6　项目集生命周期阶段

10.5　项目管理成熟度模型——考点梳理

项目管理成熟度表达的是一个组织（通常是一个企业）按照预定目标和条件成功地、可靠地实施项目的能力。严格地讲，项目管理成熟度应该指的是项目管理过程的成熟度。

目前成熟度模型总数超过了 30 种，其中，以美国卡内基·梅隆大学软件研究院提出的 CMM 模型、美国项目管理学会从组织级项目管理层面提出的 OPM3、著名项目管理专家 Harold Kerzner 博士提出的项目管理成熟度模型 K-PMMM 和 FM solution 提出的项目管理成熟度模型 FMS-PMMM 等最为有名。

10.5.1　OPM3

PMI 对 OPM3 的定义为：它是评估组织通过管理单个项目和组合项目来实施自己战略目标的能力的一种方法，它还是帮助组织提高市场竞争力的工具。

OPM3 模型是一个三维的模型，第一维是成熟度的四个梯级，第二维是项目管理的十个领域和五个基本过程（见表 8-1），第三维是组织项目级项目管理的三个版图层次。

成熟度的四个梯级分别是：标准化的、可测量的、可控制的、持续改进的。

组织项目级项目管理的三个版图层次为：单项目管理、项目集管理、项目组合管理。

10.5.2　CMMI

能力成熟度模型集成（CMMI）是一套融合多学科的、可扩充的产品集合，其研制的动机是为了利用两个或多个单一学科的模型实现一个组织的集成化过程改进。CMMI可以看作是成功企业如何做好软件的一些习惯、做法、准则等的集合，是如何做好软件的最佳实践的集合。

CMMI 具有连续式与阶段式两种表示法，使用连续式表示法使你能够达成"能力等级"，使用阶段式表示法使你能够达成"成熟度级别"，如表 10-1 所列。

表 10-1　能力等级与成熟度级别的对比

级别	连续式表示法-能力等级	阶段式表示法-成熟度级别
0	不完整级	—
1	已执行级	初始级
2	已管理级	已管理级
3	已定义级	已定义级
4	—	已量化管理级
5	—	持续优化级

10.6　量化的项目管理——考点梳理

量化项目管理（Quantitative Project Management，QPM）的目的在于量化地管理项目，以保证项目已建立的质量，达成过程性能目标。

项目管理知识体系中，涉及到需要量化管理的领域非常多，从事前管理和事后管理的角度来分，可以分为估算和度量两大类。估算是以实际统计调查资料为基础，根据事物的联系及其发展规律，间接地估算和预计有关事物的数量关系和变化前景。而度量则是依据特定的标准，衡量当前的事物与标准之间的差异。

项目度量方法包括：GQM（目标-问题-度量）和 PSM（实用软件度量）。

量化的项目管理工具介绍如下：在项目管理体系中的 WBS、网络图、PERT、挣值分析工具、质量管理工具在量化的项目管理中都可以采用。

统计过程控制（SPC）常用技术包括：控制图、直方图、排列图、散布图、工序能力指数（CPK）、频数分析、描述统计量分析、相关分析、回归分析。

典型的可视化工具：SAS Visual Analytics、The R Project、Tableau Public、iCharts、ECharts。

10.7　流程管理——考点梳理

流程就是做事情的顺序，是一个或一系列连续有规律的行动，这些行动以确定的方式发生和执行，导致特定结果的实现。

由于企业业务流程的整体目标是为顾客创造价值，因此以顾客利益为中心，以员工为中心，以效率和效益为中心是业务流程的核心。

业务流程管理（Business Process Management，BPM）是将生产流程、业务流程、各类行政申请流程、财务审批流程、人事处理流程、质量控制及客服流程等70%以上需要两人以上协作实施的任务全部或部分由计算机处理，并使其简单化、自动化的业务过程。

流程有六个要素，分别是输入、活动、活动之间的相互作用、输出、客户、价值。

企业的流程管理一般分为生产流程层、运作层、计划层和战略层4个层次。

业务流程分析方法：价值链分析法、客户关系分析法、供应链分析法、基于ERP的分析法、业务流程重构。

业务流程分析工具包括：业务流程图、业务活动图示、UML活动图、标杆瞄准、IDEF、DEMO、Petri网、业务流程建模语言。

工作流是一类能够完全或者部分自动执行的业务过程，根据一系列过程规则、文档、信息或任务，在不同的执行者之间传递和执行。

工作流参考模型包含六个基本模块，分别是工作流执行服务、工作流引擎、流程定义工具、客户端应用、调用应用和管理监控工具。

业务流程设计的工具包括三类，分别是图形工具、表格工具和语言工具。其中常见的图形工具包括程序流程图、IPO图、盒图、问题分析图、判定树，表格工具包括判定表，语言工具包括过程设计语言等。

业务流程实施步骤如下：

（1）对现有业务流程进行全面的功能和效率分析，发现存在问题。

（2）设计流程改进方案，并进行评估。

（3）制定与业务流程改造相配套的组织结构、人力资源配置和业务规范等方面的规划，形成系统的业务流程实施方案。

（4）组织实施与持续改善。

业务流程重构（Business Process Reengineering，BPR）是针对企业业务流程的基本问题进行反思，并对它进行彻底的重新设计，令业绩取得显著性的提高。

根本性、彻底性、显著性和流程是BPR强调的四个核心内容。

BPR遵循的原则：①以流程为中心的原则。②团队管理原则。③以客户为导向的原则。

基于BPR的信息系统规划的主要步骤：①战略规划。②流程规划。③数据规划。④功能规划。⑤实施规划。

敏捷项目管理是规划和指导项目流程的迭代方法。与敏捷软件开发一样，敏捷项目是在使用迭代的小型部门中完成的。每个迭代都由项目团队审核和评价，从迭代的评价中获得的信息用于决定项目的下一个步骤，每个项目的迭代通常安排在两周内完成。

在敏捷项目管理方法中，业界用得比较多的是Scrum方法，Scrum是一种迭代式增量软件开发过程,通常用于敏捷软件开发。

　　Scrum 中的主要角色包括主管、产品负责人、开发团队,其中主管的职责与项目经理类似,负责维护过程和任务,产品负责人代表利益所有者,开发团队包括所有开发人员。

　　敏捷项目管理的流程包括构想、推测、探索、适应、结束。

10.8　相关真题及解析——历年真题

　　1. 战略管理包含 3 个层次,(　　)不属于战略管理的层次。

　　　　A. 目标层　　　　B. 规划层　　　　C. 方针层　　　　D. 行为层

　　2. 项目经理张工管理着公司的多个项目,在平时工作中需要不时地与上层领导或其他职能部门进行沟通。通过学习项目管理知识,张工建议公司成立一个(　　)进行集中管理。

　　　　A. 组织级质量管理部门　　　　　B. 变更控制委员会

　　　　C. 大项目事业部　　　　　　　　D. 项目管理办公室

　　3. 组织级项目管理是一种包括项目管理、大型项目管理、项目组合管理的系统的管理体系,其最终目标是帮助企业实现(　　)。

　　　　A. 战略目标　　　　　　　　　　B. 资源有效利用

　　　　C. 质量目标　　　　　　　　　　D. 业务目标

　　4. 业务流程重构(BPR)注重结果的同时,更注重流程的实现,所以 BPR 需要遵循一定的原则,(　　)不属于 BPR 遵循的原则。

　　　　A. 以流程为中心的原则　　　　　B. 团队管理原则

　　　　C. 以客户为导向的原则　　　　　D. 风险最小化原则

　　参考答案

1	2	3	4
B	D	A	D

第三篇 应试考题篇

"停留在出现问题的思维水平上，不可能解决这个问题。"——爱因斯坦

本篇重点讲方法、技能、思维的套路。

● 选择题，要从概念学习入手，培养找问题的习惯，练习区别的技能。

● 案例题，要熟练掌握计算题和"万能钥匙"，这是案例题顺利通过的充要条件。

● 大论文，要把握题目、设计结构、组织内容、体现水平。

所有这一切都是从应试教育出发来设计的，但笔者希望当大家读完这部分内容，做完相关练习，成功通过软考之后，能够真正地理解项目管理精髓，提升自己的认知水平和思维习惯。

本篇关键词：

刻意练习

第 11 章　科目 1—选择题—要点

高项选择题（科目 1）的特点，在本书前面进行了详细的分析。那么面广、题难、没重点的选择题该怎么破？应做到下面两点：

（1）学概念——要有计划、有侧重地学习知识、掌握相对重要的考点（本书第二篇的内容）。

（2）练技能——针对"要命题"，有意识地锻炼、提高一些重要的解题技能。

11.1　学概念

请思考这样一个问题：假如你是一个项目的项目经理，这个项目已经开始一段时间了但还没有结束，你如何计算这个项目现在的进度绩效？

如果你不能准确地回答这个问题，你一定不是不知道如何计算，而是你不知道"进度绩效"这个概念。反过来，如果你知道"进度绩效就是实际进度与计划进度的比"，那么你一定会计算进度绩效——找到项目当前的实际进度和计划进度，将它们比较即可（用两个字即可定性地描述进度绩效：落后、超前、持平）。

一些看似不能解决的问题，往往不是你不知道解决问题的方法，而是你没有真正理解构成问题的关键概念。

什么是概念？

- 中华人民共和国国家标准 GB/T 15237.1—2000："概念"是对特征的独特组合而形成的知识单元。
- 德国工业标准 2342 将概念定义为一个"通过使用抽象化的方式从一群事物中提取出来的反映其共同特性的思维单位"。
- 毛泽东《实践论》："社会实践的继续，使人们在实践中引起感觉和印象的东西反复了多次，于是在人们的脑子里生起了一个认识过程中的突变（即飞跃），产生了概念。"
- 概念即反映事物的本质属性的思维形式。
- 从哲学的观念来说概念是思维的基本单位。
- 心理学上认为，概念是人脑对客观事物本质的反映，这种反映是以词来标示和记载的。概念是思维活动的结果和产物，同时又是思维活动借以进行的单元。

概念具有两个基本特征即概念的内涵和外延。

- 概念的内涵就是指这个概念的含义即该概念所反映的事物对象所特有的属性。也就是"它是什么"。例如"商品是用来交换的劳动产品",其中"用来交换的劳动产品"就是概念"商品"的内涵。

- 概念的外延就是指这个概念所反映的事物对象的范围,即具有概念所反映的属性的事物或对象,也就是"它包括什么"。例如商品包括手机、香肠、培训服务……",这就是从外延角度说明"商品"的概念。

软考高项的选择题,很多考核考生对某些概念的理解:

软考真题:

风险可以从不同角度、根据不同的标准来进行分类。百年不遇的暴雨属于(　　　)。

A. 不可预测风险　　　　　　　　B. 可预测风险

C. 已知风险　　　　　　　　　　D. 技术风险

百年不遇的暴雨属于下列哪项,其实就是在问这四个选项中的哪个概念的外延包括百年不遇的暴雨。要回答这个问题,考生不需要在考试前会背这些选项的外延,根据选项的字面意思,分析"不可预测风险""可预测风险""已知风险"这几个概念内涵的区别即可。

"反映事物的本质属性",这足以说明概念的重要性,我们学习项目管理、备考软考高项、应试答题,这一切都要从学习概念开始。

11.2　找问题

虽然"面广、题难、没重点",但是高项的选择题存在"主要矛盾"。选择题的主要矛盾就是"要命题"。对于"既难且多"的"要命题"(详见 3.1.2 小节),给大家强调两个技巧:(1)找问题;(2)品区别。

我们再来看看 3.1.2 小节中提到的那道"要命题"。

软考真题:

2005 年,我国发布《国务院办公厅关于加快电子商务发展的若干意见》(国办发〔2005〕2 号),提出我国促进电子商务发展的系列举措。其中,提出的加快建立我国电子商务支撑体系的五方面内容指的是(　　　)。

A. 电子商务网站、信用、共享交换、支付、现代物流

B. 信用、认证、支付、现代物流、标准

C. 电子商务网站、信用、认证、现代物流、标准

D. 信用、支付、共享交换、现代物流、标准

考试的时候做这道题,考生绝不可能会背"国办发〔2005〕2 号文件"的内容,那么这道题就是"悲剧题"吗?并不是,因为题干和选项的字面意思考生们都能看懂,这是典型的"要命题"。

分析这道题,很多考生会把注意力集中在四个选项上,去分析各选项的区别。这不

是不对，但却忽略了做"要命题"最重要的第一步——**找问题**。

请思考，这道题题干问的问题是下面的哪个？

T1：在 2005 年应该由社会全体加快建立的我国电子商务支撑体系有哪五方面？

T2：在 2005 年应该由政府机关加快建立的我国电子商务支撑体系有哪五方面？

如果是 T1，那么选项 B、C 都对。如果是 T2，那么答案选 B。（发现 T1 与 T2 的区别了吗？）

所谓"找问题"，应该这么找：

（1）题干的问题是"其中，提出的加快建立我国电子商务支撑体系的五方面内容指的是"，这句话中的"其中"的"其"代指的是国办发〔2005〕2 号文件。

（2）题干问题完整描述应该是"在国办发〔2005〕2 号文件当中提出的，加快建立的我国电子商务支撑体系有哪五方面"。

（3）那么，进一步我们就可以分析这个文件发给谁？会发给马云、刘强东吗？显然不会。国务院的文件只会发给那些国务院管辖的、与该文件有关的国家政府机关。

（4）因此，题干真正的问题是"在 2005 年应该由政府机关加快建立的我国电子商务支撑体系有哪五方面？"。

找到了真正的问题，答案就不难甄别了，选 B。

再来看一道选择题：

骑摩托车戴头盔，属于风险应对策略的（　　）类型

A．减轻　　　　　　　　B．避免

"送分题，选 A"这是绝大部分考生的想法吧？A 不对。

选 A，考生一定认为戴头盔这种做法应对的风险是出了车祸头部受到伤害，那么这种应对策略属于减轻。如果戴头盔这种做法应对的风险是交警扣分呢？那就属于避免了。

通过这道题，笔者想再次向大家强调"找问题"的重要性。如果你具备找问题的能力，能够一针见血地抓住问题的主要矛盾，那么就应该知道当我们判断一个具体的风险应对策略属于什么类型的时候，不能忽略这个策略所对应的风险去判断。

图 11-1 中再次强调了找问题的重要性。

图 11-1　爱因斯坦强调问题本身的重要性的语录

大家切记，当面对感觉要命的选择题的时候，再看一遍题干，去找问题。

11.3　品区别

品区别指的是对于那些你感觉模棱两可的选项，要努力去推敲选项的区别。我们来看下面这题。

软考真题：

为了改进应用软件的可靠性和可维护性，并适应未来软硬件环境的变化，应主动增加新的功能以使应用系统适应各类变化而不被淘汰。为了适应未来网络带宽的需要，在满足现有带宽需求下，修改网络软件从而使它可支持更大的带宽，这种软件维护工作属于（　　）。

　　A．更正性维护　　　　　　B．适应性维护
　　C．完善性维护　　　　　　D．预防性维护

这道题的问题比较明确，是题干的最后一句话"为了适应未来网络带宽的需要，在满足现有带宽需求下，修改网络软件从而使之支持更大的带宽，这种软件维护工作属于（　　）"，在找到问题之后，对于这类题，重点是要分析选项之间的区别，找到区别后，再结合问题去做选择。

笔者这里提出的品区别，不是要求大家在考试的时候能够明确地背诵四种软件维护类型的定义，而是希望大家在考试现场能够根据选项的字面意思（结合备考学习的相关知识）努力去体会选项之间的不同点、用自己能够理解的语言去推敲选项之间的差别。

选项分析如下：

- 更正性维护，重点是"软件出错了，我去改错"（引号中的白话就是上文提到的"自己能够理解的语言"）。
- 适应性维护，说的是"环境变了，我要跟着变"。
- 完善性维护，指的是"变得更好用一些"。
- 预防性维护，特别强调"针对未来"。针对未来的错，我现在改；针对未来的环境变化，我现在变；针对未来的更大的带宽，我现在调整……这都属于预防性维护。

所以，这道题选 D。

品区别最重要的依据是选项的字面意思。软考中高项的选择题，尤其是选择题中的"要命题"，很多题的选项并不是教程中的原文（死读书绝不是正确的学习姿势），这就需要大家根据选项字面意思结合题干中的问题，去品读选项的真实含义，用自己真正理解的语言去解读选项，从而把握区别、做出正确的答案。

与找问题一样，品区别也是一种能力，需要大家通过历年软考中高项选择题真题进行不断的有意识地练习。

软考真题：

以下不属于主动式攻击策略的是（　　）。

A．中断　　　　　B．篡改　　　　　C．伪造　　　　　D．窃听

针对这道题，正确的思考顺序是这样的：

（1）推敲问题中"主动式攻击"的内涵。

（2）启发自己去思考："有主动攻击，就应该有被动攻击"，这样就能使思维避免进入"所有攻击都是主动的攻击"这个误区。

（3）如果对于信息系统的攻击手段不熟悉，则发散思维找一个自己熟悉的攻击场景去做对比。例如在"植物大战僵尸"里，土豆地雷就属于被动攻击，而豌豆射手就是主动攻击。

（4）再分析四个选项，推敲是否有一个选项与其他三个有不同。

（5）做出选择。

这道题重点是要能够准确地发散思维，做对比思考，该题选 D。

当然，选择题的答题小技巧有很多（例如排除法、类比法、发散联想法），但是我在这里想强调的是，找问题和品区别是做题的基础，也是其他一些答题技巧能够发挥作用的前提。在备考阶段，大家千万不要为了技巧而技巧，还是要把注意力放到知识的学习上，这是关键。

11.4　选择题的应试策略

高项中的选择题包括 75 道四选一的单项选择题（每题 1 分），这 75 道题可以分成 4 类：IT 技术题、项目管理题、数学题、英文题。这四类问题的特点各不相同，相应的应试策略也不一样，如表 11-1 所列。

表 11-1　高项选择题的应试策略

类型	第 1～30 题	第 31～65 题	第 66～70 题	第 71～75 题
	技术类，1/3 悲剧题	管理类，没有悲剧题	数学题	英语题
策略	控制情绪	大量拿分	千万别急	看懂不难
用时/分钟	90		50	10

11.4.1　第 1 类—IT 技术题

IT 技术相关选择题一般出现在选择题的前 30 道，这些题的考点对应本书第 5、第 6 章的内容，其最大的特点是"悲剧题"多。这是因为一方面，参加高项考试的考生不都是从事 IT 相关技术的工作，他们对于 IT 技术知识不是很熟悉；另一方面，高项选择题

的前 30 题有一些题考核的知识点非常细节，很"偏"，甚至官方教程上面都没有涵盖这些知识点。因此，绝大多数考生在做选择题的前 30 道题时，会发现自己有把握做对的题只有 10 分左右，感觉很"崩溃"。

首先，感觉崩溃，这很正常，因为别人也崩溃，造成这个现象的原因是大家都不了解选择题（尤其是前 30 道题）的特点。高项选择题的前 30 道题按照感受进行分类的话，其结果是"要命题"10 分左右、"悲剧题"10 分左右、"送分题"10 分左右。试想一下，你做 30 道题，有 1/3 是感觉模棱两可的（要命题）、有 1/3 是完全不会的（悲剧题）、只有 1/3 是会做的，你当然感觉很崩溃了。因此，在做这些题的时候，首先要控制情绪，不要因为连续出现好多不会做的题就紧张、沮丧，进而影响后面的答题。

其次，要提前练习，不要在真实考试的时候感觉崩溃，要在考试前多做几套历年考试题，提前感受高项前 30 道选择题的难度。把握这些题的特点，在考试时不慌张，坦然面对，了解并接受"悲剧题"是客观存在、不可避免的。

最后也是最重要的是要用功复习。复习的内容要结合高项教程，依据历年考试题有针对性地复习那些常考的重点考点（这些常考的重点也就是本书第 5、第 6 章中的内容）。复习的目的不是企图覆盖所有的考点（这不现实），而是尽量把握重点考点，降低"要命题""悲剧题"的比例。在复习时，也无需理解所有的考点，了解、熟悉字面意思，考试时遇到能够选对即可。

前 30 道 IT 技术题，答题时间控制在 1～1.5 分钟/题是合理的，也是所有人都能做到的。

11.4.2　第 2 类—项目管理题

项目管理相关选择题，一般出现在选择题的第 31～65 题，这些题的考点对应本书第 7～10 章的内容（其中第 8 章是重点），其最大的特点是几乎没有"悲剧题"。也就是说，这部分题目除了比较简单的"送分题"，就是那些能看懂题干和选项字面意思的"要命题"。

对于这类题目，一方面要练习历年考试题，有意识地提高"找问题""品区别"的能力；另一方面，是要理解项目管理的思想和理论框架。第 1 类 IT 计算题对应的知识点，大家"熟悉"即可，但第 2 类项目管理题对应的知识点就必须"理解"，从基本概念入手，逐步深入地去学习、思考项目管理知识体系的精髓，理解项目管理五大过程组、十大知识域、47 个项目管理过程等知识的内涵，从而在考试时面对这些题目能够做到胸有成竹、从容应对。

第 2 类项目管理题合理的答题时间也是 1～1.5 分钟/题。

11.4.3　第 3 类—数学题

数学题出现在高项选择题的第 66～70 题，考点对应本书第 11.4 节，其最大的特点就是"难"，在 10 余年软考高项的培训工作中，很多考生跟我们反馈说"数学题太难了，题都看不懂，我准备放弃这 5 分了"，笔者想说"千万不要放弃"。这 5 分数学题的得分情况，可能直接决定了最后选择题能否合格（很多选择题不及格的同学往往是 42、43、44 分，就差 2～3 分）。

做这些数学题首先特别费时间，平均做 1 道题大约需要 6～10 分钟。问题是，考试的时候有足够的时间去做这些很难的数学题吗？答案是肯定的。根据我们的统计，绝大多数考生都能在 90～100 分钟内答完 70 道非数学题，所以还有 50 多分钟去做这 5 道数学题，时间足够。

对于这 5 道数学题，给大家 3 点建议：

（1）熟练掌握本书第 12 章中数学题的类型，遇到类似题能够会做。

（2）考试时，先用 90～100 分钟做完 70 道非数学题（第 1～65、71～75 题）并涂好答题卡。

（3）将剩下的时间用来答数学题（平均 10 分钟/题），先浏览一遍 5 道题，再按照先易后难的顺序去做。

做到这 3 点，5 道数学题拿到 4 分甚至 5 分一点都不难。

11.4.4　第 4 类—英语题

英语题出现在选择题的最后 5 道，其特点就是"看懂英文，大多都是"送分题"；看不懂，纯悲剧"。短时间内提高英文能力不太现实，我的建议就是：

（1）掌握高项教程中出现过的项目管理相关的典型英文及缩写，例如 WBS、RAM、SOW 等。

（2）把最近几年的软考高项选择题中的英文题多做几遍，其中出现的生词如果再考能够认识即可。

英语题合理的答题时间也是 1～1.5 分钟/题。

第 12 章　科目 1—选择题—数学题

高项选择题中的数学题，既包括用于活动时间估算的方法、定量风险分析的技术等项目管理若干过程中用到的工具与技术，又包括概率学、运筹学、决策论、排列组合等纯粹的数学知识（对应高项教程中的第 27 章"管理科学基础知识"）。这些数学题有些比较简单，掌握固定的解题步骤即可（例如三点估算、现值计算等），有些题很难（例如动态规划、概率问题等）。本节给大家精讲这些数学题的解题思路、方法和技巧。

12.1　三点估算

三点估算法常用于估算活动持续时间（也可用于估算成本等），通过考虑估算中的不确定性和风险性，提高估算的准确性。这个方法源自计划评审技术（PERT），认为活动持续时间的长短是随机的，服从某种概率分布（常用贝塔分布）。

三点估算法用三个值来界定活动持续时间的近似区间：

- 最可能时间（t_M）：基于最可能获得的资源，最可能取得的资源生产率，对资源可用时间的现实预计，资源对其他参与者的可能依赖关系及可能发生的各种干扰等，所估算的活动持续时间。
- 最乐观时间（t_O）：基于活动的最好情况，所估算的活动持续时间。
- 最悲观时间（t_P）：基于活动的最差情况，所估算的持续时间。

利用这三个值，可以计算活动的期望时间（μ）：$\mu=(t_O+4t_M+t_P)/6$

如果题目中已知最可能时间、最乐观时间和最悲观时间，问题是计算期望时间，这样的题目是"送分题"。

软考真题：

项目经理小李对一个小项目的工期进行估算时，发现开发人员的熟练程度对工期有较大的影响，如果都是经验丰富的开发人员，预计 20 天可以完成；如果都是新手，预计需要 38 天；按照公司的平均开发速度，一般 26 天可以完成。该项目的工期可以估算为（　　）天。

A. 26　　　　　　B. 27　　　　　　C. 28　　　　　　D. 29

解答：

$(20+4×26+38)/6=27$，选 B。

软考真题：

某软件开发项目拆分成 3 个模块，项目组对每个模块的开发量（代码行）进行了估计（如表 12-1），该软件项目的总体规模估算为（　　）代码行。

表 12-1　真题配表　　　　　　　　　　　　　　　　　　单位：行

序号	模块名称	最小值	最可能值	最大值
1	受理模块	1000	1500	2000
2	审批模块	5000	6000	8000
3	查询模块	2000	2500	4000

A．10333　　　　　　B．10667　　　　　　C．14000　　　　　　D．10000

解答：

(1000+4×1500+2000)/6+(5000+4×6000+8000)/6+(2000+4×2500+4000)/6=10333，选 A。

还有一种题目，仍然是已知最可能时间、最乐观时间和最悲观时间，问题是计算活动在一段时间区间内的完成概率如下所示。

软考真题：

小李完成过大量网卡驱动模块的开发，最快 6 天完成，最慢 36 天完成，平均 21 天完成，如果小李开发一个新网卡驱动模块，在 21 天到 26 天内完成的概率是（　　）。

A．68.3%　　　　　　B．34.1%　　　　　　C．58.2%　　　　　　D．26.1%

解这样的题目，分三步：

（1）计算期望时间：$\mu=(t_O+4t_M+t_P)/6$

（2）计算标准差：$\sigma=(t_P-t_O)/6$

（3）在正态分布图上标注时间参数（μ、σ），确定时间段区间概率，如图 12-1 所示。（横轴为时间，每个区间阴影部分面积为活动在该区间完成的概率，例如活动在 [$\mu-\sigma\sim\mu$] 这段时间完成的概率为 34.1%。需要注意的是，图 12-2 中的时间区间概率值需要提前背好）

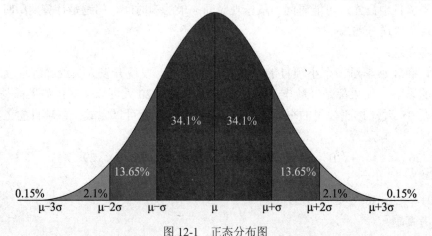

图 12-1　正态分布图

因此，软考真题（小李开发网卡驱动模块）的解题步骤代入真值如下：

（1）计算期望时间：μ=(6+4×21+36)/6=21 天

（2）计算标准差：σ=(36−6)/6=5 天

（3）在正态分布图上标注时间参数，确定时间段区间概率，如图 12-2 所示。

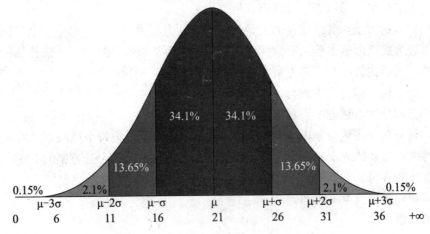

图 12-2　正态分布图实例（μ=21，σ=5）

图 12-2 的含义包括：

- 该活动在第 0～第 6 天这个时间区间内完成的概率为 0.15%；
- 该活动在第 6～第 11 天这个时间区间内完成的概率为 2.1%；
- 该活动在第 11～第 16 天这个时间区间内完成的概率为 13.65%；
- ……
- 该活动在第 0～第 16 天这个时间区间内完成的概率为 15.9%；
- 该活动在第 0～第无穷大天这个时间区间内完成的概率为 100%。

因此，该题选 B。

来做一道练习。

软考真题：

完成某信息系统集成项目中的一个最基本的工作单元 A 所需的时间，乐观地估计需 8 天，悲观地估计需 38 天，最可能的估计需 20 天，按照 PERT 方法进行估算，项目的工期应该为（ 1 ），在 26 天以后完成的概率大致为（ 2 ）。

（1）A. 20　　　　 B. 21　　　　 C. 22　　　　 D. 23

（2）A. 8.9%　　　 B. 15.9%　　 C. 22.2%　　 D. 28.6%

答案：（1）B；（2）B。

12.2　决策树

　　决策树是一种图形和计算技术，用来评估与一个决策相关的多个可选方案在不确定情形下的可能后果（常用于定量风险分析过程）。

　　使用决策树方法，其最终目的就是从多个可选方案中做决策，确定一个最优方案。而每个可选方案又面临多种风险事件，这时就用期望货币值（EMV）方法计算该方案的平均收益，最后比较所有可选方案的 EMV 值即可。

　　解决决策树的问题，步骤为：

　　（1）分清楚"可选方案"和"风险事件"；

　　（2）计算每个可选方案的 EMV（对于一个可选方案，把每个风险事件对应的概率与该事件的收益（或成本）数值相乘，再把乘积相加即得到该可选方案的 EMV）；

　　（3）比较各可选方案的 EMV 值，选最优。

　　决策树问题的典型真题如下：

软考真题：

　　某公司希望举办一个展销会以扩大市场，选择北京、天津、上海、深圳作为候选会址。获利情况除了会址关系外，还与天气有关，天气可分为晴、多云、多雨三种。通过天气预报，估计三种天气情况可能发生的概率为 0.25、0.50、0.25，其收益（单位：万元）情况见表 12-2。使用决策树进行决策的结果为（　　）。

表 12-2　真题配表

收益/万元　　天气　选址	晴 (0.25)	多云 (0.50)	多雨 (0.25)
北京	4.5	4.4	1
天津	5	4	1.6
上海	6	3	1.3
深圳	5.5	3.9	0.9

　　A．北京　　　　　　B．天津　　　　　　C．上海　　　　D．深圳

　　解这道题的步骤：

　　（1）可选方案是不同的城市（北京、天津、上海、深圳）；风险事件是天气（晴、多云、多雨）；

　　（2）计算各方案 EMV（每个城市的平均收益=Σ（每种天气的概率×该天气收益））：

　　　　选北京，其 EMV=0.25×4.5+0.5×4.4+0.25×1=3.575 万元

　　　　选天津，其 EMV=0.25×5+0.5×4+0.25×1.6=3.65 万元

选上海，其 EMV=0.25×6+0.5×3+0.25×1.3=3.325 万元

选深圳，其 EMV=0.25×5.5+0.5×3.9+0.25×0.9=3.55 万元

（3）选收益最大的即天津（选 B）。

此题的决策树图形如图 12-3 所示。

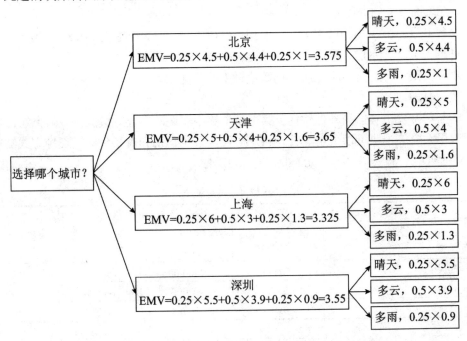

图 12-3　决策树举例

练习两道真题。

软考真题：

某机构拟进行办公自动化系统的建设，有 4 种方式可以选择：①企业自行从头开发；②复用已有的构件；③外购现成的软件产品；④承包给专业公司开发。针对这几种方式，项目经理提供了如表 12-3 所列的决策树。其中在复用的情况下，如果变化大则存在两种可能，简单构造的概率为 0.2，成本约 31 万元；复杂构造的概率为 0.8，成本约 49 万元。据此表，管理者选择建设方式的最佳决策是（　　　）。

表 12-3　真题配表

项目名称	办公自动化系统							
选择方案	自行开发		复用		外购		承包	
决策节点	难度小	难度大	变化少	变化大	变化少	变化大	没变化	有变化
概率分布	0.3	0.7	0.4	0.6	0.7	0.3	0.6	0.4
预期成本/万元	38	45	27.5	见说明	21	30	35	50

　A．企业自行从头开发　　　　　　　　B．复用已有的构件

　C．外购现成的软件产品　　　　　　　D．承包给专业公司开发

解答：

题目中的 4 个选项即为可选方案；风险事件为难度大小或变化多少。

4 个可选方案的 EMV。

自行开发：$0.3 \times 38 + 0.7 \times 45$；　　复用：$0.4 \times 27.5 + 0.6 \times (0.2 \times 31 + 0.8 \times 49)$；

外购：$0.7 \times 21 + 0.3 \times 30$；　　承包：$0.6 \times 35 + 0.4 \times 50$。

表中的最后一行是成本，所以选数值最小的，选 C。

软考真题：

S 公司开发一套信息管理软件，其中一个核心模块的性能对整个系统的市场销售前景影响极大，该模块可以采用 S 公司自己研发、采购代销和有条件购买三种方式实现。S 公司的可能利润（单位：万元）收入见表 12-4。

表 12-4　真题配表　　　　　　　　　　　　单位：万元

可能利润/万元　　　销售状态 实现方式	销售 50 万套	销售 20 万套	销售 5 万套	销售 0 万套
自己研发	450 000	200 000	-50 000	-150 000
采购代销	65 000	65 000	65 000	65 000
有条件购买	250 000	100 000	0	0

按经验，此类管理软件销售 50 万套、20 万套、5 万套和销售不出的概率分别为 15%、25%、40% 和 20%，则 S 公司应选择（　　　）方案。

　A．自己研发　　　　　　　　　　　B．采购代销

　C．有条件购买　　　　　　　　　　D．条件不足无法选择

解答：

（1）题目中的前三个选项即为可选方案；风险事件为销售套数。

（2）三个可选方案的 EMV：

　　　自己研发：$45 \times 15\% + 20 \times 25\% - 5 \times 40\% - 15 \times 20\% = 6.75$ 万元

　　　采购代销：$6.5 \times 15\% + 6.5 \times 25\% + 6.5 \times 40\% + 6.5 \times 20\% = 6.5$ 万元

　　　有条件购买：$25 \times 15\% + 10 \times 25\% + 0 \times 40\% + 0 \times 20\% = 6.25$ 万元

（3）表中的值为利润，因此选最大值，选 A。

12.3　现值和投资回收期

现值指的是 n 年之后的钱，折合到现在的价值（"现值"中的"现"是"现在"的

意思，而不是现金，现值体现出了资金的时间价值）。例如，5 年后的 100 元钱，现在只值 60 元，那么，这个 60 元就是 5 年之后的 100 元的现值（反过来理解就是，假如我现在有 60 元存在银行，5 年之后我会得到 100 元）。也就是说，如果 n 年之后的钱为 y，其现值为 x，那么 x 一定小于 y。把 y 折合到现在变成 x，有时简称"折现"，这个过程就是计算 y 的现值的过程。折现公式为：

$x=y/(1+r)^n$，其中，n 为年份数，r 为贴现率（考试题中，y、n、r 一般是已知信息）。

软考真题：

某项目的利润预期（单位：元）如表 12-5 所列，贴现率为 10%，则第三年结束时利润总额的净现值约为（　　）元。

表 12-5　真题配表　　　　　　　　　　　　　　　　　单位：元

项目名称	第一年	第二年	第三年
利润预期	11000	12100	13300

A．30000　　　　B．33000　　　　C．36000　　　　D．40444

所谓"利润总额的净现值"，就是各年现值之和，即"累计净现值"。

这道题没有成本的信息，其问题就是问这三年的利润的现值之和。

计算步骤：

（1）计算每年的现值。

第一年现值：$x_1=y_1/(1+0.1)^1=11000/1.1=10000$ 元

第二年现值：$x_2=y_2/(1+0.1)^2=12100/1.21=10000$ 元

第三年现值：$x_3=y_3/(1+0.1)^3=13300/1.331=10000$ 元

（2）计算累计净现值（即题目中的利润总额）=10000+10000+10000=30000 元

所以，本题选 A。

累计净现值计算步骤如图 12-4 所示。

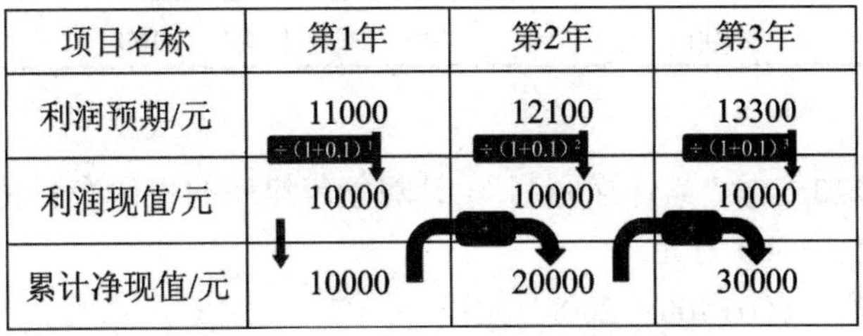

项目名称	第1年	第2年	第3年
利润预期/元	11000 $\div(1+0.1)^1$	12100 $\div(1+0.1)^2$	13300 $\div(1+0.1)^3$
利润现值/元	10000	10000	10000
累计净现值/元	10000	20000	30000

图 12-4　累计净现值计算步骤示意图

软考真题：

某项目各期的现金流量如表 12-6 所列，设贴现率为 10%，则项目的净现值约为（　　）。

表 12-6　真题配表　　　　　　　　　　　　　　　单位：元

期数	0	1	2
净现金流量	−630	330	440

A．140　　　　　　B．70　　　　　　C．34　　　　　　D．6

解答：

（1）计算每年的现值：

　　第 0 年现值：$x_0=y_0/(1+0.1)^0=(-630)/1=-630$

　　第 1 年现值：$x_1=y_1/(1+0.1)^1=330/1.1=300$

　　第 2 年现值：$x_2=y_2/(1+0.1)^2=440/1.21=364$

（2）计算净现值（求和）=−630+300+364=34，选 C。

投资回收期顾名思义就是"回本时间"。软考的选择题考试中，一般投资回收期的单位为年。

根据是否考虑资金的时间价值，投资回收期可以分为"静态投资回收期"和"动态投资回收期"。

静态投资回收期不考虑资金的时间价值，其计算方法为：

静态投资回收期=回本年的年份数−1+（回本年上年累计净利润的绝对值/回本年净现金流量）

其中，回本年为累计净利润开始出现正值的年份。

例如：

某项目的利润预期（单位：万元）如表 12-7 所列，该项目的静态投资回收期为（　　）年？

表 12-7　真题配表　　　　　　　　　　　　　　　单位：万元

年份	第 0 年	第 1 年	第 2 年	第 3 年
现金流	−600	400	400	400

计算步骤如下：

（1）在表种添加一行"累计净利润"，计算每年年底的累计净利润，

　　第 0 年为：−600 万元；

　　第 1 年为：−600+400=−200 万元；

　　第 2 年为：−600+400+400=200 万元；

　　第 3 年为：−600+400+400+400=600 万元。

（2）根据每年累计净利润确定回本年、回本年的当年现金流（全年盈利能力），以及回本年上年的累计净利润。本题回本年是第 2 年，第 2 年的全年利润是 400 万元，第

1 年的累计净利润为-200 万元。

（3）利用公式计算：静态投资回收期=回本年的年份数-1+(回本年上年累计净利润的绝对值/回本年净现金流量)= 2-1+(|-200|)/400=1.5 年。

具体的解题步骤示意图如图 12-5 所示。

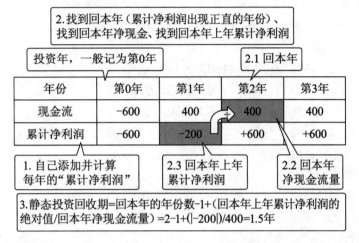

图 12-5　静态投资回收期计算步骤示意图

此题的含义就是：

- 投资年（第 0 年）投资了 600 万元做一个项目；
- 第 1 年挣了 400 万元（此时还差 200 万元回本）；
- 第 2 年挣了 400 万元，此时已经回本并产生了 200 万元的利润（所以第 2 年为回本年），那么回本时间就是 1 年多不到 2 年（这个 1 年就是"回本年的年份数-1"）；
- 具体回本时间是"1 年多"多多少呢？因为回本年的上一年（第 1 年）还差 200 万元回本（第 1 年的累计净利润为-200 万元），又因为回本年（第 2 年）的全年盈利能力为 400 万元，所以第 1 年还差的 200 万元在第 2 年只需要 200/400=0.5 年即可挣得。因此，这个项目回本时间就是 1+0.5=1.5 年。上面的 200/400 就是"回本年上年累计净利润的绝对值/回本年的全年盈利能力"。

动态投资回收期考虑资金的时间价值，其计算方法为：

动态投资回收期=回本年的年份数-1+(回本年上年累计净现值的绝对值/回本年净现值)，其中回本年为累计净现值开始出现正值的年份。

例如：

某项目的利润预期（单位：万元）如表 12-8 所列，贴现率为 0.1，该项目的动态投资回收期为（　　　）年？

表 12-8　真题配表　　　　　　　　　　　　　　　　单位：万元

年份	第 0 年	第 1 年	第 2 年	第 3 年
现金流	–600	400	400	400

计算步骤如下。

（1）在表中添加一行"现值"，计算每年现金流的现值：

第 0 年现金流现值：$-600/(1+0.1)^0=-600$ 万元；

第 1 年现金流现值：$400/(1+0.1)^1=364$ 万元；

第 2 年现金流现值：$400/(1+0.1)^2=331$ 万元；

第 3 年现金流现值：$400/(1+0.1)^3=301$ 万元。

（2）在表中添加一行"累计净现值"，计算每年年底的累计净现值：

第 0 年累计净现值：–600 万元；

第 1 年累计净现值：$-600+364=-236$ 万元；

第 2 年累计净现值：$-600+364+331=95$ 万元；

第 3 年累计净现值：$-600+364+331+301=396$ 万元。

（3）根据每年累计净现值确定回本年、回本年的当年现金流的现值（全年盈利能力的现值），以及回本年上年的累计净现值。本题回本年的第 2 年，第 2 年的全年盈利能力的现值是 331 万元，第 1 年的累计净利润为–236 万元。

（4）利用公式计算：动态投资回收期=回本年的年份数-1+（回本年上年累计净现值的绝对值/回本年净现值）= $2-1+(|-236|)/331=1.72$ 年（计算投资回收期的时间时，年份数的小数点保留原则不是四舍五入，而是只入不舍，例如本题 $236/331=0.71299$，那么本题的动态投资回收期如果是保留小数点后两位，应该是 1.72 年而不是 1.71 年）。

具体的动态投资回收期解题步骤示意图如图 12-6 所示。

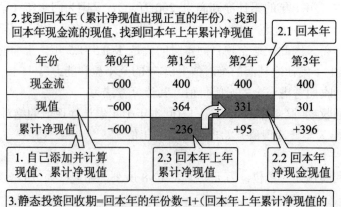

图 12-6　动态投资回收期计算步骤示意图

不难发现：

- 动态投资回收期比静态投资回收期长（因为每年的利润需要折合成现值，会贬值，因此回本时间变长）。
- 与计算静态投资回收期相比，计算动态投资回收期只需要多算一行各年现金流的现值，然后再按照计算静态投资回收期的方法计算回本时间即可。

软考真题：

某软件企业 2006 年初计划投资 2000 万元人民币开发某产品，预计从 2007 年开始盈利，各年产品销售额如表 12-9 所列。根据表中的数据，该产品的静态投资回收期是（1）年，动态投资回收期是（2）年。（设贴现率为 0.1）

表 12-9　真题配表

单位：万元

年度	2006	2007	2008	2009	2010
投资	2000	—	—	—	—
收益	—	990	1210	1198	1277

（1）A. 1.8　　　　　B. 1.9　　　　　C. 2　　　　　D. 2.2
（2）A. 2　　　　　B. 2.1　　　　　C. 2.2　　　　　D. 3
答案：（1）B；（2）C。

12.4　线性规划

线性规划是研究在资源有限的情况下，如何最有效的利用资源以达到最优的收益。典型题目如下。

软考真题：

某工厂生产两种产品 S 和 K，受到原材料供应和设备加工工时的限制。单件产品的利润、原材料消耗及加工工时如表 12-10 所列。为获得最大利润，S 应生产（　　　）件。

表 12-10　真题配表

产品	S	K	资源限制
原材料消耗（千克/件）	10	20	120
设备工时（小时/件）	8	8	80
利润（元/件）	12	16	—

A. 7　　　　　B. 8　　　　　C. 9　　　　　D. 10

解法一：列方程法

（1）设定未知数：为了获得最大利润，S 应生产 x 件，K 应生产 y 件。

（2）根据资源约束条件列不定方程组：

$10x+20y \leqslant 120$①；$8x+8y \leqslant 80$②；其中，$x \geqslant 0$，$y \geqslant 0$。

（3）根据题意，为获得最大利润则应该尽量多消耗资源（最好都消耗光）。所以，将上述不等方程①和不等方程②中的小于等于号改成等号（等号意味着消耗光资源）联立求解，得到：

$x=8$，$y=2$。此时，最大利润为 $8 \times 12+2 \times 16=128$ 元，此题选 B。

解法二：代入排除法

分别将 4 个选项中的数字代入，根据资源约束条件确定剩下的资源还能生产几件 K，最后计算 4 个方案的利润，找出最大值即可。

A：S 应生产 7 件，则原材料剩 50 千克、设备剩 24 小时，此时最多能生产 2 件 K（原材料限制），此时利润 $7 \times 12+2 \times 16=116$ 元。

B：S 应生产 8 件，则原材料剩 40 千克、设备剩 16 小时，此时最多能生产 2 件 K，此时利润 $8 \times 12+2 \times 16=128$ 元。

C：S 应生产 9 件，则原材料剩 30 千克、设备剩 8 小时，此时最多能生产 1 件 K，此时利润 $9 \times 12+1 \times 16=124$ 元。

D：S 应生产 10 件，则原材料剩 20 千克、设备剩 0 小时，此时最多能生产 0 件 K（设备限制），此时利润 $10 \times 12+0 \times 16=120$ 元。

所以，选 B。

再来看下面这道题：

软考真题：

某企业需要采用甲、乙、丙三种原材料生产Ⅰ、Ⅱ两种产品。生产两种产品所需原材料数量、单位产品可获得利润以及企业现有原材料数如表 12-11 所列。

表 12-11　真题配表

		产品/吨		现有原材料/吨
		Ⅰ	Ⅱ	
所需资源	甲	1	1	4
	乙	4	3	12
	丙	1	3	6
单位利润（万元/吨）		9	12	—

则公司可以获得的最大利润是（1）万元。取得最大利润时，原材料（2）尚有剩余。

（1）A. 21　　　　　B. 34　　　　　C. 39　　　　　D. 48

（2）A. 甲　　　　　B. 乙　　　　　C. 丙　　　　　D. 乙和丙

此题无法用代入排除法，只能用列方程法，解题步骤如下：

（1）设定未知数：为了获得最大利润，Ⅰ应生产 x 吨，Ⅱ应生产 y 吨。

（2）根据资源约束条件列不确定方程组：

x+y≤4 ①；4x+3y≤12 ②；x+3y≤6 ③；　其中，x≥0，y≥0。

（3）根据题意为获得最大利润，则应该尽量多消耗资源（最好都消耗光）。所以，将上述不等方程①、②、③中的≤号改成＝（等号意味着消耗光资源），联立方程：

x+y=4 ④；4x+3y=12 ⑤；x+3y=6 ⑥。

此时方程组无解，也就是说不存在这样一组 x、y 能够同时满足这 3 个方程（不可能同时消耗光 3 种原材料）。我们只能退而求其次，争取消耗完两种资源，这就等价于将上述 3 个方程两两联立单独求解（但要符合不等方程①②③的约束）。

④、⑤联立得到 x=0，y=4；此时，能够消耗光甲、乙，但这组解不满足不等方程③的约束，即材料丙不够生产 4 吨Ⅱ（④、⑤联立自然满足①、②），则这组解不能用。

④、⑥联立得到 x=3，y=1；此时，能够消耗光甲、丙，但这组解不满足不等方程②的约束（材料乙不够生产 3 吨Ⅰ和 1 吨Ⅱ），则这组解不能用。

⑤、⑥联立得到 x=2，y=4/3；此时，能够消耗光乙、丙，同时满足不等方程①的约束，此解能用。此时，利润为 2×9+3/4×12=34 万元，材料甲有剩余。

答案：（1）B；（2）A。

线性规划问题在 2016、2017 年软考高项 4 次考试的选择题中每次都考，大家务必多练习，做到考此题必得分。

软考真题：

某航空公司为满足客运量日益增长的需要，拟购置一批新的远程、中程及短程的喷气式客机。每架远程客机价格 670 万美元，中程客机 500 万美元，短程客机 350 万美元。该公司现有资金 12000 万美元用于购买飞机。据估计每架远程客机的年净利润为 82 万美元，中程客机的年净利润为 60 万美元，短程客机的年净利润为 40 万美元。假设该公司现有的熟练驾驶员可支持 30 架新购飞机的飞行任务，维修能力足以满足新增加 40 架新的短程客机的维修需求，而每架中程客机维修量相当于 4/3 架短程客机，每架远程客机维修量相当于 5/3 架短程客机，为获取最大利润，该公司应购买各类客机分别为（　　　）架。

A．远程 17，中程 1，短程 0　　　　B．远程 15，中程 1，短程 2

C．远程 12，中程 3，短程 3　　　　D．远程 10，中程 3，短程 5

解答： 用代入排除法，分析每个选项对应的方案是否符合资源约束，并比较各方案的利润选最大值即可，具体计算结果如表 12-12 所列。

表 12-12　真题解析配表　　　　　　　　　　　　　　　　　　单位：万美元

方案				费用（<12000）	飞行员（<30）	维修量（<40）	利润
A	17	1	0	11890	18	89/3	1454
B	15	1	2	11250	18	85/3	1370
C	12	3	3	10590	18	27	1284
D	10	3	5	9950	18	77/3	1200

此题 4 个选项都符合资源约束条件，选利润最大的方案，答案为 A。

软考真题：

某工厂可以生成 A、B 两种产品，各种资源的可供量、生产每件产品所消耗的资源数量及产生的单位利润见表 12-13。A、B 两种产品的产量为（　　）时利润最大。

表 12-13　真题配表

单位消耗／产品　　资源	A	B	资源限制条件
电/度	5	3	200
设备/台时	1	1	50
劳动力/小时	3	5	220
单元利润/百万元	4	3	

A．A=35，B=15　　　　　　　　　B．A=15，B=35

C．A=25，B=25　　　　　　　　　D．A=30，B=20

解答：用代入排除法。A、D 方案不满足电量限制。C 比 B 利润高。答案为 C。

软考真题：

某工厂计划生产甲、乙两种产品，生产每套产品所需的设备台时、A、B 两种原材料和可获取利润以及可利用资源数量如表 12-14 所列。则应按（　　）方案来安排计划以使该工厂获利最多。

表 12-14　真题配表

项目名称	甲	乙	可利用资源
设备/台	2	3	14
原材料 A /千克	8	0	16
原材料 B /千克	0	3	12
利润/万元	2	3	—

A．生产甲 2 套，乙 3 套　　　　　B．生产甲 1 套，乙 4 套

C．生产甲 3 套，乙 4 套　　　　　D．生产甲 4 套，乙 2 套

解答：用代入排除法。分析选项，C 和 D 不能实现（因为原材料 A 的限制，不可能生产甲超过 2 套）。A 和 B 都符合资源约束，而 B 的利润更高，所以选 B。

软考真题：

某企业生产甲、乙两种产品，这两种产品都需要 A、B 两种原材料。生产每一个甲产品需要 3 万个 A 和 6 万个 B，销售收入为 2 万元；生产每一个乙产品需要 5 万个 A 和 2 万个 B，销售收入为 1 万元。该企业每天可用的 A 数量为 15 万个，可用的 B 数量为 24 万个。为了获得最大的销售收入，该企业每天生产的甲产品的数量应为（1）万个，

此时该企业每天的销售收入为（2）万元。

（1）A．2.75　　　　B．3.75　　　　C．4.25　　　　D．5

（2）A．5.8　　　　B．6.25　　　　C．8.25　　　　D．10

解答：用列方程法，设生产甲 x 万个，乙 y 万个，则 3x+5y=15；6x+2y=24，推出：x=3.75，y=0.75，得到利润=2x+y=8.25。答案：（1）B；（2）C。

12.5　动态规划

动态规划问题比较复杂。

软考真题：

某公司现有 400 万元用于投资甲乙丙三个项目，投资额以百万元为单位，已知甲乙丙三项投资的可能方案及相应获得的收益如表 12-15 所列。

表 12-15　真题配表

收益/百万元　　投资 项目	1	2	3	4
甲	4	6	9	10
乙	3	9	10	11
丙	5	8	11	15

则该公司能够获得的最大收益是（　　　）百万元。

A．17　　　　　　B．18　　　　　　C．20　　　　　　D．21

这类题目首先要看懂题意，尤其是看懂表格（看表要先看表头）。上表中的第二行第三列中的 6，指的是在甲项目投资 2 百万元，收益为 6 百万元，既然要获得最大的收益，那么一个很简单的原则就是把可用的投资钱数用光。解此类问题，可以有两种方法。

解法一，遍历法

（1）分析题目，看懂题意：一共有 4 百万元，投资 3 个项目，投资金额为 0~4 百万元，取整数。

（2）确定分类依据，对所有可能的方案进行分类。

以"向甲项目投资的金额"为依据进行分类，那么所有的投资方案一共有 5 类。

第 1 类：向甲项目投资 0 元（记为"甲-0"，下同）；第 2 类：向甲项目投资 1 百万元；第 3 类：向甲项目投资 2 百万元；第 4 类：向甲项目投资 3 百万元；第 5 类：向甲项目投资 4 百万元。

（3）列出每类方案具体的投资并计算收益。

（4）找到最大收益：当向甲项目投资 1 百万元、乙投资 2 百万元、丙投资 1 百万元时，获得最大收益，为 18 百万元，选 B。真题解析配表如表 12-16 所列。

表 12-16　真题解析配表　　　　　　　　　　　　　　　　单位：百万元

	投资（括号内为收益）			收益		投资（括号内为收益）			收益
	甲	乙	丙			甲	乙	丙	
第1类甲-0	0(0)	0(0)	4(15)	0+0+15=15	第3类甲-2	2(6)	0(0)	2(8)	6+0+8=14
	0(0)	1(3)	3(11)	0+3+11=14		2(6)	1(3)	1(5)	6+3+5=14
	0(0)	2(9)	2(8)	0+9+8=17		2(6)	2(9)	0(0)	6+9+0=15
	0(0)	3(10)	1(5)	0+10+5=15	第4类甲-3	3(9)	0(0)	1(5)	9+0+5=14
	0(0)	4(11)	0(0)	0+11+0=11		3(9)	1(3)	0(0)	9+3+0=12
第2类甲-1	1(4)	0(0)	3(11)	4+0+11=15	第5类甲-4	4(10)	0(0)	0(0)	10+0+0=10
	1(4)	1(3)	2(8)	4+3+8=15					
	1(4)	2(9)	1(5)	4+9+5=18	说明	1.A（B），A 为投资金额，B 为收益（查表所得）2.甲-0，意思就是向甲项目投资 0。			
	1(4)	3(10)	0(0)	4+10+0=14					

这种解法就是遍历法，也就是把所有可能的方案都找到，然后逐一计算收益。有的考生也许会担心"考试的时间有限，能否来得及用遍历法解此类问题？"，答案是来得及。这与高项选择题的考试时间以及试题特点相关。

解此类问题的注意事项：

- 一定要看懂题目。估计可能的方案大约有多少，是否能用遍历法来做。
- 给所有可能的方案进行分类之前，找到合适的分类依据最关键。
- 细心。

解法二，性价比分析法

所谓"性价比"需要具体问题具体分析，对于此题分析步骤如下：

（1）分析题目，看懂题意。

（2）计算每个项目不同投资金额情况对应的"单位百万投资收益率"，如表 12-17 所列。

表 12-17　真题解析配表

投资收益率/百万元 ＼ 投资　项目	1	2	3	4
甲	4	6/2=3	9/3=3	10/4=2.5
乙	3	9/2=4.5	10/3=3.33	11/4=2.75
丙	5	8/2=4	11/3=3.67	15/4=3.75

（3）选择投资收益率高的投资方案。此题的选择顺序为：①选择最大收益率（为 5）即丙-1；②选择次最大收益率（为 4.5），即乙-2；③此时，只剩下 1 百万元，只能投给甲（因为前面已经选择了丙-1 和乙-2，就不能再向丙、乙项目投资了），即甲-1。示意图如图 12-7 所示。此时，总收益为 18 百万元。

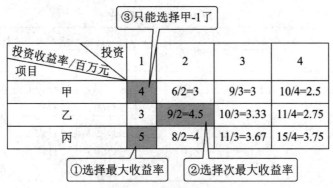

图 12-7 真题解析配图

可以发现，性价比分析法比遍历法要快的多，但是性价比分析法并不严谨，因为按照性价比选择时，我们只能保证前面的选择步骤（先选最大、再选次最大）是合适的，但最后一步是被迫选择的（因为已经确定了丙-1、乙-2，则只能选甲-1 了），这就有可能使得最后的总收益不是最优解。例如，如果该题目甲-1 的收益是 2 百万元，那么这种方法得到方案为丙-1、乙-2、甲-1，收益为 16 百万元，这就不是最大值。

虽然性价比分析法不严谨，但可以用这种方法快速地分析题意，这有助于简化问题的解决。

软考真题：

某公司打算向它的三个营业区增设 6 个销售店，每个营业区至少增设 1 个。各营业区年增加的利润与增设的销售店个数有关，具体关系如表 12-18 所列。可以调整各营业区增设的销售店的个数，使公司总利润增加额最大达（   ）万元。

表 12-18 真题配表

增设销售店个数	营业区 A/万元	营业区 B/万元	营业区 C/万元
1	100	120	150
2	160	150	165
3	190	170	175
4	200	180	190

A．520   B．490   C．470   D．510

解答：遍历法

（1）分析题目，看懂题意：一共有 6 个店，每个区域不能为 0。

（2）以"向 A 区增设的店的数量"为依据进行分类共 4 类：第 1 类，向 A 区增设 1 个店（记为"A-1"，下同）；第 2 类，向 A 区增设 2 个店；第 3 类，向 A 区增设 3 个店；第 4 类，向 A 区增设 4 个店（不能向 A 增设 5 个店，因为 B、C 不能为 0）。

（3）列出每类方案具体的投资并计算收益，见表 12-19。

表 12-19　真题解析配表　　　　　　　单位：万元

	店数（括号内为收益）			收益		店数（括号内为收益）			收益
	A	B	C			A	B	C	
A-1	1（100）	1（120）	4（190）	410	A-2	2（160）	1（120）	3（175）	455
	1（100）	2（150）	3（175）	425		2（160）	2（150）	2（165）	475
	1（100）	3（170）	2（165）	435		2（160）	3（170）	1（150）	480
	1（100）	4（180）	1（150）	430	A-3	3（190）	1（120）	2（165）	475
A-4	4（200）	1（120）	1（150）	470		3（190）	2（150）	1（150）	490

（4）找到最大收益：490 万元，选 B（A-3、B-2、C-1）。

软考真题：

有一辆货车每天沿着公路给 4 个零售店运送 6 箱以内的货物，如果各零售店出售该货物所得利润如表 12-20 所列，适当规划在各零售店卸下的货物的箱数，可获得最大利润（　　）万元。

表 12-20　真题解析配表

收益（万元）／箱数　　零售店	1	2	3	4
0	0	0	0	0
1	4	2	3	4
2	6	4	5	5
3	7	6	7	6
4	7	8	8	6
5	7	9	8	6
6	7	10	8	6

A. 15　　　　　　　　B. 17　　　　　　　　C. 19　　　　　　　　D. 21

解答：综合法

综合法指的是先用性价比分析，然后进行"不完全的遍历"，多试验几种方案。

（1）分析题目：此题可能的方案太多，果断放弃完全遍历法。

（2）分析题目中的表格发现，当向一个店送货超过 3 箱以后，收益几乎不增加（店 1、3、4 都不增加收益，店 2 增加很少），所以"武断"地决定只考虑向各店送货 0～3 箱。

（3）分析性价比（每箱货物的收益率），从性价比最高的开始选择，如图 12-8 所示。

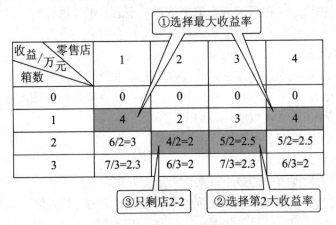

图 12-8　真题解析配图

（4）分配方案为：店 1-1、店 4-1、店 3-2、店 2-2，收益为 17 万元，选 B。（店 1-1 意思为向 1 号店送 1 箱货，下同）。

需要说明的是，这道题获得最大收益的分配方案并不唯一，下面 5 种方案都能得到 17 万元的最大收益：　　　　③店 1-1、店 4-1、店 2-1、店 3-3；

①店 1-1、店 4-1、店 2-3、店 3-1；　　④店 4-1、店 1-2、店 2-1、店 3-2；

②店 4-1、店 1-2、店 2-1、店 3-1；　　⑤店 4-1、店 1-2、店 2-0、店 3-3。

软考真题：

某公司拟将 5 百万元资金投放下属 A、B、C 三个子公司（以百万元的倍数分配投资），各子公司获得部分投资后的收益如表 12-21 所列（单位：百万元）。该公司投资的总收益至多为（　　　　）百万元。

表 12-21　真题配表

收益/百万元　子公司	投资 0	1	2	3	4	5
A	0	1.2	1.8	2.5	3	3.5
B	0	0.8	1.5	3	4	4.5
C	0	1	1.2	3.5	4.2	4.8

A. 4.8　　　　　B. 5.3　　　　　C. 5.4　　　　　D. 5.5

解答：此题请大家自己练习，建议用综合法，答案为 D。（A-1、B-1、C-3）

12.6　后悔值决策

最小最大后悔值法（在最大后悔值中选择最小的）也叫机会损失最小值决策法，它是一种根据机会成本进行决策的方法，以各方案机会损失大小来判断方案的优劣。

后悔值是指当某种自然状态出现时，决策者从若干方案中选优时没有采取能获得最大收益的方案，而采取了其他方案以致在收益上产生的某种损失。

后悔值=各个方案在该概率事件下的最优收益-该概率事件下该方案的收益

最小最大后悔值法作决策的步骤如下：

（1）计算每个方案在各种情况下的后悔值；

（2）找出各方案的最大后悔值；

（3）选择最大后悔值中的最小方案作为最优方案。

最小最大后悔值法是管理学中决策的不确定型决策的一种方法，软考高项的选择题曾经考过几次，这样的题目只要掌握决策标准，正确作答并不困难。

软考真题：

某企业开发了一种新产品，拟定的价格方案有三种：较高价、中等价、较低价，估计这种产品的销售状态也有三种：销路较好、销路一般、销路较差。根据以往的销售经验，这三种价格方案在三种销路状态下的收益值如表 12-22 所列。

表 12-22　真题配表

收益（万元）　销量情况 定价范围	销路较好	销路一般	销路较差
较高价	20	11	8
中等价	16	16	10
较低价	12	12	12

企业一旦选择了某种决策方案，在同样的销路状态下，可能会产生后悔值（即所选决策方案产生的收益与最佳决策收益值的差值）。例如，如果选择较低价决策，在销路较好时，后悔值就为 8 万元。因此，可以根据上述收益值表制作后悔值，如表 12-23 所列（空缺部分有待计算）。

表 12-23　真题配表

收益（万元）　销量情况 后悔值范围	销路较好	销路一般	销路较差
较高价	0		
中等价		0	
较低价	8		0

企业做定价决策前,首先需要选择决策标准。该企业决定采用最小-最大后悔值决策标准(坏中求好的保守策略),为此该企业的应选择决策方案为( )。

A. 较高价　　　　　　　　B. 中等价

C. 较低价　　　　　　　　D. 中等价或较低价

与决策树方法类似,在求解最小-最大后悔值的问题之前,先根据题目的已知信息确定"可选方案"(可选方案一般为选择题中的选项)和"概率事件"。解题步骤如下:

(1)确定可选方案和概率事件——此题的可选方案为较高价、中等价、较低价;概率事件为销路情况(销路较好、销路一般、销路较差)。

(2)以概率事件为维度,逐一计算每种概率事件下各方案的后悔值:

● 找到每种概率事件下的最优值;

● 各方案在该概率事件下的后悔值=最优值-该方案在该概率事件的收益;

● 将后悔值填到表中对应位置。

(3)以可选方案为维度,确定每个方案后悔值中的最大值。

(4)选择最大后悔值最小的方案。

最小-最大后悔值决策法的计算过程如图 12-9 所示。

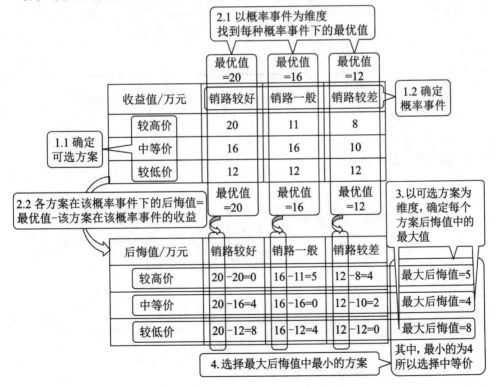

图 12-9　最小-最大后悔值决策法计算步骤

12.7　最短路径

最短路径问题一般给定一张路径图，然后计算两个定点之间的最短（或费用最少）路径。

软考真题：

某公司从甲地向丁地运送物质，运输过程中先后需经过乙、丙两个中转站，其中乙中转站可以选择乙1和乙2两个可选地点，丙中转站可以选择丙1、丙2、丙3三个可选地点，各相邻两地之间的距离如表12-24所示，则甲地到丁地之间的最短距离是（　　）。

表 12-24　真题配表

距离/千米　　终点 起点	乙1	乙2	丙1	丙2	丙3	丁
甲	26	30				
乙1			18	28	32	
乙2			30	32	26	
丙1						30
丙2						28
丙3						20

A. 64　　　　　　　B. 74　　　　　　　C. 76　　　　　　　D. 68

此类问题的解题思路就是"分步计算"，具体的解题步骤如下：

（1）根据已知信息，画出路线图（如果题干已经给出路线图，则此步骤省略）。本题的路线图如图12-10所示。

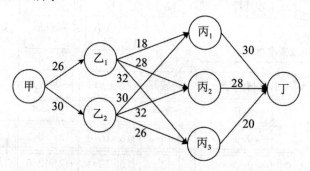

图 12-10　真题解析配图

（2）计算从甲出发到达两个乙节点的最短路径。

①计算从甲到达乙1的最短路径（就是26），将26标注到乙1节点。

②计算从甲到达乙 2 的最短路径（就是 30），将 30 标注到乙 2 节点。

（3）计算从乙出发到达三个丙节点的最短路径。

①计算到达丙 1 的最短路径：从乙 1 到丙 1 的距离为 26+18=44，从乙 2 到丙 1 的距离为 30+30=60，所以最短为 44，将 44 标注到丙 1 节点（也就是说，从甲出发到达丙 1 的最短路径是 44）。

②计算到达丙 2 的最短路径：从乙 1 到丙 2 的距离为 26+28=54，从乙 2 到丙 2 的距离为 30+32=62，所以最短为 54，将 54 标注到丙 2 节点（也就是说，从甲出发到达丙 2 的最短路径是 54）。

③计算到达丙 3 的最短路径：从乙 1 到丙 3 的距离为 26+32=58，从乙 2 到丙 3 的距离为 30+26=56，所以最短为 56，将 56 标注到丙 3 节点（也就是说，从甲出发到达丙 3 的最短路径是 56）。

④计算从丙出发到达丁节点的最短路径。从丙 1 到丁距离为 44+30=74；从丙 2 到丁距离为 54+28=82；从丙 3 到丁距离为 56+20=76。

⑤从甲到丁的最短路径为甲→乙 1→丙 1→丁，距离 74。

解题步骤的示意图如图 12-11 所示。

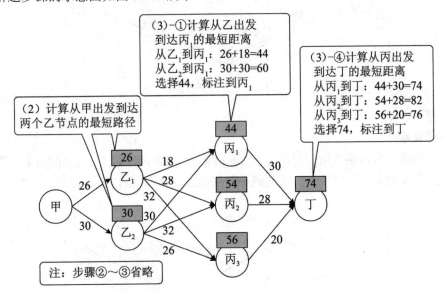

图 12-11　真题解析配图

这种方法，计算量比"遍历法"少一些，而且通过"分节点"计算的方式可以有效地理清思路、避免计算混乱。下面是两道软考真题。

软考真题：

图 12-12 中，从 A 到 E 的最短长度是（　　　）（图中每条边旁的数字为该条边的长度）。

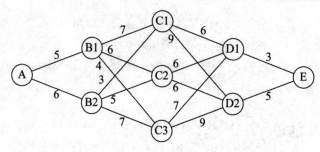

图 12-12　真题配图

A. 17 B. 18 C. 19 D. 20

解答：

从 A 到 E 各节点的最短距离如图 12-13 所示。

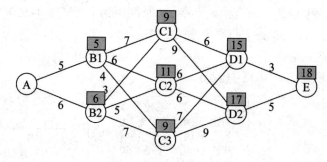

图 12-13　真题解析配图

选择 B

软考真题：

已知网络图各段路线所需费用如图 12-14 所示，图中甲线和乙线上的数字分别是对相应点的有关费用，从甲线到乙线的最小费用路线是（1）条，最小费用为（2）

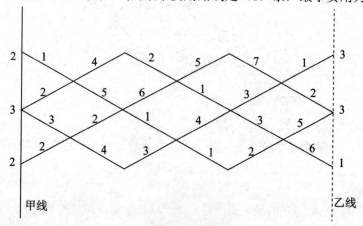

图 12-14　真题配图

（1）A. 1   B. 2   C. 3   D. 4

（2）A. 15   B. 16   C. 17   D. 18

解答：

从 A 到 E 各节点的最少费用如图 12-15 所示。

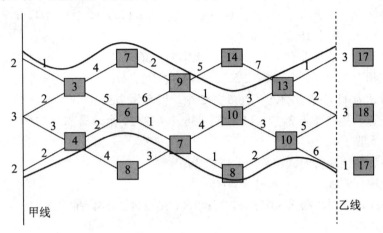

图 12-15 真题解析配图

答案：（1）B；（2）C。

12.8 古典概率问题

概率是对随机事件发生的可能性的度量，一般以一个在 0~1 之间的实数表示事件发生的可能性大小。

古典概率讨论的对象局限于随机试验所有可能结果为有限个相等可能的情形（软考高项选择题基本上都是这种类型）。

在分析概率问题的时候，需要先理解几个概念（以掷骰子为例）。

基本事件：点数为 1、点数为 2、点数为 3、……点数为 6。

基本事件总数：n，掷骰子中的 n=6。

基本事件的概率：1/n。

组合事件：包含多个基本事件的事件，例如"某次掷骰子的点数大于 3"。

组合事件的概率=组合事件中的基本事件个数÷基本事件总数。例如"某次掷骰子的点数大于 3"中的基本事件包括点数为 4、点数为 5、点数为 6 共 3 个，所以该组合事件的概率为 3/6。

软考真题：

有一种游戏为掷两颗骰子，其规则为：当点数和为 2 时，游戏者输 9 元；点数和为

7 或者 11 时，游戏者赢 X 元；其他点数时均输 1 元。依据 EMV 准则，当 X 超过（　　）元时游戏才对游戏者有利。

A. 3.5 　　　　 B. 4 　　　　 C. 4.5 　　　　 D. 5

分析：

基本事件为"骰子 A 点数/骰子 B 点数"，包括 1/1、1/2、1/3、1/4、1/5、1/6、2/1、2/2、2/3……6/6，共计 36 个。

- 点数和为 2 的事件有 1 个（1/1），概率为 1/36；
- 点数和为 7 的事件有 1/6、2/5、3/4、4/3、5/2、6/1 共 6 个，概率为 6/36；
- 点数和为 11 的事件有 5/6、6/5 共 2 个，概率为 2/36；
- 点数和为其他（非 2、7、11）共有 36-1-6-2=27 个，概率为 27/36。

每投一次骰子：

- 游戏者可能赢得的钱：$X \times (6/36+2/36)$；
- 可能输掉的钱：$9 \times 1/36+1 \times 27/36$；

为使游戏者有利，则 $X \times (6/36+2/36) > 9 \times 1/36+1 \times 27/36$，推出 $X > 4.5$。

软考真题：

袋子里有 50 个乒乓球，其中 20 个黄球，30 个白球。现在两个人依次不放回地从袋子中取出一个球，第二个人取出黄球的概率是（　　）。

A. 1/5 　　　　 B. 3/5 　　　　 C. 2/5 　　　　 D. 4/5

分析：

第一人取出黄球（概率为 20/50）时，还剩的 49 个球中有黄球 19 个，则此时第二人取出黄球的概率为 19/49，也就是说第一人取出黄球第二人取出黄球的概率=(20/50)×(19/49)。

第一人取出白球（概率为 30/50）时，还剩的 49 个球中有黄球 20 个，则此时第二人取出黄球的概率为 20/49，也就是说第一人取出白球第二人取出黄球的概率=(30/50)×(20/49)。

第二个人取出黄球的概率=第一人取出黄球×第二人取出黄球的概率+第一人取出白球×第二人取出黄球的概率=(20/50)×(19/49)+(30/50)×(20/49)≈2/5。

软考真题：

假设某项目风险列表中，风险分为一、二、三级分别占 10%、30%、60%，项目经理小李随机抽查一个风险等级情况，结果不是一级风险，则本次抽查到三级风险的概率是（　　）。

A. 2/3 　　　　 B. 1/3 　　　　 C. 3/5 　　　　 D. 2/5

分析：

结果不是一级风险，说明不是二级风险就是三级风险。

此时，基本事件包括：

- 结果是二级风险，个数 0.3；
- 结果是三级风险，个数 0.6；

基本事件总数：0.3+0.6=0.9。

所以，结果是三级风险的概率=0.6÷(0.3+0.6)=2/3。

软考真题：

同时抛掷 3 枚均匀的硬币，恰好有两枚正面向上的概率为（　　）。

A．1/4　　　　　　　B．3/8　　　　　　　C．1/2　　　　　　　D．1/3

分析：

同时抛掷 3 枚均匀的硬币，结果设为"A/B/C"，A 为硬币 A 的面、B 为硬币 B 的面、C 为硬币 C 的面。

基本事件：正/正/正、正/正/反、正/反/正、正/反/反、
　　　　　　反/正/正、反/正/反、反/反/正、反/反/反。

基本事件总数：8

组合事件"恰好有两枚正面向上"包括：正/正/反、正/反/正、反/正/正，共 3 个。

组合事件"恰好有两枚正面向上"的概率为 3/8。

第 13 章 科目 2—案例题—挣值分析

案例题合格存在充要条件，考得好，合格；否则，挂科。对于高项的案例题，我们需要做的就是拿到 10%"背书题"的分、70%"找茬题"的分和 100%"计算题"的分，其中的关键就在于"计算题"（包括挣值分析和网络图）和"找茬题"。挣值分析、网络图和万能钥匙（答找茬题用）不仅要会，而且要熟练，必须大量练习。

本章详细讲述挣值分析相关概念和软考高项中的典型题目。

13.1 挣值分析简介

作为项目管理最经典的三大技术（WBS、网络图、挣值分析）之一，挣值分析法广泛应用于各类项目的项目管理工作，其基本信息如下：

- 挣值管理（Earned Value Management，EVM）是将范围、进度、成本整合起来进而客观测量项目绩效的一种方法。
- 1967 年美国国防部开发了挣值法，成功地将其应用于国防工程，并逐步获得广泛应用。
- 1998 年，美国标准协会发布挣值管理国家标准：ANSI/EIA-748-1998（美国国防部规定，如果企业不符合该标准，则没有项目投标资格）。
- 澳大利亚、加拿大、英国、瑞典等国也相继把 EVMS（挣值管理标准）纳入政府和工业界的标准。日本规定公共工程于 2004 年以前全面采用这套管理方法。
- 因其能够清晰且客观地反映项目现状，并预测项目的未来，挣值管理被誉为"亮灯管理"。

对于软考高项考试而言，挣值分析在选择题中常常出现，更重要的是它几乎是案例题的必考题，而且分值占比很高，不会做就等于考试失败。所以，不管是为了很好地学习项目管理，还是为了高项考试顺利通过，挣值分析都必须熟练掌握。

13.2 挣值分析基本概念

13.2.1 评价进度绩效

在学习挣值分析技术之前，请思考下面的问题：

假如你是一个项目的项目经理，这个项目已经开始但还没有结束，在当前时间，你如何评价这个项目的进度绩效？你需要几个信息？

要回答这个问题，首先要弄清楚什么是"进度绩效"。这个概念很简单，项目当前的进度绩效就是项目当前的实际进度与项目当前的计划进度之比。所以，评价进度绩效，只需两个信息：（1）项目当前的实际进度；（2）项目当前的计划进度。拿这两个信息作比较就能得到进度绩效。

用挣值分析法量化计算项目当前的进度绩效，也只需要上述两个信息（实际进度和计划进度），挣值分析法是这样定义的。

挣值分析基本概念：

- PV（Planed Value）：当前计划工作量的预算价值。
- EV（Earned Value）：当前实际工作量的预算价值。

这两个概念（PV、EV）是挣值分析最重要的两个基本概念。对于这两个概念，大家一定要进行深入地学习，必须吃透、做到真正地理解。

下面是这两个概念的解读：

- PV、EV 的单位是钱。
- PV、EV 的本质不是钱是工作量（挣值分析只不过是用钱来描述工作量）。
- PV 指的是项目在某段时间内的计划工作量。
- EV 指的是项目在某段时间内的实际工作量。
- 概念中的当前是简称，一般指"项目从开始截止当前这段时间"。
- 在高项绝大多数挣值分析的考试题中，计算 PV、EV 时都只给一个时间点，因此一定要清楚地找到这个时间段（例如"项目在第 3 月末，计划完成……实际完成了……，请计算 PV、EV……"，这时，计算 PV、EV 一般指的是项目前 3 个月的计划工作量和实际工作量）。

理解了 PV、EV 的真正含义，我们就可以利用两个概念去评价项目的进度绩效。进度绩效是把实际进度与计划进度作比较，数学上，把两个物理量做比较就是将这两个物理量做减法或做除法。所以，人们利用 PV、EV 衍生出了评价进度绩效的概念。

挣值分析衍生概念：

- SV（Schedule Variance）：进度偏差，定义为 SV=EV−PV。
- SPI（Schedule Performed Index）：进度绩效指数，定义为 SPI=EV/PV。

结论：

- EV>PV ⇔ SV>0 ⇔ SPI>1 ⇔ "实际进度>计划进度" ⇔ "进度超前"。

椅子项目：

某项目计划生产 100 把椅子，每月计划完成 10 把，每把预算 1 万元，在第 4 月末时，发现实际完成了 50 把。

问题：计算该项目第 4 月末的 PV、EV、SV、SPI，评价项目当前的进度绩效。

答案：

PV=4 个月×10 把/月×1 万元/把=40 万元。

EV=50 把×1 万元/把=50 万元。

SV=EV-PV=50-40=10 万元，SPI=EV/PV=50/40=1.25，项目当前进度超前。

13.2.2　评价成本绩效

下面我们来分析成本，请思考这个问题：

如果一个项目在前 4 个月，计划成本是 40 万元，实际成本是 60 万元，是不是说明这个项目在前 4 个月成本超支？

"当然是超支了，这还用问？"——这肯定是很多人的想法。

这个结论不对，只依据上述已知信息，不能判断成本绩效。

大家看下面的椅子项目：

某项目计划生产 100 把椅子，每月计划完成 10 把，每把预算 1 万元，在第 4 月末时发现实际成本 60 万元，完成了 80 把椅子。

"一个项目在前 4 个月计划成本是 40 万元，实际成本是 60 万元"？是的，没错，但是这个项目在第 4 月末时成本节约，因为项目花了 60 万元就完成了 80 把椅子的工作量。

所以，我们评价一个项目在某段时间内的成本情况，当然也是比较这段时间的实际成本和计划成本，但是，这个实际成本和计划成本都应该针对实际工作量。以这个椅子项目为例，在第 4 月末的计划成本是 40 万元，但这个第 4 月末的计划成本对应的是第 4 月末的计划工作量 40 把椅子，而实际成本 60 万元对应的是实际工作量（80 把椅子）。所以，这个 40 万元与 60 万元之间就没有可比性。应该拿实际工作量 80 把椅子的计划成本 80 万元与实际成本 60 万元比较，才有意义。

挣值分析计算项目成本绩效用的两个概念，一个对应实际工作量的计划成本，一个对应实际工作量的实际成本。

挣值分析基本概念：

- EV（Earned Value）：当前，实际工作量的预算价值。
- AC（Actual Cost）：当前实际工作量的实际成本。

不难发现，实际工作量的计划成本就是 EV。所以在评价成本绩效时，挣值分析法用 EV 和 AC 比较即可，AC 就是挣值分析最重要的三个基本概念中的最后一个。

与进度绩效类似，我们将 EV 与 AC 做减法、除法，就衍生出了成本绩效相关概念。挣值分析衍生概念：

- CV（Cost Variance）：成本偏差，定义为 CV=EV-AC。
- CPI（Cost Performed Index）：成本绩效指数，定义为 CPI=EV/AC。

结论：

- EV>AC ⇔ CV>0 ⇔ CPI>1 ⇔实际工作量的计划成本>实际工作量的实际成本⇔成本节约。

对于挣值分析这 3 个基本概念，大家一定要反复阅读，一定要吃透。

挣值分析基本概念解读：

- PV、EV、AC 这三个概念分为两组：EV 和 PV 是一组评价进度；EV 和 AC 是一组评价成本。
- PV 与 AC 比较无意义。
- PV 就是计划的活儿；EV 就是干完的活儿；AC 就是花的钱。

继续用椅子项目做练习。

某项目计划生产 100 把椅子，每月计划完成 10 把，每把预算 1 万元。在第 4 月末时，发现实际完成了 50 把，实际花了 60 万元。

问题：计算该项目第 4 月末的 EV、AC、CV、CPI，评价项目当前的成本绩效。

答案：

AC=60 万元（这是题目的已知信息）；EV=50 把×1 万元/把=50 万元；

CV=EV-AC=50-60=-10 万元，CPI=EV/AC=50/60=0.83，项目当前成本超支。

学习一项新的技术、一组新的知识，最好也是最重要的方法就是理解概念，然后进行练习。

软考真题：

某土方工程总挖方量为 4000m³，预算单价为 45 元/m³，计划用 10 天完成，每天 400m³。开工后第 7 天早晨去测量，取得了两个数据：已完成挖方量为 2000 m³，累计已支付 12 万元。那么此时项目 CPI 和 SPI 分别为（　　　）。

A．CPI=0.75；SP1=0.75　　　　　B．CPI=0.83；SPI=0.83

C．CPI=0.75；SPI=0.83　　　　　D．CPI=0.83；SPI=0.75

分析步骤：

（1）先确定"时间段"；

（2）根据题意，寻找这段时间内项目的实际花费（就是 AC）；

（3）根据题意，寻找这段时间内项目应该干的活（乘以预算单价即是 PV）；

（4）根据题意，寻找这段时间内项目已经干完的活（乘以预算单价即是 EV）。

答案：

时间段为前 6 天；AC=12 万元；PV=6×400×45=10.8 万元；EV=2000×45=9 万元；

CPI=EV/AC=9/12=0.75；SPI=EV/PV=9/10.8=0.83。

挣值分析基本概念必须熟练掌握，因此需要进行大量练习。

13.3　挣值分析预测概念

利用挣值分析的三个基本概念，可以分析项目当前的进度、成本绩效，进而也可以对项目未来的绩效情况进行预测，这需要结合其他的一些概念。

挣值分析预测相关概念：

- BAC（Budget at Completion）：所有工作量的预算价值。
- ETC（Estimate to Complete）：当前剩余工作量的预计成本。（完工尚需估算）当前的成本偏差为非典型偏差时，ETC=BAC-EV；当前的成本偏差为典型偏差时，ETC=(BAC-EV)/CPI。
- EAC（Estimate at Completion）：当前估计的项目总成本（完工估算）。
- EAC=AC+ETC。

对于上述概念，一定要做到真正理解，解读如下：

- BAC 可以简单理解为总工作量（也是以最初预算的方式来衡量工作量）。
- BAC 与时间无关（从 BAC 的定义就可以发现）。
- 当前的成本偏差非典型，说明在预测剩余工作量需要多少钱的时候，不参考当前的成本绩效，那么，剩下的=所有的-干完的（ETC=BAC-EV）。这种情况就是按最初预算，剩余工作量需要多少钱。
- 当前的成本偏差典型，说明在预测剩余工作量需要多少钱的时候，参考当前的成本绩效，则 ETC=(BAC-EV)/CPI。这种情况就是按当前绩效，剩余工作量需要多少钱。
- 当前估计项目总花费的时候，最科学的预测就是将项目分成两部分：一部分是干完的（这部分的成本就是 AC），另一部分是剩下的（成本只能估计即 ETC）。所以，EAC=ETC+AC。

我们仍然用椅子项目来学习。

某项目计划生产 100 把椅子，每月计划完成 10 把，每把预算 1 万元，在第 4 月末时，发现实际完成了 50 把，实际花了 60 万元。

问题：分别计算该项目第 4 月末时非典型偏差和典型偏差情况下的 ETC 和对应的 EAC。

答案：

项目 BAC=1×100=100 万元；

第 4 月末时，EV=50 万元，AC=60 万元，CPI=EV/AC=5/6。

非典型偏差时：ETC=BAC-EV=100-50=50 万元，EAC=ETC+AC=50+60=110 万元。

典型偏差时：ETC=(BAC-EV)/CPI=(100-50)/(5/6)=60 万元，

　　　　　　　EAC=ETC+AC=60+60=120 万元。

关于典型、非典型偏差，我们用椅子项目为例做进一步的阐述。

在第 4 月底，项目目前的状况是花了 60 万元（AC）完成了 50 把椅子（EV），这就是说成本超支了 10 万元（CV=-10 万元），现在我们要估计剩下的 50 把椅子需要多少钱（ETC）。此时，应该分析造成成本超支的原因，以及这个原因是否会影响后续工作，一般有两种情况（典型、非典型）：

- 情况 1：成本超支的原因是因为工人疏忽，在完成 50 把椅子的过程中发现少了一道工序，不得不进行返工，因此超支了 10 万元。此时，项目经理经过分析，认为这个问题可以在剩下的工作中避免（不再少工序即可），也就是说，前 4 个月成本超支的原因不典型，不典型就意味着剩下工作的成本不需要参考当前的超支原因，那么剩下的工作（50 把椅子）成本按照原成本预算估计即可（ETC=50 万元）。
- 情况 2：成本超支的原因是因为木材原材料涨价了，核算下来平均 1.2 万元/把，从而超支了 10 万元。此时，项目经理分析后认为这个问题在剩下的工作中不可避免（木材价格不会回落），这个造成成本超支的原因是典型的，"典型"就意味着剩下工作的成本需要参考当前的成本绩效。那么，剩下的 50 把椅子的成本就需要按照造成当前超支的原因去修正，这个修正方法就是用剩下工作最初的预算除以 CPI（ETC=(BAC-EV)/CPI=60 万元）。其中，BAC-EV 就是剩下工作的最初预算。

当前的原因不典型就不按照当前去估计，按最初预算去估计；当前的原因典型，就得按照当前的情况去估计。记忆口诀如下：典型就按当前；不典型就按最初。

在实际考试做题的过程中，考生要根据题干的已知信息去判断是典型偏差还是非典型偏差，从而决定是按最初还是按当前估算。

软考真题：

某大楼布线工程基本情况为：一层～四层，必须在低层完成后才能进行高层布线，每层工作量完全相同。项目经理根据现有人员和工作任务，预计每层需要一天完成。项目经理编制了该项目的布线进度计划，并在 3 月 18 号工作时间结束后对工作完成情况进行了绩效评估，如表 13-1 所列。

表 13-1　真题配表

单位：万元

布线进度		日期			
		2011-3-17	2011-3-18	2011-3-19	2011-3-20
计划	计划进度	完成第一层	完成第二层	完成第三层	完成第四层
	预算	1	1	1	1
实际	实际进度		完成第一层		
	实际花费		0.8		

[问题 1] 请计算 2011 年 3 月 18 日时对应的 PV、EV、AC、CPI 和 SPI。

[问题 2] 如果在 2011 年 3 月 18 日绩效评估后，找到了影响绩效的原因并纠正了项目偏差，请计算 ETC 和 EAC 并预测此种情况下的完工日期。

[问题 3] 如果在 2011 年 3 月 18 日绩效评估后，未进行原因分析和采取相关措施，仍按目前状态开展工作，请计算 ETC 和 EAC 并预测此种情况下的完工日期。

分析步骤：（1）先确定"时间段"；（2）寻找实际花费；（3）寻找计划的活；（4）寻找干完的活。

答案：

[问题 1]：（时间段是前两天，计划完成前两层，实际完成第一层）。

AC=0.8 万元；PV=1+1=2 万元；EV=1 万元；CPI=1/0.8=1.25；SPI=1/2。

[问题 2]：（纠正了偏差意味着剩下的工作不再偏差，就是不参考当前偏差即当前偏差"非典型"）

ETC=BAC-EV=4-1=3 万元，EAC=ETC+AC=3+0.8=3.8 万元。

[问题 3]：（仍按目前状态开展工作，就是"按当前"即当前偏差典型）

ETC=(BAC-EV)/CPI=(4-1)/(1.25)=2.4 万元，EAC=ETC+AC=2.4+0.8=3.2 万元。

为方便学习和理解，我们将挣值分析重要概念和公式整理成表 13-2。

表 13-2　挣值分析相关概念和公式汇总

PV	当前计划工作量的预算价值		计划的计划	
EV	当前实际工作量的预算价值		实际的计划	
AC	当前实际工作量的实际花费		实际的实际	
SV=EV-PV，SPI=EV/PV		EV>PV⇔SV>0⇔SPI>1⇔进度超前		EV 在左边，
CV=EV-AC，CPI-EV/AC		EV>AC⇔CV>0⇔CPI>1⇔成本节约		EV 越大越好
BAC	所有的工作量，价值最初预算多少钱			
ETC	按最初，当前剩下的工作量需要多少钱		=BAC-EV（非典型偏差）	
	按当前，当前剩下的工作量需要多少钱		=(BAC-EV)/CPI（典型偏差）	
EAC	=ETC+AC	按最初	EAC=(BAC-EV)+AC	
		按当前	EAC=(BAC-EV)/CPI+AC=BAC/CPI	

说明：

- PV 理解成计划的计划，指的是 PV 的定义可以理解为计划工作量的计划成本，EV、AC 也可以同样记忆（前面是工作量、后面是成本）。
- 对于 SV、SPI、CV、CPI 这 4 个公式而言，EV 在左边指的是 EV 在减号或者除号的左边，方便记忆；EV 越大越好指的是当 EV 比 PV 大时进度超前，我们朴素地理解为进度好（EV 比 AC 大时，成本好），方便理解。
- 在按当前绩效计算 EAC 时，EAC=BAC/CPI（根据原始公式推导即得）。

13.4　挣值分析其他概念

表 13-2 中的概念是软考高项案例题和选择题中挣值分析的考试题最常考核的概念。在第三版高级教程中，补充了与挣值分析相关的一些其他概念。

挣值分析其他概念：

- VAC（Variance at Completion）：完工偏差。完工时，总费用将会超支还是节约。

VAC=BAC-EAC。

- TCPI（To-Complete Performance Index）：完工尚需绩效指数。为实现某个特定目标（BAC 或 EAC），该以怎样的利用率来使用剩余资源。若要达成 BAC 的目标，则 TCPI=(BAC-EV)/(BAC-AC)；若要达成 EAC 的目标，则：

$$TCPI=(BAC-EV)/(EAC-AC)$$

- 若未来的成本受到当前的进度绩效和成本绩效的共同作用，则：

$$ETC=(BAC-EV)/(CPI×SPI)$$

- 若当前的绩效和最初的预算均不能适用于目前项目的状态，则：

$$ETC=自下而上对于剩余工作进行重新预算$$

简要说明：

- VAC 帮助项目经理在当前时间预测，当项目完工时总费用会超支还是节约。如果 VAC 为正，则节约；如果为负，则超支。
- TCPI 就是为达成目标完成剩下工作的时候，1 元钱得当多少钱来花。例如椅子项目，BAC=100 万元，在第 4 月末 EV=50 万元，AC=60 万元。若最终的成本目标是 100 万元（老板说总预算不能变），则 TCPI=(100-50)/(100-60)=1.25。也就是说，接下来的工作必须得用 40 万元完成原预算 50 万元的活（50 把椅子）。其等价于接下来 1 元得当 1.25 元来花（1 元得完成原预算 1.25 元的活儿）。

本小节中的概念在以前的软考高项的考试中从没考过，考生备考时无需花费大量的时间复习。另外，如果对表 13-2 中的概念真正理解的话，本小节的概念学习起来并没有难度。

13.5　挣值分析二维图

可以用二维坐标图来表示项目的计划、当前的进展等信息，这就是典型的挣值二维图，如图 13-1 所示。

图 13-1 中，横轴为时间，纵轴为以成本来衡量的工作量价值。当项目进行到某个"当前时间"时，可以在图中比较 EV 与 PV（或 AC）的大小，从而方便地分析项目进度（或成本）绩效。图 13-1 所示的项目，在当前时间进度落后、成本超支。

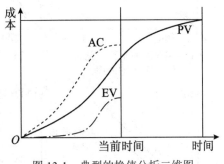

图 13-1　典型的挣值分析二维图

椅子项目

某项目计划生产 100 把椅子，每月计划完成 10 把，每把预算 1 万元，在第 4 月末时发现实际完成了 50 把，实际花了 60 万元。

问题 1：请画出该项目第 4 月末的挣值二维图。

问题2：按照典型、非典型偏差两种情况，预测并画出项目完工时EV、AC的曲线。

问题1答案：

第4月末的挣值分析二维图如图13-2所示。

- PV是计划，只要项目的计划制订完成，项目整体PV就可以完整地画出而不受当前时间的影响（项目某时间点对应的PV与项目整体PV不是一个概念）。

- 项目整体PV的终点对应的横坐标就是项目的计划总工期（椅子项目是第10月末）。

- 项目整体PV的终点对应的纵坐标就是项目的BAC（椅子项目是100万元）。

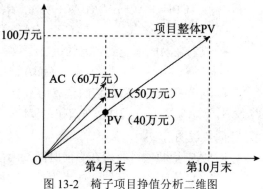

图13-2　椅子项目挣值分析二维图

- EV、AC都针对实际工作量，因此EV和AC只能随着实际状况一点一点记录，一般EV和AC在当前时间截止（对未来进行预测时可以超越当前时间，详见后文）。

问题2答案：

椅子项目-非典型偏差-挣值分析预测图（图中从左至右为画图步骤）如图13-3所示。

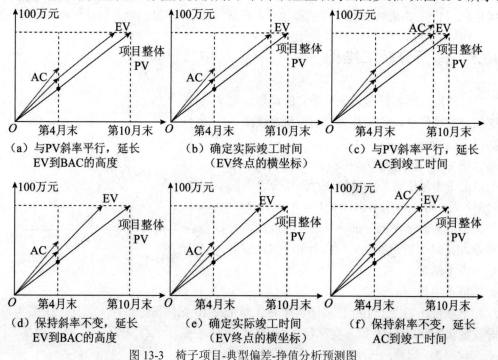

图13-3　椅子项目-典型偏差-挣值分析预测图

解读：

- 非典型偏差就是以后的工作按最初计划，即从现在开始 EV、AC 按照 PV 的斜率预测。
- 典型偏差就是以后的工作按当前绩效，即 EV、AC 按照自己的斜率预测。
- 当 EV=BAC 时，项目实际完工（EV=BAC ⇔ 完成的工作量=所有的工作量，当完成的工作量等于所有的工作量即竣工）。

13.6　挣值分析真题—选择题

13.6.1　挣值分析选择题—真题

1、2. 某大型项目进行到两年时，使用挣值法所需的三个中间变量的数值分别是：计划值 PV 为 400 万元，实际成本 AC 为 200 万元，挣值 EV 为 100 万元。基于该项目的成本偏差，下列描述中正确的是（1）；基于该项目的成本绩效指数，下列描述中正确的是（2）。

（1）A．项目成本偏差为负，且项目处于超支状态

　　　B．项目成本偏差为正，且项目处于超支状态

　　　C．项目成本偏差为负，且项目处于成本节约状态

　　　D．项目成本偏差为正，且项目处于成本节约状态

（2）A．成本绩效指数小于 1，且实际发生的成本是预算成本的 2 倍

　　　B．成本绩效指数大于 1，且实际发生的成本是预算成本的一半

　　　C．成本绩效指数小于 1，且实际发生的成本是预算成本的一半

　　　D．成本绩效指数大于 1，且实际发生的成本是预算成本的 2 倍

3. 项目经理小李对自己的项目采用挣值法进行分析后，发现 SPI>1、CPI<1，则该项目（　　）。

　　　A．进度超前，成本节约　　　　　　　B．进度超前，成本超支

　　　C．进度延后，成本节约　　　　　　　D．进度延后，成本超支

4. 某 ERP 软件开发项目共有 12 个模块，项目经理对软件进行了成本预算，预算每个模块的开发成本为 5 万元，按照项目管理计划每月开发一个模块，12 个月完成开发工作。在项目进行到第 3 月底的时候，项目经理对照计划发现刚完成了两个模块的开发工作，统计实际花费成本为 15 万元。若按照目前的绩效情况，到所有模块开发完成时预计花费的总成本为（　　）。

　　　A．90 万元　　　　B．75 万元　　　　C．70 万元　　　　D．66.7 万元

5. 已知某综合布线工程的挣值曲线如图 13-4 所示：总预算为 1230 万元，到目前为止已支出 900 万元，实际完成了总工作量的 60%，该阶段的预算费用是 850 万元。按目前的状况继续发展，要完成剩余的工作还需要（　　）万元。

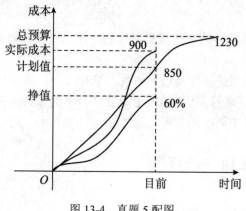

图 13-4　真题 5 配图

  A．330   B．492   C．600   D．738

  6．某项目计划工期为 4 年，预算总成本为 800 万元。在项目的实施过程中，通过对成本的核算和有关成本与进度的记录得知，开工后第 2 年末，实际成本发生额为 200 万元，所完成工作的计划预算成本额为 100 万元。与项目预算成本比较可知：当工期过半时，项目的计划成本发生额应该为 400 万元，此时如果不采取任何纠正措施，照此速度发展下去，那么到开工后第 4 年末项目会出现（　　）万元的成本超支。

  A．50   B．100   C．200   D．400

  7．根据图 13-5，表示竣工费用超支情况的是（　　）。

  A．①   B．②   C．③   D．④

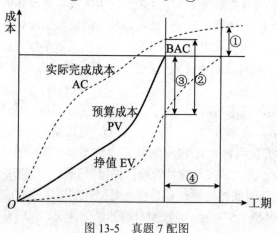

图 13-5　真题 7 配图

13.6.2　挣值分析选择题—答案

  1、2．（1）A；（2）A。

  3．B。

4．A。

解法 1：BAC=12×5=60 万元；前三个月的 AC=15 万元，EV=2×5=10 万元；

CPI=EV/AC=10/15=2/3。

题干若按照目前的绩效情况，所有采用典型偏差（按当前），所以

ETC= (BAC-EV) /CPI= (60-10)/ (2/3) =75 万元；EAC= AC+ETC=15+75=90 万元。

解法 2：问题是若按照目前的绩效情况，到所有模块开发完成时预计花费的总成本为多少。需要找到目前的绩效情况。根据题干不难发现，目前的绩效情况是："在项目进行到第 3 个月底的时候，项目经理对照计划发现刚完成了两个模块的开发工作，统计实际花费成本为 15 万元。"，即用 3 个月完成了两个模块，花费 15 万元。再回到问题：若按照目前的绩效情况，到所有模块开发完成时预计花费的总成本为多少？梳理已知条件如下：

（1）所有模块共有 12 个；

（2）完成了两个模块，花了 15 万元（也就是 7.5 万元/个）。

按当前绩效，所有模块完成时预计花费的总成本为：12 个×7.5 万元/个=90 万元。

5．C。

解法 1：BAC=1230 万元，AC=900 万元，EV=1230×60%=738 万元。

ETC= (BAC-EV) /CPI= (1230-738)/ (738/900) =600 万元。

解法 2：由于题目的问题是按目前的状况继续发展，要完成剩余的工作还需要（　　）万元，分析目前状况。目前状况是：花了 900 万元，完成了 60%，还剩 40%。按目前状况，剩下的 40%需要：(900/0.6)×0.4=600 万元。

深入理解：

根据第 4、5 题可以发现，当按照当前绩效预测剩余工作量成本时，最初的预算无用（将第 4 题的 5 万元/个、第 5 题的 1230 万元改成任意数字，结果不变），这是因为既然按当前预测，那么最初预算就无效了。

6．C。

一种错误分析：问题是第 4 年末的成本超支，那么应寻找第 4 年末的计划成本和实际成本，然后比较即可。根据题意：第 4 年末的计划成本是 800 万元；第 2 年末的实际成本是 200 万元，并且照此速度发展下去，则第 4 年末的实际成本将是 400 万元。所以，第 4 年末的成本超支是 400 万元。

大家思考这种分析错在哪里？

除了结论错误，上述分析的毛病在于：照此速度发展下去，第 4 年的计划成本是 800 万元，照此发展，第 4 年末干不完（干不完预算就不是 800 万元）。

正确解法：题干问题是照此速度发展下去，第 4 年末的成本超支是多少？那么，我们计算第 2 年末的成本超支，再乘以 2 即可。根据题意，在当前时间（第 2 年末），实际成本为 200 万元；而题干原文所完成工作的计划预算成本额为 100 万元就是这 200 万元对应的工作量的计划成本。所以，在第 2 年末项目超支了 100 万元（200-100），因此第

4 年末将超支 200 万元。

　　另外，所完成工作的计划预算成本额这句话其实就是 EV 的定义。

　　此题题干给我们的信息包括：项目总预算 800 万元、计划总工期为 4 年、在第 2 年末的 AC=200 万元、EV=100 万元、PV=400 万元（题干中"当工期过半时，项目的计划成本发生额应该为 400 万元"，这句话等价于告诉我们在第 2 年末的 PV 是 400 万元。因为，当一个人说某项目在某阶段的计划成本是 X 元时，隐含的意思是某项目在某阶段的计划工作量的计划成本是 X 元。而此题的问题是：照此速度发展，第 4 年末项目的成本超支多少？我们需要的信息只包括"第 2 年末的 AC 和 EV"，其他信息不需要。做任何题目，关键是紧紧抓住问题，根据问题倒推我需要什么信息，而不是盲目分析题干都给了什么信息，已知信息并不一定都是有用的。

　　另外，根据题干中的已知信息我们可以推出一些其他结论，照此速度发展：

- 当前（第 2 年末）完成了总工作量的 1/8（因为 EV=100 万元，BAC=800 万元）。
- 项目完工成本将会是 1600 万元（因为花了 200 万元完成了总工作量的 1/8）。
- 项目完工工期将会是 16 年（因为用了两年完成了总工作量的 1/8）。
- 所有这些结论的推导都没用到 PV（因为是按当前，所以原计划就无用了）。

　　7. A。①是竣工时的成本超支。②是在计划完工时的成本超支。③是在计划完工时的 SV。④是竣工时的进度延期时间。

13.7　挣值分析真题—案例题

13.7.1　挣值分析案例题—真题

1. 案例题 1

　　某项目经理将其负责的系统集成项目进行了工作分解，计划 4 个月完工，对每个工作单元进行了成本估算得到其计划成本。在第 4 月底时，各任务的计划成本、实际成本及完成百分比如表 13-3 所列。

表 13-3　真题配表

任务名称	计划成本/万元	实际成本/万元	完成百分比/%
A	10	9	80
B	7	6.5	100
C	8	7.5	90
D	9	8.5	90
E	5	5	100
F	2	2	90

[问题 1]　（10 分）请分别计算该项目在第 4 月底的 PV、EV、AC 值，并写出计算过程。请从进度和成本两方面评价此项目的执行绩效如何，并说明依据。

[问题 2]　（5 分）有人认为：项目某一阶段实际花费的成本（AC）如果小于计划支出成本（PV），说明此时项目成本是节约的，你认为这种说法对吗？请结合本题说明为什么。

[问题 3]　（10 分）

（1）如果从第 5 月开始，项目不再出现成本偏差，则此项目的预计完工成本（EAC）是多少？

（2）如果项目仍按目前状况继续发展，则此项目的预计完工成本（EAC）是多少？

（3）针对项目目前的状况，项目经理可以采取什么措施？

2．案例题 2

某项目由 A、B、C、D、E、F、G、H、I、J 共 10 个工作包组成，项目计划执行时间为 5 个月。在项目执行到第 3 月末的时候，公司对项目进行了检查，检查结果如表 13-4 所列（假设项目工作量在计划期内均匀分布）。

[问题 1]　（4 分）计算到目前为止，项目的 PV、EV 分别为多少？

[问题 2]　（11 分）假设该项目到目前为止已支付 80 万元，请计算项目的 CPI 和 SPI，并指出项目整体的成本和进度执行情况。项目中哪些工作包落后于计划进度？哪些工作包超前于计划进度？

[问题 3]　（10 分）如果项目的当前状态代表了项目未来的执行情况，预测项目未来的结束时间和总成本，并针对项目目前的状况提出相应的应对措施。

表 13-4　真题配表

工作包	预算/万元	预算按月分配/万元					实际完成/%
		第 1 月	第 2 月	第 3 月	第 4 月	第 5 月	
A	12	6	6				100
B	8	2	3	3			100
C	20	6	10	4			100
D	10		6		4		75
E	3	2	1				75
F	40			20	15	5	50
G	3				3		50
H	3			2	1		50
I	2			1	1		25
J	4				2	2	25

3．案例题 3

某项目工期为 6 个月，该项目的项目经理在第 3 月末对项目进行了中期检查，检查结果表明完成了计划进度的 90%，相关情况见表 13-5（单位：万元），表中活动之间存在 F-S 关系。

表 13-5　真题配表

序号	活动	第 1 月	第 2 月	第 3 月	第 4 月	第 5 月	第 6 月	PV 值
1	编制计划	4	4					8
2	需求调研		6	6				12
3	概要设计			4	4			8
4	数据设计				8	4		12
5	详细设计					8	2	10
	月度 PV	4	10	10	12	12	2	
	月度 AC	4	11	11				

[问题 1]　（8 分）计算中期检查时项目的 CPI、CV 和 SV，以及概要设计活动的 EV 和 SPI。

[问题 2]　（4 分）如果按照当前的绩效，计算项目的 ETC 和 EAC。

[问题 3]　（8 分）请对该项目目前的进展情况作出评价。如果公司规定，在项目中期评审中，项目的进度绩效指标和成本绩效指标在计划值的±10%即为正常，则该项目是否需要采取纠正措施？如需要，请说明可采取哪些纠正措施进行成本控制；如不需要，请说明理由。

[问题 4]　（5 分）结合本案例，判断下列选项的正误（填写在答题纸的对应栏内，正确的选项填写"√"，错误的选项填写"×"）：

1．应急储备是包含在成本基准内的一部分预算，用来应对已经接受的已识别风险，并已经制定应急或减轻措施的已识别风险。

2．管理储备主要应对项目的"已知-未知"风险，是为了管理控制的目的而特别留出的项目预算。

3．管理储备是项目成本基准的有机组成部分，不需要高层管理者审批就可以使用。

4．成本基准就是项目的总预算，不需要按照项目工作分解结构和项目生命周期进行分解。

5．成本管理过程及其使用的工具和技术会因应用领域的不同而变化，一般在项目生命期定义过程中对此进行选择。

13.7.2　挣值分析案例题—答案

1．案例题 1 答案

[问题 1 答案]：

在第 4 月底：PV=10+7+8+9+5+2=41 万元。

EV=10×0.8+7+8×0.9+9×0.9+5+2×0.9=37.1 万元。

AC=9+6.5+7.5+8.5+5+2=38.5（万元）。该项目目前进度滞后、成本超支。

进度滞后的原因为 EV<PV；成本超支的原因为 EV<AC。

[问题 2 答案]：

这种说法不对。根据 PV 与 AC 的定义可知，PV 与 AC 之比无意义。如本题，虽然 AC<PV，但 AC 的钱对应的工作量是 EV，所以项目成本是超支的。

[问题 3 答案]：

（1）根据本题已知条件，BAC =41 万元；

ETC=BAC-EV=41-37.1=3.9 万元；EAC=AC+ETC=3.9+38.5=42.4 万元。

（2）ETC=(BAC-EV)/CPI；EAC=AC+ETC=38.5+3.9/(37.1/38.5)=42.55 万元。

（3）采取的措施包括赶工或快速跟进，同时控制成本。

2．案例题 2 答案

[问题 1 答案]：

到三月末，PV=6+2+2+6+3+6+6+1+3+10+20=65 万元。

EV=12×100%+8×100%+20×100%+10×75%+3×75%+40×50%+3×50%
　　+3×50%+2×25%+4×25%=74.25 万元。

[问题 2 答案]：

AC=80（万元）；CPI＝EV/AC=74.25/80=92.8%；SPI=EV/PV=74.25/65=114.2%。

所以，当前整体项目成本超支、进度提前。

进度落后的工作是活动 E、进度提前的工作包是 C、D、G、H、I、J。

[问题 3 答案]：

项目总预算：BAC= 12+8+20+10+3+40+3+3+2+4=105 万元。

所以，项目未来总成本为：

EAC=ETC+AC=(BAC-EV) /CPI+AC=(105-74.25)/92.8%+80=113.13 万元。

项目结束的时间仍为 5 个月。

针对目前的情况，可以采取如下改进措施：

（1）确保工作 F 按计划进度进行，同时保证工作 E 能够在 5 月底完成，这样能够保证项目按原计划的进度完成。

（2）对于进度超前的活动，可以适当减慢速度以节约成本。

分析（无需写在答题纸上）：

（1）此题首先要准确理解题干中的已知信息，要分清楚计划与实际，如图 13-6 所示。

工作包	预算/万元	预算按月分配/万元					实际完成/%
		第1月	第2月	第3月	第4月	第5月	
A	12	6	6				100
B	8	2	3	3			100
C	20		6	10	4		100
D	10		6		4		75
E	3	2	1				75
F	40			20	15	5	50
G	3					3	50
H	3				2	1	50
I	2				1	1	25
J	4				2	2	25

这些都是"计划"　　　　　这些是"在第3月末"的"实际"

图 13-6　真题解析配图

图 13-6 中，每个工作包都有自己的计划和在第 3 月末的实际情况，以 G 为例：

- 它的计划是在第 5 月完成 3 万元的工作量。

- 它在第 3 月末的实际情况是完成了 50%的工作量。

很多同学在做这道题时，认为上面这两条信息互相矛盾。实际不然，因为实际情况可以与计划不符。真题解析配图告诉我们，虽然活动工作包 G 按计划应该在第 5 月开始进行，但是它在第 3 月末就完成了 50%（G 提前干了），也就是这个工作包进度提前了（哪里矛盾了？）。

（2）虽然，第 3 月末的 SPI＞1，但不意味着项目最终完工会提前，因为工作包 F 是按进度计划执行的，并且它在第 5 月有任务，也就是说活动 F 将在第 5 月底完工，所以整个项目只能在第 5 月底完工，并不会提前（只有所有工作包都完成，项目才算完成）。

3．案例题 3 答案

分析（无需写在答题纸上）：

假设在前 3 个月，编制计划还没干完，根据活动之间是 F-S 关系可知，编制计划后续的活动都不能开始，进而可知项目整体 EV 一定＜8 万元。

因为前 3 个月项目整体 EV=21.6 万元（大于 8），所以可知编制计划一定全部完成了。同理，需求调研也全部完成。

可知：前 3 月编制计划的 EV=8 万元，前 3 月需求调研的 EV=12 万元。

所以，答案如下。

[问题 1 答案]：

前 3 月的 AC=4+11+11=26 万元；PV=4+10+10=24 万元。

因为检查结果表明完成了计划进度的 90%，所以 EV=PV×90%=21.6 万元。

CPI=EV/AC=21.6/26=83%；CV=EV-AC=21.6-26=-4.4 万元；SV=EV-PV=21.6-24=-2.4 万元。

前 3 月概要设计的 EV=21.6-8-12=1.6 万元。

前 3 月概要设计的 SPI=前 3 月概要设计的 EV/前 3 月概要设计的 PV=1.6/4=40%。

[问题 2 答案]：

BAC=8+12+8+12+10=50 万元。

ETC=(BAC-EV)/CPI=(50-21.6)/0.83=34.22 万元。

EAC=ETC+AC=34.22+26=60.22 万元。

[问题 3 答案]：

项目目前进度落后，成本超支。

CPI=83%，超过公司要求，所以成本需要采取纠正措施（进度不需要）。

可采取的成本纠正措施包括：

（1）分析成本超支的原因。

（2）指派经验更丰富的人去完成或帮助完成项目工作。

（3）（如果可以）减小活动范围或降低活动要求。

（4）通过改进方法或技术提高生产效率。

[问题 4 答案]：

　√、×、×、×、√

第 14 章　科目 2—案例题—网络图

14.1　网络图简介

1956 年，为了适应对复杂系统进行管理的需要，美国杜邦·耐莫斯公司的摩根·沃克与莱明顿公司的詹姆斯·E. 凯利合作，利用公司的计算机，开发了一种合理安排进度计划的方法，即 Critical Path Method，后来被称作关键路线法（简称 CPM）；在 1958 年初，将该方法用于一所价值一千万美元的新化工厂的建设，经过与传统的横道图对比，结果使工期缩短了 4 个月。后来，此法又被用于设备维修，使后来因设备维修需要停产 125 小时的工程缩短 78 小时，仅一年就节约了近 100 万美元。从此，网络计划技术的关键线路法得以广泛应用。

1958 年，美国海军特种计划局在研制北极星导弹核潜艇时发现北极星计划规模庞大，组织管理复杂，整个工程由 8 家总承包公司、250 家分包公司、3000 家三包公司、9000 多家厂商承担。该项目采用网络计划评审技术（Program Evaluation and Review Technique，PERT），使原定 6 年的研制时间提前两年完成。1960 年后，美国又采用了 PERT 技术，组织了阿波罗载人登月计划。该计划运用了一个 7000 人的中心试验室，把 120 所大学、2 万多个企业、42 万人组织在一起，耗资 400 亿美元，于 1969 年人类的足迹第一次登上了月球，这样 PERT 法声誉大振，随后网络技术风靡全球。

网络图是 CPM、PERT 的基础，网络图定义为：表示项目进度活动之间的逻辑关系（也叫依赖关系）的图形。

当我们把进度活动的持续时间标注到网络图中之后，就可以利用网络图进一步分析项目的关键路径、计划总工期、各个活动的进度灵活性等内容，从而为进度管理提供清晰准确的依据。

14.2　网络图基本概念及解读

关于活动之间的逻辑关系、单代号网络图、双代号网络图等概念的基本定义，读者可参考本书 8.3 节中的相关内容。本节从应试角度出发，重点为大家详述与网络图计算题相关的重难点概念，如表 14-1 所列。

表 14-1　网络图相关的重要概念及结论汇总

说明	概念	定义	
描述整个网络图	关键路径	所有从开始到结束的路径中，活动历时（D）之和最大的路径	
	总工期	任一关键路径上的活动历时之和	
单个活动	最早开始时间 ES	所有开始条件都达成的最早时刻（ES=0）	正推，选大
	最早结束时间 EF	EF=ES+D	
	最晚结束时间 LF	不影响总工期的最晚的结束时间（LF=总工期）	反推，选小
	最晚开始时间 LS	LS=LF−D	
	总时差 TF	此活动最长可耽误的时间段，而不影响总工期	关键活动的总时差、自由时差为 0
		TF=LS−ES=LF−EF	
	自由时差 FF	此活动最长可耽误的时间段，而不影响任何紧后活动的 ES	
		FF=各紧后活动 ES 的最小值−此活动的 EF	

上述概念中，关键路径和总工期用于描述整个项目（整个网络图），其他概念用于描述每个活动。所有这些概念，要求大家必须熟练掌握，下面结合一些具体的网络图进行讲解。

1. 路径

路径是从起点开始沿着箭头方向经过一系列活动，到达网络图终点的通道。

- 一般沿箭头方向、按先后顺序、以活动序列来描述路径，例如图 14-1 中有 3 条路径：ABDF、ACDF、ACEF。

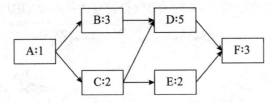

图 14-1　网络图示例 1（单代号网络图）

- 单代号网络图如果有多个开始或结束活动，可以人为地增加一个开始或结束节点，使得网络图封闭，如图 14-2 所示（一共有 6 条路径）。

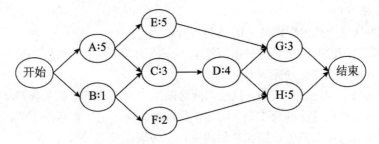

图 14-2　网络图示例 2（单代号网络图）

- 双代号网络图中的虚活动可以走通，分析时把虚活动看作一个持续时间为 0 的实线即可。如图 14-3，路径 AHKMN 存在。

2. 关键路径

所有路径中，活动历时之和最大的路径为关键路径。

- 找关键路径是网络图计算的基本技能，必须熟练，一般用遍历法即可。图 14-3 是软考中出现的最复杂的网络图，大家可以测一下时间，看该图的关键路径是哪条、用时多久找到的。

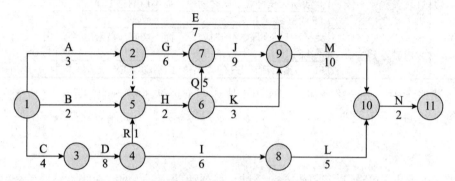

图 14-3   网络图示例 3（双代号网络图）

- 关键路径不一定是唯一的。只要路径上的活动持续时间之和是最大的，该路径就是关键路径。例如，图 14-4 的关键路径就有两条：ACDHJ 和 ACEHJ。

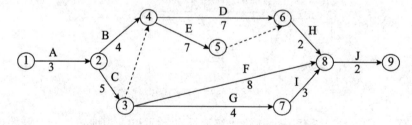

图 14-4   网络图示例 4（双代号网络图）

3. 总工期

总工期为任意一条关键路径上的活动历时之和。

- 总工期对应的时间就是项目所有活动都完成的最短用时（按计划最长的路径完成时，其他路径也已经完成）。
- 这里的总工期应该理解为：仅根据网络图给出的活动逻辑关系和持续时间推导得到的初步的项目计划总工期（实际工作或做题时，总工期可能需要根据实际的其他已知信息加以调整，例如外部约束、资源限制等）。
- 图 14-1～图 14-4 四副图的总工期分别为：12、17、41、19（假设单位是：天）。

- 特别强调，"计划"不一定等于"实际"。

4．最早开始时间和最早结束时间

ES=所有紧前活动 EF 的最大值（默认开始活动的 ES=0）。

- 某活动的 ES 就是根据网络图（逻辑关系和持续时间）推导出的该活动所有前提条件都达成的最早时刻。

- ES 是时刻（时间点），准确描述 ES 应该是"第 n 天末"。例如，图 14-1 中的活动 A 的 ES 为 0，其准确描述为活动 A 的 ES 是第 0 天末。

- 物理上，第 0 天末和第 1 天初为同一时刻，当进行网络图分析时，一般把开始活动的 ES 记为 0，这是为了后续计算的方便（有极少数的软考试题中将开始活动的 ES 记为 1，在做题的时候小心仔细即可）。

- 有了 ES 则某活动的 EF 可以马上得到：EF=ES+D。（D 为该活动的持续时间）EF 也是时刻，计时方法与 ES 相同；ES=n，则 EF 就是第 n+D 天末。

- 推导活动的 ES 或 EF 应该顺着箭头方向，从活动的开始节点往后推，这就是所谓的"最早、正推"。

- 某活动的紧前活动就是紧挨着这个活动的前项活动；某活动的紧后活动就是紧挨着这个活动的后项活动。

- 一般在活动的左上角标注 ES，右上角标注 EF。

- 正推某活动的 ES 时，当有多条正推路线（某活动的紧前活动不止一个）时，选大，如图 14-5 所示。

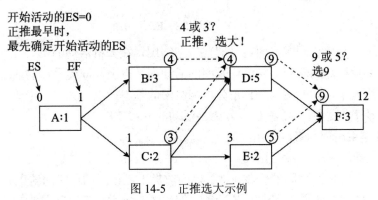

图 14-5　正推选大示例

图 14-5 中活动 D 有两个紧前活动 B 和 C，活动 B 的 EF=4，活动 C 的 EF=3，则活动 D 的 ES=4（4 和 3 中选择大的）。活动 F 的 ES 也是这种情况，9 和 5 选 9。

- 正推选大的依据：如果选小，则该活动的开始条件不能达成。以图 14-5 为例，活动 D 的开始条件是活动 B、C 都完成，在第 3 天末虽然活动 C 可以完成，但活动 B 不能完成，所以在第 3 天末活动 D 不能开始。

练习：在图 14-2 上标注所有活动的 ES 和 EF。

答案：推导 ES、EF 示例图如图 14-6 所示。

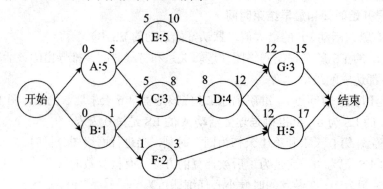

图 14-6　推导 ES、EF 示例图

练习：在图 14-4 上标注所有活动的 ES 和 EF。

答案：推导 ES、EF 示例图如图 14-7 所示。

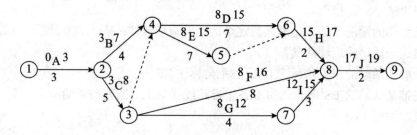

图 14-7　推导 ES、EF 示例图

说明：无论是单代号网络图还是双代号网络图，在分析活动的 ES、EF 时，都要把这两个时间参数标注到活动上（单代号图的活动在节点上，双代号图的活动在箭头上）。

推导网络图中活动的 ES、EF 是分析网络图的基本技能，大家一定要多加练习。首先可以自己动手推导图 14-1~图 14-4 中各活动的 ES、EF。

5. 最晚结束时间和最晚开始时间

LF=所有紧后活动 LS 的最小值。

- 某活动的 LF 指的是在不影响总工期的前提下，该活动最晚的结束时刻。
- 最晚的意思就是没按计划（各活动按计划的开始和结束时间是 ES、EF），如果不按计划并且没有任何约束条件，则任何活动的最晚结束时间都是无穷晚，而网络图中定义的最晚时间约束条件就是不影响总工期。
- LF 的计时规则与 ES 的相同，也用第 n 天末计时。
- 由于 LF 的约束条件是不影响总工期，所以推导 LF 时要以总工期为起点，从项目结束节点开始，逆着箭头方向推导，这就是最晚、反推。
- 所有项目的结束活动（结束活动可能不唯一，例如图 14-2 中的活动 G、H）的

LF 均等于总工期所对应的时间点（例如图 14-2 中的项目总工期为 17 天，则活动 G、H 的 LF 均为第 17 天末）。

- LS=LF-D，计时方式与 LF 相同；若 LF=n，则 LS 为第 n-D 天末。
- 一般，在活动的右下角标注 LF，左下角标注 LS。
- 反推某活动的 LF 时，当有多条反推路线（某活动的紧后活动不止一个）时，选小，如图 14-8 所示。

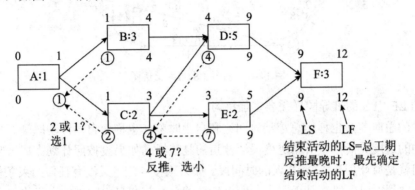

图 14-8　反推选小示例

活动 C 有两个紧后活动 D 和 E，活动 D 的 LS=4，活动 E 的 LS=7，则活动 C 的 LF=4（4 和 7 中选小的）。活动 A 的 LF 也是这种情况，2 和 1 中选 1。

- 反推选小的依据：如果选大，则总工期将受影响。以图 14-8 为例，如果活动 C 的 LF 选 7，活动 D 只能 7 开始 12 结束、活动 F 只能 12 开始 15 结束，则总工期受到影响。

练习：在图 14-2 上标注所有活动的 LF 和 LS。

答案：推导 LS、LF 示例图如图 14-9 所示。

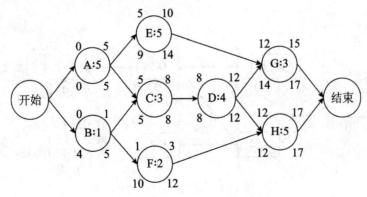

图 14-9　推导 LS、LF 示例图

练习：在图 14-4 上标注所有活动的 LF 和 LS。

答案：推导 LS、LF 示例图如图 14-10 所示。

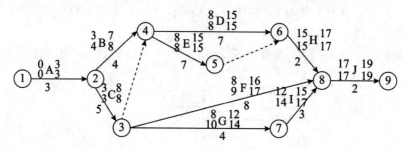

图 14-10　推导 LS、LF 示例图

活动 LF、LS 的推导同样需要多加练习。

活动的总时差（也称为总浮动时间）和自由时差（也称为自由浮动时间）反映的是这个活动的进度灵活性。所谓进度灵活性指的是该活动如果没按照计划完成（它的最早结束时间就是原计划），它能耽误的时间段。如果不按计划，又没有任何约束条件，则任何活动能耽误的时间段都是无限大，所以活动的总时差和自由时差的定义均包含约束条件，约束条件的不同正是总时差和自由时差定义的最核心区别。

6. 总时差

总时差（TF）是指在不影响总工期的前提下，该活动最长可以耽误的时间段。

- 某活动的 TF=（该活动的）LF-EF=LS-ES。

- 活动的 LF，就是该活动在不影响总工期的前提下，最晚可以结束的时间；而活动 EF 就是该活动按计划应该结束的时间。LF-EF 就是在不影响总工期的前提下，该活动最长可以耽误的时间段即总时差。

- 只要准确计算出活动的最早、最晚时间，总时差按公式很容易计算，如图 14-11 所示。

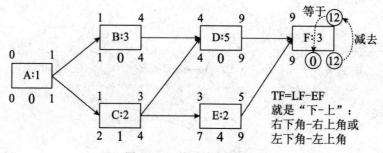

图 14-11　总时差计算示例

练习：在图 14-2 上标注所有活动的 TF。

答案：总时差计算示例如图 14-12 所示。

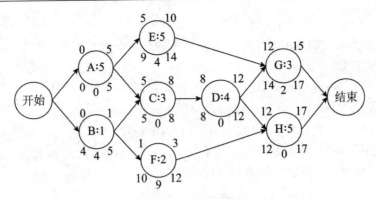

图 14-12　总时差计算示例

重要结论：

- 关键活动（关键路径上的活动）的 TF=0。
- 因为总工期就是关键路径上的活动历时之和，所以只要关键活动耽误（历时变大），则总工期一定耽误，这就等价于关键活动的总时差=0。
- "关键活动总时差=0 等价于关键活动的 LF=EF。"
- 对于任一网络图，在完成正推最早得到各活动的最早时间后，反推最晚时，关键活动的最晚时间直接等于它自身的最早时间即可。

总时差的公式和物理意义理解起来不难，需要强调并且要大量练习的是正确推导网络图中各活动的最早、最晚时间。

7. 自由时差

自由时差（FF）是指在不影响任何紧后活动 ES 的前提下，该活动最长可以耽误的时间段。

- 公式：某活动的自由时差=此活动所有紧后活动 ES 中的最小值-此活动的 EF。
- 自由时差的约束条件是：不能影响任何紧后活动在 ES 时刻开始。
- 只要准确计算出各相关活动的最早时间，计算自由时差同样不难，如图 14-13 所示。

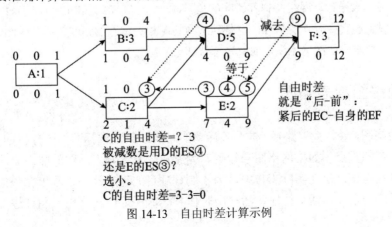

图 14-13　自由时差计算示例

- 在图 14-13 中，活动 E 的自由时差=F 的 ES-E 的 EF=9-5=4 天。
- 当计算活动 C 的自由时差时，发现 C 活动有两个紧后活动（D 和 E），并且这两个活动的 ES 不同。那么，计算 C 的自由时差时，公式中的被减数（减号左边）选 D 和 E 的 ES 中的最小值（4 和 3 中选 3）。
- 结束活动的自由时差=总工期-此活动的 EF。
- 如图 14-13 中的活动 F，其自由时差=12-12=0 天。

练习：在图 14-2 上标注所有活动的 FF。

答案：自由时差计算示例如图 14-14 所示。

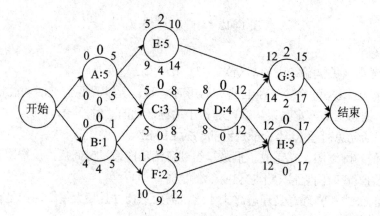

图 14-14　自由时差计算示例

重要结论：

- 某活动的 FF≤BF 它的 TF。因为自由时差比总时差的约束性更强，例如图 14-14 中的活动 B。B 可以耽误 4 天而不影响总工期（B 的 TF=4），但 B 一旦耽误就影响 F（B 的 FF=0）。
- 关键活动的 FF=0。因为关键活动的 TF=0，又因为 FF≤TF，所以关键活动的 FF=0。

可以发现，推导计算网络图中各活动的最早时间（ES、EF）和最晚时间（LS、LF）是计算活动总时差和自由时差的基础，也是软考网络图相关试题的解题关键。因此，请大家一定多加练习，要求不仅准确无误，而且熟练快速。

14.3　网络图看表画图

已知网络图，寻找关键路径，推导各活动的时间参数是进行网络图分析的基本能力，也是软考必考的重点。如果网络图未知呢？大家还需具备看表画图的能力。

无论是在考试还是在实际工作中，为了制订项目的进度计划、画出完整的网络图，必须先进行活动定义、活动排序、活动历时估算等前序工作（这也是制订进度计划的输入），而上述前序工作的结果往往以表格的形式给出。根据活动名称、活动排序结果和活动历时估算工作结果的表格，画出网络图，即看表画图。

如表 14-2 所列，已知项目各活动名称、逻辑关系、持续时间，请画出该项目的网络图。

表 14-2　网络图看表画图示例

活动代号	紧前活动	活动历时/天
A	—	5
B	A	2
C	A	8
D	B、C	10
E	C	5
F	D	10
G	D、E	11
H	F、G	10

14.3.1　画图步骤

注意：只画单代号网络图（单代号网络图简单直接，箭头可以交叉，无需虚箭头，而且在软考的试题中只需要画单代号网络图）。

（1）在草稿纸最左侧画一个开始节点（如果项目只有一个开始活动，则可以该开始活动为开始节点，如图 14-1 所示）。

（2）以活动为维度（画完 A 画 B，画完 B 画 C），从左至右逐一画出图表中各活动及相关逻辑关系。

表 14-2 对应的网络图如图 14-15 所示。

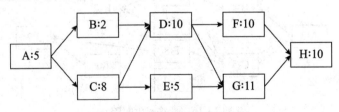

图 14-15　对应的单代号网络图

在画单代号网络图时，需要遵循如下规则：

- 绘图中禁止出现循环回路。
- 每个节点表示一项工作，所以各节点的代号不能重复。
- 绘图中禁止出现双向箭头或者无箭头的连线。

- 使用数字表示工作的名称时，应由小至大按活动先后顺序进行编号。
- 在单代号网络图中，只有一个起点节点和一个终点节点。如果在网络图中有多项开始活动（项目一开始，开始活动就可以马上开始）或多项结束活动（无紧后活动的活动），则应该在网络图的两端分别设置一个节点，作为该网络图的起点节点和终点节点。
- 除了起点节点和终点节点以外，其他所有的节点都应该有指向箭头线和背向箭头线。
- 在绘制网络图时，单代号和双代号的画法不能混用。

14.3.2　软考真题

1. 某项工程包含的活动及相关信息如表 14-3 所列，则该工程的关键路径为（　　）。

表 14-3　真题配表

活动	紧前活动	所需天数	活动	紧前活动	所需天数
A	—	3	F	C	8
B	A	4	G	C	4
C	A	5	H	D、E	2
D	B、C	7	I	G	3
E	B、C	7	J	F、H、I	2

　　A．ABEHJ　　　　　　　　　B．ACDHJ 和 ACEHJ
　　C．ACGIJ　　　　　　　　　D．ACFJ

解答：表 14-3 对应的网络图如图 14-16 所示。

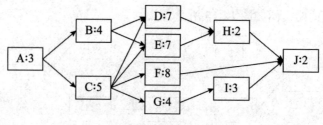

图 14-16　真题解析配图

关键路径有两条，分别为 ACDHJ 和 ACEHJ（总工期为 19 天），选 B。

2. 某项目各项工作的先后顺序及工作时间如表 14-4 所列，该项目的总工期为（　　）天。

表 14-4　真题配表

序号	活动名称	紧前活动	活动持续时/天
1	A	—	5
2	B	A	7
3	C	A	5
4	D	A	6
5	E	B	9
6	F	C、D	13
7	G	E、F	6
8	H	F	5
9	I	G、H	2

A．31　　　　　　B．32　　　　　　C．33　　　　　　D．34

解答：表 14-4 对应的网络图如图 14-17 所示。

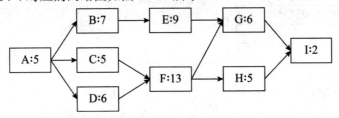

图 14-17　真题解析配图

关键路径为 ADFGI，总工期 32 天，选 B。

14.4　网络图真题—选择题

14.4.1　网络图选择题—真题

1、2. 图 14-18 是某项目的箭线图（时间单位：周），其关键路径是（1），工期是（2）周？

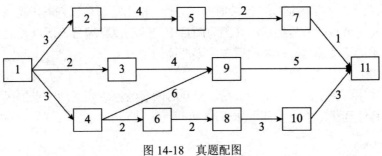

图 14-18　真题配图

（1）A. 1-4-6-8-10-11   B. 1-3-9-11

      C. 1-4-9-11   D. 1-2-5-7-11

（2）A. 14   B. 12

      C. 11   D. 13

3、4. 在图 14-19 项目网络图中（时间单位：天），活动 B 的自由时差和总时差分别为（3），如果活动 A 的实际开始时间是 5 月 1 日早 8 时，在不延误项目工期的情况下，活动 B 最晚应在（4）前结束。

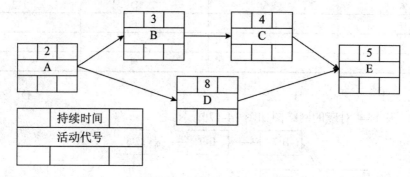

图 14-19 真题配图

（3）A. 0/0   B. 0/1   C. 1/0   D. 1/1

（4）A. 5 月 5 日早 8 时   B. 5 月 6 日早 8 时

      C. 5 月 7 日早 8 时   D. 5 月 8 日早 8 时

5. 在工程网络计划中，工作 M 的最早开始时间为第 16 天，其持续时间为 5 天。该工作有三项紧后工作，它们的最早开始时间分别为第 25 天、第 27 天和第 30 天，最迟开始时间分别为第 28 天、第 29 天和第 30 天，则工作 M 的总时差为（   ）天。

A. 5   B. 6   C. 7   D. 9

14.4.2 网络图选择题—答案

1、2 解析：（1）C；（2）A。

注意题干中说明了是箭线图，也就是双代号网络图，因此箭头代表活动（而不是节点），所以箭头上的数字为活动的持续时间。另外，根据选项可以判断，题目中关键路径的描述方法是用节点的编号描述的（因为题目中的活动没有编号，所以没法用活动代号描述路径。不给活动编号，这是此题非常不严谨的地方）。

3、4 解析：（3）B；（4）C。

将题干中网络图上的各活动的最早、最晚时间参数标注到活动节点的四个角，将活动的总时差标注到活动节点下部，如图 14-20 所示。

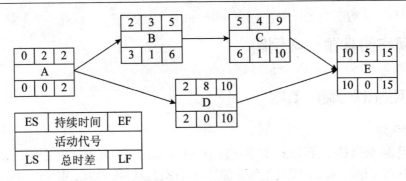

图 14-20 真题解析配图

工作 B 的总时差为：$LS_B - ES_B = 3 - 2 = 1$ 天。

工作 B 的自由时差为：$ES_C - EF_B = 5 - 5 = 0$ 天。

根据题意，在不延误项目工期的情况下，活动 B 最晚应在第 6 天末结束（即活动 B 的 LF）。这是按照网络图的时间定义，按此定义项目应在第 0 天末开始。结合题干，"第 0 天末"等价于"5 月 1 日早 8 时"，所以第 6 天末就是 5 月 7 日早 8 时。

5. 解析：C

根据题干的已知信息，可以画出如图 14-21 所示的网络图（设 M 的三个紧后活动为 X、Y、Z）。

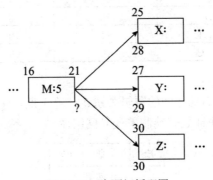

图 14-21 真题解析配图

此题特点是看不到网络图的全貌。但是，此题的问题是 M 的总时差，只需知道 M 的 LF 和 EF 即可（两者相减即为总时差）。M 的 $EF = ES + D = 16 + 5 = 21$。M 的 LF 是多少？这是本题的解题关键。虽然看不到网络图的全貌，但是 M 的 LF 一定得在反推过程中经过 X 或 Y 或 Z（不管有多少条反推路径，反推到达 M 之前一定要经过 X、Y、Z 中的一个），又根据网络图反推选小原则可知，M 的 $LF = 28$。（在 28、29、30 中选择小的）。因此，M 的总时差为 $28 - 21 = 7$。注意，此题 X、Y、Z 的最早开始时间在解题时没有用到。

再次强调：做任何题目，关键是紧紧抓住问题，根据问题倒推我需要什么信息，而不是盲目分析题干都给了什么信息。已知信息并不一定都是有用的。

14.5　网络图真题—案例题

14.5.1　网络图案例题—真题

1. 案例题 1

张某是 M 公司的项目经理，有着丰富的项目管理经验，最近负责某电子商务系统开发的项目管理工作。该项目经过工作分解后，范围已经明确。为了更好地对项目的开发过程进行监控，保证项目顺利完成，张某拟采用网络技术对项目进度进行管理。经过分析，张某得到了一张工作计划表，如表 14-5 所列。

表 14-5　真题配表

工作代号	紧前工作	计划历时/天	最短历时/天	每缩短一天所需增加费用/万元
A	—	5	4	5
B	A	2	2	—
C	A	8	7	3
D	B、C	10	9	2
E	C	5	4	1
F	D	10	8	2
G	D、E	11	8	5
H	F、G	10	9	8

注：每天的间接费用 1 万元。

事件 1：为了说明各活动之间的逻辑关系、计算工期，张某将任务及有关属性用图 14-22 表示，然后根据工作计划表绘制单代号网络图。

ES	工期	EF
	工作编号	
LS	总时差	LF

图 14-22　真题配图

事件 2：张某的工作计划得到了公司的认可，项目建设方（甲方）提出因该项目涉及融资，希望项目工期能够提前 2 天，并额外支付 8 万元的项目款。

事件 3：张某将新的项目计划上报给了公司，公司请财务部估算项目的利润。

[问题 1]（13 分）

（1）请按照事件 1 的要求，帮助张某完成此项目的单代号网络图。

（2）指出项目的关键路径和工期。

[问题 2]（6分）

在事件 2 中，请简要分析张某应如何调整工作计划，才能既满足建设方的工期要求，又尽量节省费用。

[问题 3]（6分）

请指出事件 3 中，财务部估算的项目利润因工期提前变化了多少，为什么？

2．案例题 2

图 14-23 给出了一个信息系统项目的进度网络图。

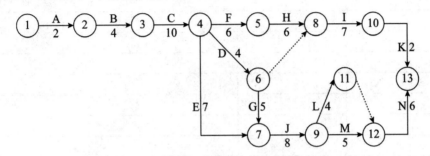

图 14-23　真题配图

表 14-6 给出了该项目各项作业正常工作与赶工工作的时间和费用。

表 14-6　真题配表

活动	正常工作		赶工工作	
	时间/天	费用/元	时间/天	费用/元
A	2	1200	1	1500
B	4	2500	3	2700
C	10	5500	7	6400
D	4	3400	2	4100
E	7	1400	5	1600
F	6	1900	4	2200
G	5	1100	3	1400
H	6	9300	4	9900
I	7	1300	5	1700
J	8	4600	6	4800
K	2	300	1	400
L	4	900	3	1000
M	5	1800	3	2100
N	6	2600	3	2960

[问题 1]（3分）　请给出项目关键路径。

[问题 2]（3分）　请计算项目总工期。

[问题 3]（19 分）

（1）请计算关键路径上各活动的可缩短时间，每缩短一天增加的费用和增加的总费用。将关键路径上各活动的名称以及对应的计算结果填入表 14-7。

表 14-7　真题配表

活动	可缩短时间	每缩短一天增加费用/元	增加的总费用/元
A			
B			
C			
D			
E			
F			
G			
H			
I			
J			
K			
L			
M			
N			

（2）如果项目工期要求缩短到 38 天，请给出具体的工期压缩方案并计算需要增加的最少费用。

14.5.2　网络图案例题—答案

1. 软考案例题画图步骤

根据列表（通常是前两列），在草稿纸画出逻辑关系图（为了节省答题时间，无需在草稿纸上标注活动历时）。

检查（一定要保证逻辑关系正确）。

在答题纸上画，按照题目要求画出清晰的网络图，填写持续时间。

再次检查（千万要检查）！

正推、平推最早，找到关键路径和总工期。

利用关键工作总时差为 0，将关键工作的最晚结束/开始时间(=最早结束/开始时间)。

逆推非关键工作的最晚结束/开始时间。

以网络图案例题 1 为例。

第①、②步：在草稿纸画图并检查如图 14-24 所示。

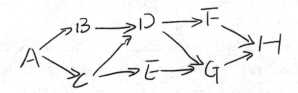

图 14-24　在草稿纸手动画逻辑关系图示例

第③、④步：在答题纸画图，标注活动历时并检查，如图 14-25 所示。

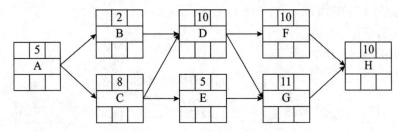

图 14-25　在答题纸画图示例

第⑤步：正推最早，确定关键路径为 ACDGH，如图 14-26 所示。

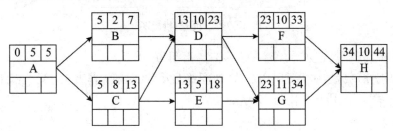

图 14-26　推导 ES、EF 示例

第⑥步：关键活动总时差=0、LF=EF，所以直接填写，不用反推可节省时间，如图 14-27 所示。

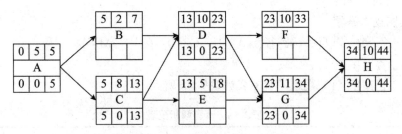

图 14-27　推导关键活动的 LS、LF 示例

第⑦步：反推非关键活动的最晚时间，如图 14-28 所示。

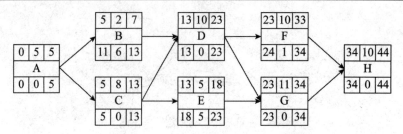

图 14-28　推导非关键活动的 LS、LF 示例

2．案例题 1 答案

[问题 1 答案]:

（1）网络图如图 14-29 所示。

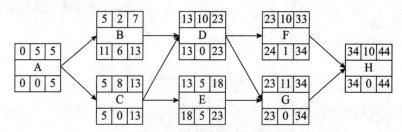

图 14-29　真题解析配图

（2）关键路径为 A→C→D→G→H，工期为 44 天。

[问题 2 答案]: 应压缩关键工作 C、D 时间各 1 天（此时增加费用 5 万元，工期为 42 天）。

[问题 3 答案]: 利润变化为+5 万元。

因为:

（1）压缩关键工作 C、D 时间各 1 天后，成本增加 5 万元（-5）；

（2）甲方增加 8 万元（+8）；

（3）根据每天的间接费用 1 万元，缩短两天工期，节省间接费用 2 万元（+2）。

所以，利润变化为: -5+8+2=5 万元。

3．案例题 2 答案

[问题 1 答案]: 项目关键路径为 A→B→C→D→G→J→M→N。

[问题 2 答案]: 项目总工期为 44 天。

[问题 3 答案]:（1）真题解析配表如表 14-8 所列。

表 14-8　真题解析配表

活动	可缩短时间/天	每缩短一天增加费用/元	增加的总费用/元
A	1	300	300
B	1	200	200

续表

活动	可缩短时间/天	每缩短一天增加费用/元	增加的总费用/元
C	3	300	900
D	2	350	700
E	2	100	200
F	2	150	300
G	2	150	300
H	2	300	600
I	2	200	400
J	2	100	200
K	1	100	100
L	1	100	100
M	2	150	300
N	3	120	360

（2）具体的工期压缩方案：（两种方案均可）

①压缩 J 工作 2 天、压缩 N 工作 3 天、压缩 G 工作 1 天，
　　此时增加的费用为 200+360+150=710 元。

②压缩 J 工作 2 天、压缩 N 工作 3 天、压缩 M 工作 1 天，
　　此时增加的费用为 200+360+150=710 元。

4. 总结

结合 14.4 节中的案例题 1 和案例题 2，我们发现高项考试中经常出现一种题型——在一个基础的网络图上进行进度压缩。进度压缩的流程如图 14-30 所示。

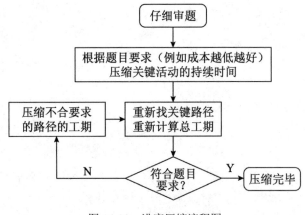

图 14-30　进度压缩流程图

需要特别强调的是阴影部分进度压缩示例图如图 14-31 所示。"重新找关键路径、总工期"这一环节，当把关键活动的历时压缩之后，可能会引起关键路径的变化，进而导致压缩后的总工期与期望总工期不符，所以需要检查。

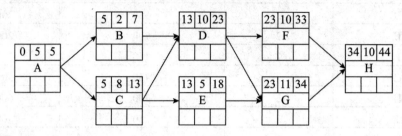

图 14-31　进度压缩示例图

目前项目总工期是 44 天，如果期望总工期为 42 天，把关键活动 G 的时间从 11 天压缩到 9 天，则不满足要求。当 G 变成 9 天以后，项目关键路径将变成 ACDFH，总工期为 43 天，而不是 42 天。

第 15 章 科目 2—案例题—综合计算

在软考高项的案例题中，在同一道题中经常出现既考核网络图，又考核挣值分析的情况，在已知网络图的基础上考虑外部约束条件然后制订最终计划，我们把这种题目称为综合计算题。

综合计算题的特点包括：

- 近期考试中经常出现的问题；
- 综合考核网络图、挣值分析相关概念、公式；
- 难度较大；
- 需要真正理解网络图、挣值分析、资源优化等相关概念的本质；
- 是软考高项案例题能否合格的关键。

本章先介绍综合计算题的解题原理，然后举例高项典型真题给大家进行详细讲解。

15.1 综合计算原理 1

一张网络图能给我们提供什么信息？ 挣值分析的基本原理到底是什么？带着这两个问题学习本小节的内容。

15.1.1 问题导入

某项目包含 3 个活动 A、B、C，活动的逻辑关系、持续时间如图 15-1 所示，每个活动每一天的预算均为 1 万元。在第 3 天末，刚好完成活动 A，活动 B 还没有开始，实际成本为 2.5 万元。计算项目在第 3 天末的 SV、CV。

图 15-1 问题导入配图

如果要计算 SV、CV，则需要知道 EV、PV、AC。根据题干中的已知条件，AC 为 2.5 万元，此题解题的关键是确定在第 3 天末该项目的 PV 和 EV。

如何确定第 3 天末项目的 PV 和 EV？需要找到项目在前 3 天的计划工作量和实际工作量，然后将工作量折算成预算即可。所以，问题的关键就在于如何根据网络图确定计划工作量？根据已知信息并结合网络图确定实际工作量？根据网络图相关概念的基本内涵可知，网络图中各活动的最早开始和最早结束时间就是该活动的进度计划。如图 15-1

所示，活动 A 的 ES=0、EF=2，其意义就是：按照计划，活动 A 应该在第 0 天末开始、第 2 天末结束。所以，在第 3 天末时活动 A 应该完成，进而可知项目第 3 天末的 PV 就应该包括活动 A 的预算价值。

1. 根据网络图确定项目 PV 步骤

（1）明确当前时间点 T_0（本题的时间点为第 3 天末）。

（2）计算网络图中各活动 ES、EF。

（3）根据 T_0 和 ES、EF，将活动分为 3 类：

　　a 类活动：所有 EF≤T_0 的活动应该全部完成（如上图中的活动 A）。

　　b 类活动：所有 ES<T_0 且 EF>T_0 的活动，应该完成一部分（如活动 B）。

　　c 类活动：所有 ES 大于 T_0 的活动，应该还没有开始（如活动 C）。

（4）项目在 T_0 时间的计划工作量=a 类活动的工作量之和+b 类活动在 ES 到 T_0 时间段内的工作量之和。

（5）项目在 T_0 时间的 PV=项目在 T 时间的计划工作量对应的预算。

图 15-1 项目在前 3 天的计划工作量为：活动 A+活动 B 的前 1 天所对应的工作量。因此，项目前 3 天的 PV= PV_A+ $PV_{B前1天}$=2+1=3 万元。

2. 根据已知信息并结合网络图确定项目 EV 的步骤

（1）明确时间点 T_0（本题的时间点为第 3 天末）。

（2）寻找已知信息中关于实际工作量的信息（上题的信息为刚好完成活动 A，活动 B 还没有开始）。

（3）结合网络图确定所有实际工作量（该题中，实际工作量就是完成了活动 A）。

项目前 3 天的 EV= EV_A =2（万元）。

该题答案：SV=2-3=-1 万元，CV=2-2.5=-0.5 万元。

基于网络图的挣值分析，解题的关键在于以下两点：

（1）根据网络图，确定项目的计划工作量。

（2）根据网络图+题目中关于实际完成工作的信息，确定实际工作量。

15.1.2　练习

项目网络图如图 15-2（活动历时单位为天）所示，已知每个活动每一天的预算均为 1 万元，在第 10 天结束时，C、E、F 活动刚好结束，请计算此时项目的 PV、EV。

解题步骤如下。

根据网络图确定项目 PV：

（1）明确时间点 T_0（本题的时间点为第 10 天末）。

（2）计算网络图中各活动 ES、EF。

（3）根据 T_0 和 ES，EF 将活动分为 3 类：

　　a 类活动：所有 EF≤T_0 的活动（如图 15-2 中的 A、B、C、E、F）。

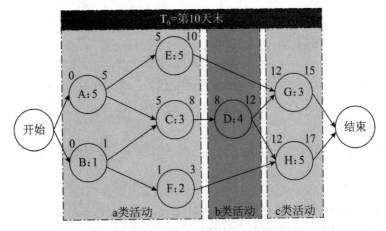

图 15-2　利用网络图进行挣值分析示例图

b 类活动：所有 $ES < T_0$ 且 $EF > T_0$ 的活动（如图 15-2 中的 D）。

c 类活动：所有 $ES > T_0$ 的活动（如图 15-2 中的 G、H）。

（4）项目在 T_0 时间的计划工作量=a 类活动的工作量之和+b 类活动在 ES 到 T_0 时间段内的工作量之和。

（5）项目在 T_0 时间的 PV=项目在 T_0 时间的计划工作量对应的预算。

图 15-2 项目在前 10 天的计划工作量为 A、B、C、E、F 以及活动 D 的前 2 周工作。

项目前 10 天的 PV= PV_A+ PV_B+ PV_C+ PV_E+ PV_F+ $PV_{D前2周}$=18 万元。

根据已知信息并结合网络图确定项目 EV：

（1）明确时间点 T_0（本题的时间点为第 10 天末）。

（2）寻找已知信息中关于实际工作量的信息（题中项目实际工作量的信息为 C、E、F 活动刚好结束）。

（3）结合网络图确定所有实际工作量。（根据网络图的逻辑关系可知，活动 C、E、F 已经完成，说明活动 A、B 也完成，因为活动 A、B 的完成是活动 C 开始的前提条件。）

图 15-2 项目在前 10 天的实际工作量为 A、B、C、E、F。

项目前 10 天的 EV= EV_A+ EV_B+ EV_C+ EV_E+ EV_F=16 万元。

总结如下：

- PV、EV 的本质就是计划工作量、实际工作量。
- 网络图给我们的最原始信息是项目各个活动的持续时间以及逻辑关系。
- 当我们分析出各活动的 ES、EF 后，就掌握了各活动的初步进度计划。
- 如果没有其他约束条件，则项目在某时间点的 PV 就由网络图给出的初步计划确定。

15.2　综合计算原理 2

网络图给的只是初步计划，不一定是最终计划。

- 初步计划指的是只根据网络图确定的计划，项目的最终计划往往需要根据一些外部约束进行调整。
- 外部约束可能包括：干系人的特殊要求（例如甲方希望进度提前 n 天）、资源制约等。
- 如果存在外部约束，则需要利用该约束在原来的网络图所确定的初步计划的基础之上进行调整，从而制订符合约束条件的最终计划。
- 如果外部约束要求进度提前，则需要压缩活动的持续时间（如 14.4 节中的案例题2）；如果外部约束对资源有限制，则可能需要利用资源优化（资源平衡或资源平滑）技术。下面举一个资源平滑的例子。

某项目包含 A、B、C 三个活动，活动的关系、需要的人员和时间如图 15-3 所示，请制定活动执行顺序使得在不影响总工期的前提下，所需人数越少越好。

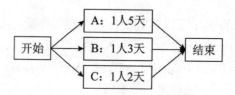

图 15-3　问题导入配图

这是典型的利用网络图+外部约束来制订最终计划的问题。

依据网络图 15-3 可知，活动 A、B、C 可以并行开展，总工期是 5 天。如果按照网络图所示并行开展 3 项活动，则项目在第 1～2 天需要 3 人，第 3 天需要 2 人，第 4～5天需要 1 人，即项目最多时需要 3 人，这就是初步计划。这个计划不影响总工期（其实总工期就是由这个计划确定的），但该计划不一定符合所需人数越少越好这个外部约束。

如何满足外部约束？在不违反活动逻辑关系的前提下，调整活动的开始时间。

在原网络图的基础上，调整某些非关键活动的开始时间（调整开始时间就是调整初步计划），人为地将其延后一定时间（只要延后时间不大于其总时差就不影响总工期），这样会使项目所需人数减少，这种技术本质上就是资源平滑。

对于上面的题目，最终计划可以是（图 15-4（a））：

- 第 0 天末～第 5 天末，投入 1 人做 A。
- 第 0 天末～第 3 天末，投入 1 人做 B。
- 第 3 天末～第 5 天末，此时 B 已经完成，投入该人做 C。
- 这样，项目仍然可以 5 天完成，只需要 2 人。

图 15-4　资源平滑后的活动计划

最终计划还可以是（图 15-4（b））：

- 第 0 天末～第 5 天末，投入 1 人做 A。
- 第 0 天末～第 2 天末，投入 1 人做 C。
- 第 2 天末～第 5 天末，此时 C 已经完成，投入该人做 B。
- 这样，项目仍然可以 5 天完成，只需 2 人。

总结：

- 原计划中，3 个活动可以并行开始（项目一开始 3 个活动就可以同时开始），但可以并行不等于必须并行，我们人为地调整计划让 B、C 串行，其目的就是为了使需要的资源最少。

- 需要说明的是，如果两个活动并行（如图 15-3 中的活动 A 与 B、A 与 C、B 与 C），则说明这两个活动之间没有关系（既然没有关系，我们当然可以按照自己的意图随意安排），这与两个活动是开始-开始关系不一样。两个活动之间存在的 FS、FF、SS、SF 这 4 种关系，如果没有其他特殊说明，不能随意调整。

- 这个例子，本质上就是利用资源平滑技术来调整计划。

- 如果这个例子的外部约束条件变为若只有 1 名可使用的人员，则这个项目的活动执行顺序就只能是 3 个活动串行了，总工期就得变成 10 天。这就是资源平衡技术（资源平衡往往导致总工期延长）。

- 无论是资源平滑还是资源平衡，都不会改变项目的总工作量。无论是图 15-3 中的初步计划，还是 15-4 中资源平滑后的最终计划，项目的总工作量都是 10 人·天。

- 资源优化技术能够使项目对资源需求的变化减小。在资源平滑之前，项目对资源的需求为第 1～2 天需要 3 人完成，第 3 天需要 2 人完成，第 4～5 天需要 1 人完成，从 3 人到 2 人到 1 人，人数变化很大。而进行资源平滑后，5 天均需要 2 人完成，其对资源的需求没有变化（一直为 2 人）。资源平滑前后的示意图如图 15-5 所示。

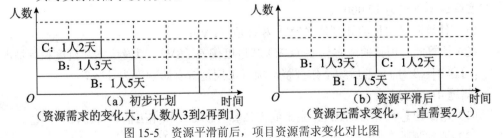

图 15-5　资源平滑前后，项目资源需求变化对比图

15.3 综合计算—真题

15.1 和 15.2 节的主要目的是讲明基本原理，因此我们选择的导入问题都是最基本、最简单的问题，高项历年真题要复杂得多。无论多么复杂，其基本原理都是相通的，大家一定要真正理解基本原理的本质（挣值分析的基本原理就是将实际与计划做比较、网络图的基本原理就是制订初步计划、资源优化的基本原理就是减少资源需求的变化），从而能够灵活地利用合适的技术来解决各种问题。

15.3.1 案例题 1 真题

1. 案例题 1 真题

已知某信息工程由 A、B、C、D、E、F、G、H 八个活动构成，项目的活动历时、活动所需人数、费用及活动逻辑关系如表 15-1 所列。

表 15-1 真题配表

活动	历时/天	所需人数	费用/（元/人·天）	紧前活动
A	3	3	100	—
B	2	1	200	A
C	8	4	400	A
D	4	3	100	B
E	10	2	200	C
F	7	2	200	C
G	8	3	300	D
H	5	4	200	E、F、G

[问题 1]（4 分） 请给出该项目的关键路径和工期。

[问题 2]（12 分） 第 14 天末的监控数据显示活动 E、G 均完成一半，F 尚未开始，项目实际成本支出为 12 000 元。

（1）计算此时项目的计划值（PV）和挣值（EV）；

（2）计算此时项目的成本偏差（CV）和进度偏差（SV），以及成本和进度执行情况。

[问题 3]（3 分） 若后续不作调整，项目工期是否有影响？为什么？

[问题 4]（6 分）

（1）请给出总预算（BAC）、完工尚需估算（ETC）和完工估算（EAC）的值。

（2）请预测是否会超出总预算（BAC）？完工偏差（VAC）是多少？

2．案例题 1 分析

根据题干中的表 15-1，在草稿纸上画出网络图，如图 15-6 所示（括号内为人数）。

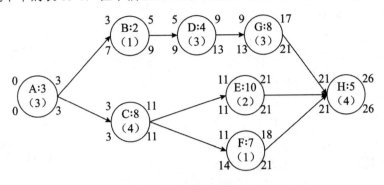

图 15-6　真题解析配图

时间点为第 14 天末，所以，a 类活动有 A、B、C、D；b 类活动有 E、F、G。

3．案例题 1 答案

[问题 1 答案]：项目关键路径为 A→C→E→H，总工期 26 天。

[问题 2 答案]：

（1）第 14 天末的 PV：

$PV = PV_A + PV_B + PV_C + PV_D + PV_{E 前 3 天} + PV_{F 前 3 天} + PV_{G 前 5 天}$

$= 3 \times 3 \times 100 + 2 \times 1 \times 200 + 8 \times 4 \times 400 + 4 \times 3 \times 100 + (3/10) \times 10 \times 2 \times 200 + (3/7) \times 7 \times 1 \times 200 + (5/8) \times 8 \times 3 \times 300 = 21\ 600$ 元

第 14 天末的 EV：

$EV = EV_A + EV_B + EV_C + EV_D + EV_{E 的 1/2} + EV_{G 的 1/2}$

$= 3 \times 3 \times 100 + 2 \times 1 \times 200 + 8 \times 4 \times 400 + 4 \times 3 \times 100 + (1/2) \times 10 \times 2 \times 200 + (1/2) \times 8 \times 3 \times 300 = 20\ 900$ 元

（2）CV=EV-AC=20 900-12 000=8900 元

SV=EV-PV=20 900-21 600=-700 元

项目成本节约明显，进度稍有落后。

[问题 3 答案]：SPI=EV/PV=20 900/21 600≈96.8%

若不做调整，则项目总工期≈26/SPI≈26.86 天，所以工期略有落后。

[问题 4 答案]：

BAC=3×3×100+2×1×200+8×4×400+4×3×100+10×2×200+7×1×200+8×3×300+5×4×200=31 900 元

ETC=(BAC-EV)/CPI=(31 900-20 900)/(20 900/12 000)=6315.8 元

EAC=ETC+AC=6315.8+12 000=18 315.8 元，没有超过总预算。

VAC=BAC-EAC=31 900-18 315.8=13 584.2 元

15.3.2　案例题2真题

1. 案例题2真题

一个信息系统集成项目有A、B、C、D、E、F、G共7个活动，各个活动的顺序关系、计划进度和成本预算如图15-7所示，大写字母为活动名称，其后面括号中的第一个数字是该活动计划进度持续的周数；第二个数字是该活动的成本预算，单位是万元。该

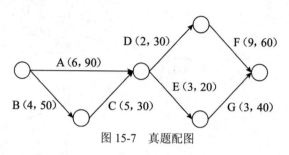

图15-7　真题配图

项目资金分三次投入，分别在第1周初、第10周初和第15周初投入资金。

项目进行的前9周，由于第3周因公司有临时活动而停工1周。为赶进度，从其他项目组中临时抽调4名开发人员到本项目组。在第9周末时，活动A、B和C的信息如下，其他活动均未进行。

活动A：实际用时8周，实际成本100万元，已完成100%。

活动B：实际用时4周，实际成本55万元，已完成100%。

活动C：实际用时5周，实际成本35万元，已完成100%。

从第10周开始，抽调的4名开发人员离开本项目组，这样项目进行到第14周末的情况如下，其中由于对活动F的难度估计不足，导致了进度和成本的偏差。

活动D：实际用时2周，实际成本30万元，已完成100%。

活动E：实际用时0周，实际成本0万元，已完成0%。

活动F：实际用时3周，实际成本40万元，已完成20%。

活动G：实际用时0周，实际成本0万元，已完成0%。

[问题1]（10分）

在不影响项目总体工期的前提下，制订能使资金成本最优化的资金投入计划。请计算3个资金投入点分别要投入的资金量，并写出在此投入计划下项目各个活动的执行顺序。

[问题2]（5分）

请计算项目进行到第9周末时的成本偏差（CV）和进度偏差（SV），并分析项目的进展情况。

[问题3]（5分）

请计算进行到第15周时的成本偏差（CV）和进度偏差（SV），并分析项目的进展情况。

[问题4]（5分）

若项目在第15周时计算完工尚需成本（ETC）和完工估算成本（EAC），采用哪种方式计算更合适？写出计算公式。

2．案例题 2 分析

解这道题最重要的是读懂问题 1 的要求，让我们用下面的自问自答方式来分析这个问题（这里的自问自答就是考试时考生面对问题进行分析的过程）。

提问 1：题目中问题 1 在不影响项目总体工期的前提下，制订能使资金成本最优化的资金投入计划。计算 3 个资金投入点分别要投入的资金量并写出在此投入计划下项目各个活动的执行顺序，这到底是让我做什么事？

回答 1：其实问题 1 就是让我们制订计划，既然要制订资金的投入计划（成本计划），又要制订活动的执行顺序（进度计划），并且这个计划还要满足一些约束条件：

①不影响总工期。

②能使资金成本最优化。

提问 2：什么能使资金成本最优化？（这是分析该题的关键）。

回答 2：既然是资金投入计划，那么我就应该站在甲方（资金投入方）的立场，所以最优的投入就是钱越晚投入越好。

提问 3：既然越晚越好，那么在项目结束时（根据题干的网络图可知是第 20 周末）再投入资金不就行啦？

回答 3：不对。因为题干说明资金只能在 3 个时间点（第 1 周初、第 10 周初和第 15 周初）投入。

提问 4：那我就在最晚的时间点（第 15 周初）再投入全部资金，这样对吗？

回答 4：不对。这不符合出题人的意图。如果这算对的话，题干中其他两个时间点就没用了。（进一步分析）既然有第 1 周初这个时间点，那么出题人的意图应该是这个项目不能欠钱干活，若可以欠钱干活则制订最优化的资金投入计划就没有意义了，因为项目都做完再投钱就是最优的。

提问 5：制定活动执行顺序是什么意思？题目不是给网络图了吗，网络图上不是有活动顺序吗，为什么还要自己制定活动顺序？

回答 5：因为网络图给我们的只是初步的进度计划，不一定是最终的进度计划。为了使钱越晚投入越好，可能需要人为地延后一些非关键活动的开始时间（这与资源平滑有一点类似）。

分析结果：问题 1 就是让我们制订计划，这个计划包括资金投入计划和活动执行顺序。这个计划还需要满足下列的约束条件：①不影响总工期；②不能欠钱干活；③钱越晚投入越好。首先，我们把图 15-8 中各活动的 ES、EF、LS、LF 标注上，如图 15-8 所示。

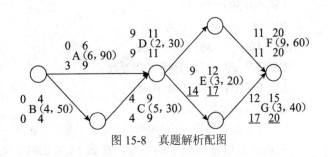

图 15-8 真题解析配图

第一次资金投入与第二次资金投入时间间隔为 9 周，那么在第一次资金投入的时候，投入的资金让项目在不影响总工期的前提下正常运行 9 周即可。根据图 15-8 可知，这个项目在前 9 周至少（至少的目的就是为了越晚投钱越好）要完成 A、B、C 三个活动，这个结论根据各活动的 LF 确定，例如活动 A 的 LF=9，则说明在不影响总工期的前提下，A 最晚得在第 9 周末完成（这其实就是 LF 的定义）。

同理，第二次与第三次资金投入的时间间隔为 5 周（即第 9 周末至第 14 周末），分析网络图 15-8 可以发现，在不影响总工期的前提下，项目最少要完成的活动为 D 和 F 的前 3 周，而活动 E 和 G 可以先不做，因为 E 的 LS 为第 14 周末，所以在第 9 周末到第 14 周末这段时间不开始也不影响总工期。因此，在第二次资金投入时间点，投入的资金只需保证活动 D 的需求和活动 F 前三周的需求即可。

最后一次资金投入，将剩余活动所需的资金投入即可，此时（第 14 周末）剩余的活动包括活动 F 的后 6 周、活动 E 和活动 G。

（注：我们在分析网络图时都是按照第 0 周末作为起始时间分析的，考试中根据题干的要求写明即可，例如，第 9 周末到第 14 周末等价于第 10 周初到第 15 周初。）

3．案例题 2 答案

[问题 1 参考答案]：

第 1 周初活动执行顺序：第 1 周初-第 6 周末执行 A、第 1 周初-第 4 周末执行 B、第 5 周初-第 9 周末执行 C。

投入资金：90+50+30=170 万元。

第 10 周初活动执行顺序：第 10 周初-第 11 周末执行 D、第 12 周初-第 14 周末执行 F 的前 3 周工作。

投入资金：30+60×(3/9)=50 万元。

第 15 周初活动执行顺序：第 15 周初-第 20 周末执行 F 的后 6 周工作、第 15 周初-第 17 周末执行 E、第 18 周初-第 20 周末执行 G。

投入资金：60×(6/9)+20+40=100 万元。

[问题 2 参考答案]：

根据题意，第 9 周末时项目应该完成 A、B、C 共 3 个工作，实际完成了 A、B、C 共 3 个工作，所以在第 9 周末时该项目的：

PV=90+50+30=170 万元；

EV=90+50+30=170 万元；

AC=100+55+35=190 万元；

CV=EV-AC=170-190=-20 万元；

SV=EV-PV=170-170=0 元。

项目进度持平，成本超支。

[问题 3 参考答案]：

根据题意以及问题 1 的答案，在第 14 周末时，项目应该完成 A、B、C、D 这 4 个工作的全部和工作 F 的 1/3，实际完成了 A、B、C、D 的全部和工作 F 的 20%，所以在第 9 周末时，该项目的：

PV=170+30+60×(3/9)=220 万元；

EV=170+30+60×(20%)=212 万元；

AC=190+30+40=260 万元；

CV=EV-AC=212-260=-48 万元；

SV=EV-PV=212-220=-8 万元。

项目进度落后、成本超支、效率低下。

[问题 4 参考答案]：

根据问题 2～3 的答案可知，该项目执行时成本一直超支，所以当估算 ETC 和 EAC 时，采用将当前的偏差看作是典型偏差计算更合理。所以：

ETC=(BAC-EV)/ CPI；

EAC=ETC+AC。

其中，

BAC=90+50+30+30+60+20+40=320 万元；

EV=212 万元；

AC=260 万元；

CPI=EV/AC。

15.3.3　案例题 3 真题

1．案例题 3 真题

已知某信息工程项目由 A、B、C、D、E、G、H、I 八个活动构成，项目工期要求为 100 天。项目组根据初步历时估算、各活动间逻辑关系得出的初步进度计划网络图如图 15-9 所示（箭线下方为活动历时）。

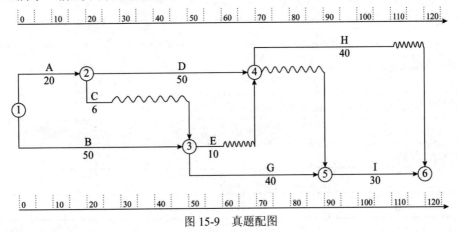

图 15-9　真题配图

[问题1]（7分）

（1）请给出该项目初步进度计划的关键路径和工期。

（2）该项目进度计划需要压缩多少天才能满足工期要求？可能需要压缩的活动都有哪些？

（3）若项目组将 B 和 H 均压缩至 30 天，是否可满足工期要求？压缩后项目的关键路径有多少条？关键路径上的活动是什么？

[问题2]（9分）

项目组根据工期要求，资源情况及预算进行了工期优化：将活动 B 压缩至 30 天、D 压缩至 40 天，并形成了最终进度计划网络图。给出的项目所需资源数量与费率如表 15-2 所列。

表 15-2 真题配表

活动	资源	费率（元/人·天）	活动	资源	费率（元/人·天）
A	1人	180	E	1人	180
B	2人	220	G	2人	200
C	1人	150	H	2人	100
D	2人	240	I	2人	150

按最终进度计划执行到第 40 天末对项目进行监测时发现，活动 D 完成一半，活动 E 准备第二天开始，活动 G 完成了 1/4；此时累计支付的实际成本为 4 万元，请在表 15-3 中填写此时该项目的绩效信息。

表 15-3 真题配表

活动	PV	EV
A		
B		
C		
D		
E		
G		
H		
I		
合计		

[问题 3]（6 分）

请计算第 40 天晚时项目的 CV、SV、CPI、SPI（给出计算公式和计算结果，结果保留 2 位小数），评价当前项目绩效，并给出改进措施。

[问题 4]（3 分）

项目组发现问题后及时进行了纠正，对项目的后续执行没有影响，请预测项目完工尚需成本 ETC 和完工估算 EAC（给出计算公式和计算结果）。

2．案例题 3 分析

同样地，我们进行自问自答。

提问 1：这是什么图？波浪线是什么？

回答 1：首先，肯定是网络图；其次，活动在箭头上，所以这应该是双代号网络图。明显能够发现横轴对应时间的坐标，所以箭头横轴方向的长度与时间成正比。最后，波浪线应该是等待的时间，例如 C 活动与节点 3 之间的波浪线，说明 C 在第 26 天末结束之后，其紧后活动 E 和 G 必须在第 50 天末才能开始（因为 E、G 还有紧前活动 B），这相当于 C 等待了 26 天（C 有 26 天的自由时差）。

提问 2：还有不懂得吗？

回答 2：没有了。

讲解：如图 15-10 所示，这种网络图是一种特殊的双代号网络图，称为双代号时标网络图，在分析时我们就把它当作普通的双代号网络图分析即可。

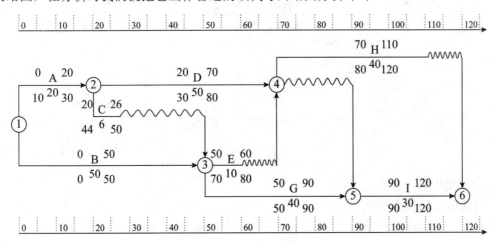

图 15-10　真题解析配图

图 15-10 在每个活动的 4 个角标注了该活动的 ES、EF、LS、LF。其中，活动 B、G、I 根据活动状态，其 ES=LS。在反推非关键活动的最晚时间时，小心仔细就好。例如，活动 H 的 LS=80，活动 I 的 LS=90，则活动 D 和活动 E 的 LF 都是 80 而不是 90。

本题还涉及到进度的压缩，在这种双代号时标网络图上进行进度压缩时，只需根据题目已知信息将活动的持续时间进行修改，然后删掉时间坐标轴即可。例如问题 1 中若项目组将 B 和 H 均压缩至 30 天，在分析时，把 B、H 的持续时间修改一下，然后按照普通的双代号网络图去分析各活动的最早、最晚时间即可，如图 15-11 所示。（此时活动 D、E、H 后面的波浪线应该删掉，但考试时无需重新画图）。

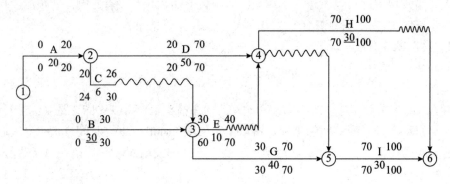

图 15-11   真题解析配图

问题 2 中，将活动 B 压缩至 30 天、D 压缩至 40 天，对应的网络图为图 15-12。

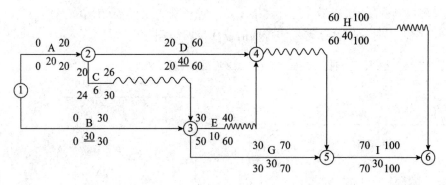

图 15-12   网络图

3．案例题 3 答案

[问题 1 参考答案]：

（1）关键路径为 BGI，工期为 120 天。

（2）进度需要压缩 20 天才可以满足工期，可能压缩的活动有 A、D、H、B、G、I。

（3）能满足。有 3 条，分别是 A→D→H，A→D→I，B→G→I。关键路径上的活动为 A、D、H、B、G、I。

[问题 2 参考答案]：（参考图 15-12）

在前 40 天，项目应该完成（PV）A、B、C、E、D 的一半，G 的 1/4。

项目实际完成（EV）A、B、C、D 的一半，G 的 1/4。

表 15-4　真题解析配表

活动	PV	EV
A	180×20＝3600	3600
B	220×2×30＝13 200	13 200
C	150×6＝900	900
D	240×2×20＝9600	9600
E	180×10＝1800	0
G	200×2×10＝4000	4000
H	0	0
I	0	0
合计	33 100	31 300

[问题 3 参考答案]：

$CV=EV-AC=31\ 300-40\ 000=-8700$ 元；

$SV=EV-PV=31\ 300-33\ 100=-1800$ 元；

$CPI=EV/AC=31\ 300/40\ 000=0.78$；

$SPI=EV/PV=31\ 300/33\ 100=0.95$。

当前项目绩效情况是成本严重超支，进度略微落后。

采取措施：控制成本，追赶进度，使用优质资源替换一般资源来完成后续工作内容。适当加班和快速跟进。

[问题 4 参考答案]：

$BAC=1×180×20+2×220×30+1×150×6+2×240×40+1×180×10+2×200×40+2×100×40+2×150×30=71\ 700$ 元。

$ETC=BAC-EV=71\ 700-31\ 300=40\ 400$ 元；

$EAC=ETC+AC=40\ 400+40\ 000=80\ 400$ 元。

15.3.4　案例题 4 真题

1．案例题 4 真题

某软件项目包含 8 项活动，活动之间的依赖关系以及各活动的工作量和所需的资源如表 15-5 所列。假设不同类型的工作人员之间不能互换，但是同一类型的人员都可以从事与其相关的所有工作。所有参与该项目的工作人员，从项目一开始就进入项目团队，并直到项目结束时才能离开，在项目过程中不能承担其他活动（所有的工作都按照整天计算）。

表 15-5　真题配表

活动	工作量（人·天）	依赖	资源类型
A	4		SA
B	3	A	SD
C	2	A	SD
D	4	A	SD
E	3	B	SC
F	3	C	SC
G	8	C、D	SC
H	2	E、F、G	SA

注：SA 为系统分析人员；　SD 为系统设计人员；　SC 为软件编码人员。

[问题 1]（14 分）

设该项目团队有 SA 人员 1 人，SD 人员 2 人，SC 人员 3 人，请将下面①～⑪处的答案填写在答案纸的对应栏内。

- A 结束后，先投入（①）个 SD 完成 C，需要（②）天。
- C 结束后，再投入（③）个 SD 完成 D，需要（④）天。
- C 结束后，投入（⑤）个 SC 完成（⑥），需要（⑦）天。
- D 结束后，投入 SD 完成 B。
- C、D 结束后，投入（⑧）个 SC 完成 G，需要（⑨）天。
- G 结束后，投入（⑩）个 SC 完成 E，需要 1 天。
- E、F、G 完成后，投入 1 个 SA 完成 H，需要 2 天。
- 项目总工期为（⑪）天。

[问题 2]（7 分）

假设现在市场上一名 SA 每天的成本为 500 元，一名 SD 每天的成本为 500 元，一名 SC 每天的成本为 600 元，项目要压缩至 10 天完成。

（1）应增加什么类型的资源？增加多少？

（2）项目成本增加还是减少？增加或减少多少？（请给出简要计算步骤）

[问题 3]（6 分）

请判断以下描述是否正确（填写在答题纸的对应栏内，正确的选项填写"√"，不正确的选项填写"×"）：

（1）活动资源估算过程同费用估算过程紧密相关，外地施工团队聘用熟悉本地相关法规的资讯人员的成本不属于活动资源估算的范畴，只属于项目的成本部分。（　　）

（2）制定综合资源日历属于活动资源估算过程的一部分，一般只包括资源的有无，而不包括人力资源的能力和技能。（　　）

（3）项目变更造成项目延期，应在变更确认时发布而不是在交付前发布。（　　）

2．案例题 4 分析

首先，我相信大家在读完题目后都会在草稿纸上快速地画出各活动的逻辑关系图（或称之为初步的进度计划，这个图不包括活动的持续时间，因为活动的持续时间在已知信息里没有确定），如图 15-13 所示。

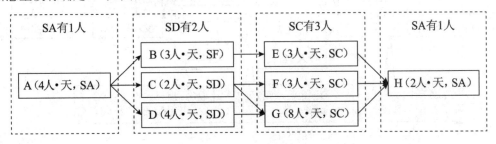

图 15-13　真题解析配图

不确定因素太多，例如我们将两名 SD 先投入做 B 或者让 1 名 SD 做 B，同时 1 名 SD 做 C，可能性太多，如何分析？

但是，这题没有那么复杂，问题 1 是填空题，填空题的意思就是只填空，没有空的地方不需要质疑。即通篇看完问题 1，活动的执行顺序是完全确定的。

分析过程如图 15-14 所示，当读到第 2 句话：C 结束后，再投入（③）个 SD 完成 D，需要（④）天时，不管③、④填什么，这句话都确定地说明要先做 C、再做 D，以此类推，读完问题 1 以后，活动的执行顺序就完全确定了，如图 15-15 所示。

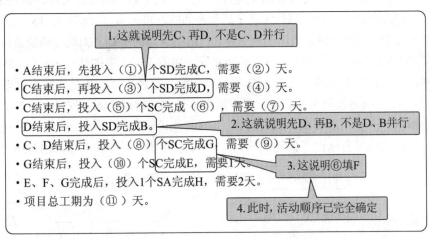

图 15-14　真题解析配图

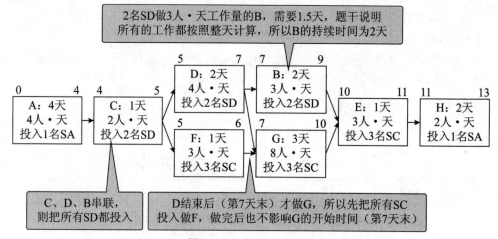

图 15-15　真题解析配图

根据问题 1 的描述，我们可以（也只能）画出如图 15-15 所示的网络图，其中各活动的执行顺序在问题 1 的描述中都已经确定，而投入的人员数量在确定活动执行顺序后可以随之确定。例如，根据问题 1 的第 1、2、4 句话，我们可以确定活动 B、C、D 的执行顺序是先 C、再 D、最后 B（而不是并行执行），所以在执行活动 C 的时候，一定把两名 SD 都投入给 C（留一个人也是闲着）。同理，活动 E、F、G 的执行顺序是先 F、再 G、最后 E，因此投入的 SC 数量是 3 名 SC 一起，先做 F、再做 G、最后 E。

也许会有人问图 15-15 与图 15-13 的活动逻辑关系不一样啊,这怎么可以？准确地说，应该是图 15-15 所示的活动逻辑关系不违背图 15-13 显示的活动逻辑关系。其实图 15-13 就是最初的进度计划（这个计划只考虑了活动之间的逻辑关系），而图 15-15 是调整后的进度计划（这个计划是考虑了资源制约条件、在最初计划的基础之上进行调整而得到的）。

我们在 15.2 节中曾经讲过，如果活动并行，如图 15-13 中的活动 B、C、D 所示，说明这些活动之间没有关系（实际工作不论是一起并行地执行，还是先后串行地执行在逻辑上都可以）。既然没有关系，我们就可以根据外部制约因素随意安排。这个结论可以简单地理解成"并行可以变成串行"；但除非有其他说明（例如快速跟进），否则一般串行的活动不能改成并行（改了的话就违背了活动之间的因果关系），如图 15-16 所示。

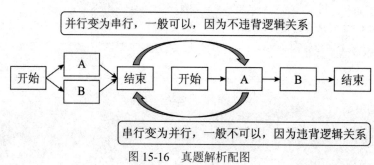

图 15-16　真题解析配图

需要强调的是图 15-16 所示的转换关系是在仅考虑活动逻辑关系的前提下适用，当面对具体问题的时候，一定要分析相关信息之后再确定具体活动的顺序。

我们来看问题 2，问题 2 的要求是让进度压缩至 10 天，应该增加什么样的资源，需要增加或者减少多少钱?首先，通过增加资源来缩短进度，怎么还可能减少成本?这题目是在故弄玄虚吗?

题目的逻辑不矛盾，题干中有这样的描述"所有参与该项目的工作人员，从项目一开始就进入项目团队，并直到项目结束时才能离开，在项目过程中不能承担其他活动。"以问题 1 计划（图 15-15）中的 SA 为例，即使这名 SA 在项目中只工作 6 天，但项目总工期为 13 天，需要给项目工作人员 13 天的费用。若项目总工期缩短为 10 天，并且增加的资源不多，则有可能减少成本。

虽然问题 2 中没有明确说明需要制定最优方案，但如果我们有多种方案能够使项目进度压缩至 10 天，则在写问题 2 答案的时候选择最优方案书写。根据题干和问题中的已知信息，这个最优方案就是增加成本最少或者减少成本最多的方案。

如何得到最优方案?满足工期压缩到 10 天的条件下，增加的资源越少越好。根据图 15-13 和图 15-15 可知，只要增加 1 名 SA，就能让项目总工期压缩至 10 天。如果有 2 名 SA 参与项目，则活动 A 将缩短 2 天、活动 H 将缩短 1 天、总工期将压缩至 10 天。

进一步分析，再无只增加 1 名资源（不管增加 1 名 SC 还是增加 1 名 SD，都不能使总工期压缩到 10 天）就能满足要求的方案了，所以增加 1 名 SA 就是最优方案。

3. 案例题 4 答案

[问题 1 参考答案]:

A 结束后，先投入（①=2）个 SD 完成 C，需要（②=1）天。

C 结束后，再投入（③=2）个 SD 完成 D，需要（④=2）天。

C 结束后，投入（⑤=3）个 SC 完成（⑥=F），需要（⑦=1）天。

D 结束后，投入 SD 完成 B。

C、D 结束后，投入（⑧=3）个 SC 完成 G，需要（⑨=3）天。

G 结束后，投入（⑩=3）个 SC 完成 E，需要 1 天。

E、F、G 完成后，投入 1 个 SA 完成 H，需要 2 天。

项目总工期为（⑪=13）天。

[问题 2 参考答案]:

（1）应增加 SA，增加 1 名。

（2）项目成本会减少。

增加前，项目工期为 13 天，成本为：$13 \times (500 + 2 \times 500 + 3 \times 600) = 42\,900$ 元;

增加后，项目工期为 10 天，成本为：$10 \times (2 \times 500 + 2 \times 500 + 3 \times 600) = 38\,000$ 元;

因此增加后，项目成本将减少：$42\,900 - 38\,000 = 4900$ 元。

[问题 3 参考答案]:

（1）活动资源估算过程同费用估算过程紧密相关，外地施工团队聘用熟悉本地相关法规的资讯人员的成本不属于活动资源估算的范畴，只属于项目的成本部分。（×）

（2）制定综合资源日历属于活动资源估算过程的一部分，一般只包括资源的有无，而不包括人力资源的能力和技能。（×）

（3）项目变更造成项目延期，应在变更确认时发布，而非在交付前发布。（√）

总结：综合计算题与其说是计算题，不如说是综合能力考核题，因为题目中的计算难度很小，难点是真正理解项目管理各种工具技术的基本原理，以及利用这些基本原理和工具技术来解决具体的管理问题（例如制订计划、调整计划、考核绩效）。回答这样的题目，不在于智商，在于肯不肯学、能不能学懂，我相信每一个真正学进去的同学回头再看这些题，一定会对项目管理有更深刻的理解。

第 16 章　科目 2—案例题—万能钥匙

我们分析过"找茬题"（针对具体案例指出项目管理中存在的问题，分析原因，并给出建议）在案例题中分值占比最高，满分 75 分中"找茬题"的分值约占 32 分。因此"找茬题"得分情况决定着案例题是否能够顺利通过。

"找茬题"是给案例题挑毛病、提建议，其本质就是利用项目管理的知识去发现案例中项目在管理方面存在的问题并予以解决，因此找茬题能力的提高对深入理解项目管理思想、提升实际工作中的管理水平有很大的帮助。

本章详述如何用"万能钥匙"来破解案例题中的找茬题。

16.1　万能钥匙原理

首先请思考一个问题：如果一个项目没有管理好，一般是在哪些方面没管理好？

很多人会觉得这个问题没法回答，因为没有任何具体案例，感觉没有思路。其实，我们可以逆向思维，把上面的问题换成：如果要管理好一个项目，一般都应该关注哪些方面？

这个问题的答案说得通俗一些就是"管理一个项目，都包括什么工作？"。任何一个项目都是由若干"过程"组成，所谓过程就是为创建预定的产品、服务或成果而执行的一系列相互关联的行动和活动，而一个项目所包含的所有过程，可以分为两大类（见第 8 章引言）：

- 项目管理过程。这些过程保证项目在整个生命周期中顺利前行，它们借助各种工具与技术来实现各知识领域的技能和能力（管项目）。
- 产品导向过程。这些过程定义并创造项目的产品。产品导向过程通常由项目生命周期来定义，并因应用领域而异，也因产品生命周期的阶段而异（做项目）。

管理一个项目主要的工作就是项目管理过程。从原理上讲，如果一个项目没有管理好，则这些项目管理过程或多或少没有做好。

对于高项案例题中的找茬题，既然案例中项目管理没管好，让我们去挑毛病提建议，那么我们就从项目管理过程来分析，一定没错，这就是万能钥匙的原理。

依据第 5 版 PMBOK 和高项教程，项目管理过程分为 10 个知识域、5 个过程组共47 个过程，如表 16-1 所列。这就是高项案例中找茬题万能钥匙的理论基础。

表 16-1　项目管理过程组与知识领域

项目管理类型	启动	计划	执行	控制	收尾
整体管理	制定项目章程	制订项目管理计划	指导和管理项目执行	监控项目工作、整体变更控制	结束项目或阶段
范围管理		规划范围管理、收集需求、范围定义、创建 WBS		确认范围、控制范围	
时间管理		规划进度管理、定义活动、排列活动顺序、估算活动资源、估算活动持续时间、制订进度计划		控制进度	
成本管理		规划成本管理、估算成本、制订预算		控制成本	
质量管理		规划质量管理	实施质量保证	控制质量	
人力资源管理		规划人力资源管理	组建项目团队建设项目团队管理项目团队		
沟通管理		规划沟通管理	管理沟通	控制沟通	
风险管理		规划风险管理、识别风险、实施定性风险分析、实施定量风险分析、规划风险应对		控制风险	
采购管理		规划采购管理	实施采购	控制采购	结束采购
干系人管理	识别干系人	规划干系人管理	管理干系人参与	控制干系人参与	

16.2　万能钥匙内容

基于表 16-1 中的项目管理过程，并结合高项历年真题和答案的统计，"找茬题"的万能钥匙有 4 条，如表 16-2 所列。

表 16-2　案例题万能钥匙的内容

编号\n项目	万能钥匙内容
1	整体、范围、进度、成本、质量、人（人力资源）、人（干系人）、沟通、风险、采购
2	计划、控制
3	变更流程（申请、分析、审批、执行、跟踪、评估）
4	人的因素（思想不重视、理论不扎实）

1．万能钥匙第 1 条：十大知识域

万能钥匙第 1 条内容就是项目管理十大知识域的名字，包括：整体、范围、进度、成本、质量、人（人力资源）、人（干系人）、沟通、风险、采购。

十大知识域就是将项目管理 47 个过程从知识的层面进行分类的结果（某个过程属于哪个知识域，其实就是看这个过程针对项目管理的哪个方面）。根据表 16-1，项目管理一共就有十个方面（十大知识域），如果一个项目没管理好，则就是这十个方面或多或少没做好。因此，从十大知识域的维度去挑毛病、提建议是没错的。

2．万能钥匙第 2 条：计划+控制

"做计划、做控制"代表了项目管理的精髓。

让我们成列地观察表 16-1，可以发现计划和控制的两列几乎是满的，也就是说十大知识域都包括计划过程和控制过程（人力资源管理没有控制过程），所以计划和控制对于项目管理至关重要。

反过来，如果项目没管理好，那么一定是没做好计划、没做好控制。

3．万能钥匙第 3 条：变更流程

"变更流程出问题"和"项目缺少规范的变更流程"是案例题中的"找茬题"非常高频的答案之一。这一条内容是基于找茬题答案的统计分析得到的，是经验。

规范的整体变更控制是项目管理中很重要的一个原则。在高项的案例题中，有很多案例的问题就在于缺少变更控制从而导致项目失控，因此变更流程也可以作为万能钥匙中的一条。

整体变更控制流程包括：

（1）提出变更申请。

（2）进行变更影响分析。

（3）CCB 审批变更。

（4）按照批准的方案执行。

（5）跟踪（记录）变更执行情况。

（6）评估变更效果（分发相关文档）。

4．万能钥匙第 4 条：人的因素

人的因素也是基于答案的统计分析得到的经验总结。

项目经理缺少项目管理知识，项目团队成员的质量意识不强等经常出现在"找茬题"的答案当中，因此我们把它提炼出来作为万能钥匙的内容之一。

16.3　万能钥匙—真题

本节挑选高项典型真题，帮大家体会在找茬题中如何灵活地使用万能钥匙。

16.3.1　案例题 1 真题

某系统集成商因公司业务发展过快，项目经理人员缺口较大，决定从公司工作 3 年以上的业务骨干中选拔一批项目经理。张某原是公司的一名技术骨干，编程水平很高，在同事中有一定威信，因此被选中直接担当某系统集成项目的项目经理。张某很珍惜这个机会，决心无论自己多么辛苦也要把这个项目做好。

随着项目的逐步展开张某遇到很多困难，他领导的小组有两个新招聘的高校毕业生，技术和经验十分欠缺，一旦遇到技术难题，就请张某进行技术指导。有时张某干脆亲自动手编码来解决问题，因为教这些新手如何解决问题反而更费时间。由于有些组员是张某之前的老同事，在他们没能按计划完成工作时，张某为了维护同事关系，不好意思当面指出，只好亲自将他们未做完的工作做完或将不合格的地方修改好。该项目的客户方是某政府行政管理部门，客户代表是该部门的主任，和公司老总的关系很好。因此对于客户方提出的各种要求，张某和组内的技术人员基本全盘接受，生怕得罪了客户，进而影响公司老总对自己能力的看法。张某在项目中遇到的各种问题和困惑也感觉无处倾诉。项目的进度已经严重滞后，而客户的新需求不断增加，各种问题纷至沓来，张某觉得项目上的各种压力都集中在他一个人身上，而项目组的其他成员没有一个人能帮上忙。

[问题 1]（9 分）

请问该公司在项目经理选拔与管理方面的制度是否规范？为什么？

[问题 2]（10 分）

请结合本案例，分析张某在工作中存在的问题。

[问题 3]（6 分）

请结合本案例，你作为项目经理可以向张某提出哪些建议？

1．案例题 1 分析

解答任何问题，最重要的是做到所答即所问，要紧紧抓住所问，对问题做有针对性的回答。

问题 1 是要求找公司的毛病，什么毛病？公司在项目经理的选拔和管理上的毛病。

问题 2 用"万能钥匙"可以得满分。要注意的是：找问题≠提建议。

问题 3 根据问题 2 的答案写建议就好。

2．案例题 1 答案

[问题 1 参考答案]：

（1）不规范。

（2）原因包括：

①公司仅从技术能力方面考察和选拔项目经理，而没有或较少考虑其管理方面的经验、能力。

②公司对项目经理缺乏必要的管理知识与技能方面的培训。

③公司对项目经理的工作缺乏指导和监督。

④公司和项目经理之间缺乏完善的沟通渠道。

[问题 2 参考答案]：

张某在工作中存在的问题有：

（1）没有控制好项目范围，导致需求蔓延（范围管理问题）。

（2）进度控制不力，导致进度严重滞后（进度管理问题、控制因素）。

（3）缺乏团队领导经验，事必躬亲的做法不正确（人力资源管理问题）。

（4）缺乏团队合作精神，没有做好团队建设工作，不能充分发挥团队整体效用（团队建设问题）。

（5）缺乏良好的沟通能力和沟通技巧（沟通管理问题）。

（6）计划不周、分工不明，责权不清（计划因素）。

（7）张某在项目管理方面经验不足，未能完成从技术骨干到项目经理的角色转变（人的因素）。

[问题 3 参考答案]：

（1）在客户和管理层等项目干系人之间建立良好的沟通。

（2）根据项目计划进行良好的项目分工，明确工作要求，发挥团队的集体力量。

（3）对客户提出的新需求，按变更管理的流程管理。

（4）对项目组成员按岗位要求提供相应培训。

（5）对已完成工作和剩余工作进行评估，重新进行资源平衡。如有问题应及时进行协调。

16.3.2 案例题 2 真题

某涉密单位甲计划建设一套科研项目管理系统，因项目涉密通过考察和比较，选择了具有涉密系统集成资质的单位乙来为其实施该项目。

甲方要求所有开发工具必须在现场完成，项目所有资料归甲方所有，双方签订了合同和保密协议。合同中规定项目应在当年的年底前完成。

乙公司派出项目经理小李带领项目组进驻甲单位现场，小李首先与客户沟通了需求，确定了大致的需求要点，形成了一份需求文件。经过客户确认后小李就安排项目组成员开始进行开发工作，为了更好地把握需求的实现，小李在每天工作结束后都将工作进度和成果汇报给甲方的客户代表，由客户提出意见并形成一份备忘录。客户对软件的修改意见不断提出，小李也仔细地将修改意见记录在每天的备忘录中，并在第二天与项目组讨论之后，安排开发人员尽量实现。随着软件的逐渐成型，小李发现此时客户提出了一些需求实际上跟某些已实现的需求是矛盾的，对于某些新的需求，实现难度也越来越大，此时软件的实际功能与最初确定的需求文件中确定的功能已经相差甚远，眼看时间越来越接近年底，小李不知道该怎么办才好。

[问题 1]（3 分）

请问该项目是否可以不公开招标？为什么？

[问题 2]（4 分）

项目需求发生变更后，可能导致项目的哪些方面同时发生变更？

[问题 3]（8 分）

请指出该项目在项目整体管理方面存在哪些问题？

[问题 4]（5 分）

针对案例中心项目的现状，请指出在继续实施此项目时小李可采取哪些措施？

[问题 5]（5 分）

请简要说明实施整体变更控制的完整流程。

1．案例题 2 分析

问题 2 的回答想想十大知识域即可。

问题 3～5 的回答用万能钥匙法很适合。

2．案例题 2 答案

[问题 1 参考答案]：

可以不公开招标。

招投标法第六十六条规定，涉及国家安全、国家秘密、抢险救灾或者属于利用扶贫资金实行以工代赈、需要使用农民工等特殊情况，不适宜进行招标的项目按照国家有关规定可以不进行招标。

[问题 2 参考答案]：

项目需求发生变更后，可能导致项目的其他变更有：范围变更、进度变更、成本变更、质量变更、沟通计划变更、风险计划变更、合同变更等。（从十大知识域当中挑选即可）

[问题 3 参考答案]：

该项目在项目整体管理方面存在的问题有：

（1）缺少项目整体管理计划及相关子计划（计划因素）。

（2）缺少变更控制机制，未设立变更控制委员会等机构，没有明确相关人员职责（控制因素、人的因素）。

（3）需求定义不准确，项目范围不明确就匆忙开发（范围管理-收集需求）。

（4）对客户的新需求没有进行充分分析就盲目开发（范围管理-定义范围）。

（5）项目整体控制不到位，导致新旧需求矛盾，进度落后（控制因素、进度管理问题）。

[问题 4 参考答案]（针对问题 3 的答案提建议即可）：

（1）制订项目整体管理计划，并严格执行。

（2）以合同为依据，与客户详细确认需求，明确项目范围。

（3）建立变更管理机制，并与客户沟通。

（4）对于新需求，按照变更控制流程处理，在实施前进行全面分析。

（5）严格执行项目范围控制，防止范围蔓延。

（6）针对目前进度落后的情况，重新制订进度计划并与客户沟通。

[问题 5 参考答案]：

整体变更控制流程（变更流程）：

（1）提出变更申请。

（2）进行变更分析。

（3）接受或拒绝变更。

（4）按照批准的方案执行变更。

（5）监督变更过程。

（6）评估变更结果。

16.3.3　案例题 3 真题

　　系统集成商 B 公司中标了某电子商务 A 企业的信息系统硬件扩容项目，项目内容为采购用户指定型号的多台服务器、交换设备、存储设备，并保证系统与原有设备对接，最后实现 A 企业的多个应用系统迁移，公司领导指定小周为该项目的项目经理。

　　小周担任过多个应用软件开发项目的项目经理，但没有负责过硬件集成项目。

　　小周召开了项目启动会，对项目进行了分解，并给项目成员分配了任务，接下来安排负责技术的小组长先编制项目技术方案，同时小周根据合同中规定的时间编制了项目的进度计划并发送给项目组成员，进度计划中确定了几个里程碑点：集成技术方案、设备到货、安装调试完成、应用系统迁移完成。由于该项目需要采购多种硬件设备，小周将进度计划发送给了采购部经理，并与采购经理进行了电话沟通。

　　技术方案完成后通过了项目组的内部评审，随后项目组按照技术方案开始进行设备调试的准备工作，小周找到采购部经理确认设备的到货时间，结果得到的答复是：服务器可以按时到场，但存储设备由于运输的原因要晚一周到货。

　　由于存储设备晚到的原因，安装调试工作比计划延误了一周时间，在系统调试的过程中，项目组发现技术方案中存在一处错误，又重新改进了技术方案，造成实际进度比计划延误了两周，A 企业得知系统迁移时间要延后，非常不满意，并到 B 公司高层领导投诉。

[问题 1]（12 分）

请分析该项目执行过程中存在哪些问题。

[问题2]（3分）

请将下面（1）～（3）处的答案填写到答题纸上。

在项目里程碑点进行里程碑评审，里程碑评审由（1）、（2）、（3）参加。

[问题3]（8分）

（1）项目的整体管理计划还应该包括哪些子计划？

（2）小周应该采取哪些措施来保证采购设备按时到货？

[问题4]（2分）

公司高层领导接到客户投诉后恰当的做法是（　　）。

A．向客户道歉并立即更换项目经理

B．向客户道歉并承诺赔偿部分损失

C．向项目组增派相关领域技术水平较高的人，力争在系统迁移过程中追回部分时间

D．与客户充分沟通，说明进度延误是由于设备时间延误造成的，希望客户顺延项目工期

1．案例题3分析

问题1—结合案例中的问题用万能钥匙法解决即可。

问题3—看似背书题，其实同样可以使用万能钥匙法解决。

2．案例题3答案

[问题1参考答案]：

该项目执行过程中存在的问题：

（1）不应由项目经理对工作进行分解，分解应该由项目团队完成（人的因素）。

（2）技术方案未完成就制订进度计划，存在风险（进度管理问题-制订进度计划）。

（3）制订进度计划仅依据合同，不全面（进度管理问题-制订进度计划）。

（4）重要里程碑未得到客户确认（范围管理问题-确认范围）。

（5）与采购经理仅进行电话不合适（沟通管理问题）。

（6）未能识别设备延期到货的风险，也没有相应的风险应对措施（风险管理问题）。

（7）对于进度延期缺乏相应的赶工措施和变更控制流程（控制因素、变更流程）。

（8）项目经理缺乏硬件集成工作经验，公司对项目经理也缺乏指导（人的因素）。

[问题2参考答案]：

（1）客户代表。

（2）项目团队成员。

（3）公司管理人员。

[问题3参考答案]：

项目的整体管理计划应该包括的子计划有（将万能钥匙中十大知识域的名字后面加计划即可）：

（1）范围管理计划。

（2）进度管理计划。

（3）质量管理计划。

（4）过程改进计划。

（5）人力资源管理计划。

（6）沟通管理计划。

（7）风险管理计划。

（8）采购管理计划。

（9）干系人管理计划。

为保证采购设备按时到货，小周应该采取的措施如下：

（1）与采购部门就采购计划进行详细沟通，明确项目采购时间要求并让采购部签字确认（沟通管理问题）。

（2）在采购合同中明确延期到货的相关惩罚措施（采购管理问题-实施采购）。

（3）关注实际采购进程，控制采购进度，预判可能的延期到货风险（采购管理问题-控制采购）。

[问题 4 参考答案]：C。

16.3.4　案例题 4 真题

某系统集成企业承接了一个环保监测系统项目，项目为某市的环保局建设水污染自动监测系统。该企业以往的主要业务为视频监控及信号分析处理，对自动控制系统也有较强的技术处理能力，但从未在环保领域开发应用。该企业的老李被任命为此项目的项目经理。

该企业已按照 ISO 9001 的要求建立了一套质量管理体系，对于项目管理、软件开发等的流程均有明确的书面规定，但公司中很多人认为这套管理体系的要求对于项目来说是多余的，条条框框的约束太多，大部分项目经理都是在项目结项前才把质量体系要求的文档补齐以便能通过结项审批。公司的质量管理员也习以为常，只要在项目结束前能把文档补齐，就不会干涉项目建设。

老李组织了技术骨干对客户的需求进行调研，通过对用户需求的分析和整理，项目组直接制订了一个总体的技术方案，然后老李制订了一个较粗略的项目计划：

①对市场上的采集设备进行调研，选择一款进行采购；

②利用公司已有的控制软件平台直接进行修改开发；

③待设备选定后，将软件与采集设备进行联调实验，实现软件与设备的控制功能；

④联调成功后，按技术方案开展整个项目的实施工作。

在软件与采集设备的联调过程中，老李请环保局的客户代表来检查工作。客户代表发现由于项目组不了解环保领域的一些参数指标，完成系统达不到客户方的要求。由于项目从一开始就没有完整的项目文档，老张为了避免再次出现重大问题，只好重新进行需求调研。客户方很不满意，既担心项目不能按时上线，又担心项目质量无法保证。

[问题 1]（6 分）

请指出该项目的需求活动存在哪些问题。

[问题 2]（7 分）

请简要分析该项目的项目管理方面存在哪些问题。

[问题 3]（12 分）

该企业的质量管理体系可能存在哪些问题？应该如何改进？

1．案例题 4 分析

3 个问题都是找茬题，结合案例中的描述灵活运用万能钥匙。

2．案例题 4 答案

[问题 1 参考答案]：

该项目的需求活动存在问题如下：

（1）缺乏对需求工程相关知识的了解，对需求开发和需求管理认识不到位（人的因素）。

（2）缺少需求管理和开发的计划（计划因素）。

（3）需求调研时缺少和用户的沟通（范围管理问题-收集需求）。

（4）没有形成规范的需求规格说明（范围管理问题-定义范围）。

（5）系统开发前，缺少用户确认需求的过程（范围管理问题-确认范围）。

（6）没有进行需求跟踪工作（控制因素）。

（7）缺少需求管理的相关文档。

[问题 2 参考答案]：

该项目的项目管理方面存在的问题：

（1）项目经理缺乏相关项目管理方面的知识（人的因素）。

（2）整体管理方面，制订的粗略项目计划缺乏项目需求及范围定义、进度计划、成本预算、沟通计划等等重要内容（整体管理问题）。

（3）项目需求和范围不重视需求开发和管理活动，在项目前期就项目需求缺乏与用户的沟通（范围管理问题）。

（4）质量管理方面，不理解公司质量体系的意义，不重视质量管理，缺乏相关质量规划、保证、控制工作（质量管理问题）。

（5）进度方面，相关重要里程碑节点缺少验收标准和进度要求（进度管理问题）。

（6）沟通方面，缺少沟通计划以及阶段性地向项目干系人递交的绩效报告，导致完成系统达不到客户方的要求（沟通管理问题）。

（7）采购的设备不能满足项目需求（采购管理问题）。

（8）在管理上对于项目的实施其监督和控制工作不到位（控制因素）。

[问题 3 参考答案]：

该企业的质量管理体系可能存在的问题：

（1）企业及员工对质量管理体系的作用和意义认识不到位（人的因素）。

（2）质量方针不明确，质量规划不合理（质量管理问题-规划质量管理）。

（3）缺少质量控制相关方法及措施（质量管理问题-控制质量）。

（4）缺少质量保证、质量改进等制度（质量管理问题-保证质量）。

（5）质量审批不严格，流于形式。

（6）质量管理员工作不负责任（人的因素）。

改进建议（针对问题提建议）：

（1）全员参与质量管理，学习质量管理体系的内容，重视质量体系建设和改进工作。

（2）明确质量方针，对每个项目落实相关质量规划、保证、控制等相关工作。

（3）明确质量控制的方法和措施，认真开展质量控制工作。

（4）制定质量保证、质量改进等制度和措施。

（5）严格进行质量审批，明确相关责任及制度。

（6）明确质量管理员责任及考核机制，严格要求其按规定行使其职责。

总结：万能钥匙的前两条（十大知识域+计划控制）是从理论的角度整理的，后两条（变更流程+人的因素）是依据经验总结的，在应试过程中不要盲目地背诵万能钥匙，而是先要快速、仔细地阅读案例以及问题，然后针对问题进行"所答即所问"。组织答案的时候，再从理论和经验两个方面灵活运用万能钥匙，这样就能得到理想的结果。

第 17 章   科目 3—大论文

高项的大论文最能反映一个人的综合水平。写一篇合格的论文，除了要求一个人理解项目管理思想、掌握项目管理十大知识域的理论之外，还需要针对论文题目的要求，合理设置论文结构，组织论文内容，就 IT 项目的具体问题从管理的角度分析、解决问题。本章从高项大论文的基本要求、结构设计、内容组织等方面详细讲述应该如何准备一篇合格的高项大论文。

17.1   大论文基本要求

根据最近几年的考试真题，软考高项大论文的基本要求如下：

（1）本试卷满分为 75 分。

（2）在答题纸的指定位置填写你所在的省、自治区、直辖市、计划单列市的名称。

（3）在答题纸的指定位置填写准考证号、出生年月日和姓名。

（4）在试题号栏内用"〇"圈住选答的试题号。

（5）答题纸上除填写上述内容外只能写解答。

（6）解答应分摘要和正文两部分。在书写时，请注意以下两点：

① 论文摘要的格数为 330，可以分条叙述，但不允许有图、表和流程图。

② 正文不超过 2750 字，文中可以分条叙述，但不要全部用分条叙述的方式。

（7）解答时字迹务必清楚，字迹不清，将不评分。

基于上述基本要求，笔者总结了在应试的时候写论文的注意事项如下：

（1）圈住选答的试题号（一般每次考试都是二选一）。

（2）摘要写 300 字左右即可。摘要就是正文的简要重复，通过 300 字表达后面 2000 多字的正文主要写了什么。

（3）正文字数控制在 2200 字左右即可，不要少于 2000 字，不要多于 2750 字（正文字数太多，考试时间不够）。

（4）字迹一定要清晰。建议在考试前 1 个月开始练字，不是要把字练得多好看，而是要在保证速度的前提下把字写清楚。120 分钟的考试时间要写"摘要+正文" 2500～2700 字，在练习的时候速度要达到半小时写 650 字。

上述注意事项在应试时一定要做到，例如字迹清晰这一条，有的考生就是因为字迹太乱导致论文不合格，特别可惜。

17.2 大论文结构设计

本节重点讨论大论文正文的结构。

17.2.1 论文结构 1：通用结构

一篇论文的结构就是要明确论文有几部分、每部分写多少字，回答这个问题首先要先看题目的要求。

软考真题：

试题二 论信息系统项目的进度管理

项目进度管理是保证项目的所有工作都在指定的时间内完成的重要管理过程。管理项目进度是每个项目经理在项目管理过程中耗时耗力最多的一项工作。项目进度与项目成本、项目质量密不可分。

请以"信息系统项目的进度管理"为题，分别从以下 3 个方面进行论述：

1．概要叙述你参与管理过的信息系统项目（项目的背景、项目规模、发起单位、目的、项目内容、组织结构、项目周期、交付的产品等），并说明你在其中承担的工作。

2．结合信息系统项目管理的实际情况，并围绕以下要点论述你对信息系统项目进度管理的认识。

（1）项目进度管理过程包含的主要内容。

（2）项目进度管理的重要性，以及进度管理对成本管理和质量管理的影响。

3．请结合论文中所提到的项目，介绍在该项目中是如何进行进度管理的（请叙述具体做法），并总结你的心得体会。

这个题目要求我们写什么（就是论文有几部分这个问题）？见图 17-1 的分析。

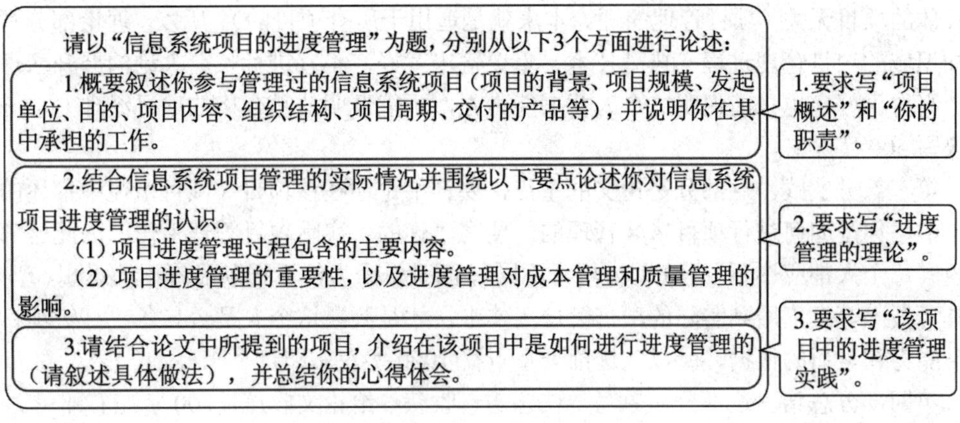

图 17-1 大论文题目解读

题目要求写：（1）项目概述；（2）项目××管理的理论；（3）××管理在本项目中的实践。（论文要写啥？这个问题的答案非常简单，即"题目要求写啥就写啥！"）除了这三部分内容，为了使论文结构上更完整，还可以再增加一部分——（4）总结。

作者分析了所有高项大论文的题目，结论是：高项考试的大论文都可以按照"一概述、二理论、三实践、四总结"（下文简称"四部分"）的结构来写，这就是通用的论文结构，可以适用于所有以项目管理十大知识域为问题的情况。

接下来我们分析每部分写多少字这个问题。假设计划写 300 字左右的摘要和 2200 字左右的正文（这个字数对于高项论文的正文来说是比较合理的），那么推荐的论文各部分的比例如表 17-1 所列。

表 17-1　论文结构 1：通用的"四部分"论文结构

结构		内容	字数
摘要		简单介绍正文的内容（正文写啥，摘要就写啥）	300 字左右，建议分成两个自然段
正文（四部分，2200 字左右）	一	项目概述	500 字左右
	二	对××管理理论的认识	500 字左右
	三	××管理在本项目中的实践	1000 字左右
	四	总结	200 字左右

文字数量在论文各部分的分配比例体现了作者对论文的理解和对于项目管理的认识水平。

第一部分项目概述。介绍项目的基本信息，内容包括项目的背景、项目规模、发起单位、目的、项目内容、组织结构、项目周期、交付的产品、作者的职责等。写作时把上述信息介绍清楚即可，无须详细描述，所以 500 字左右是合理的。

第二部分理论。对高项的论文内容而言，理论都是空话，空话指的就是这部分内容与具体的项目无关（项目管理的理论本来就是适用于所有项目的）。所以，理论部分写清该知识域的项目管理过程、典型技术、重要输出就好，不宜进行长篇大论的展开（理论部分写得再好，也只能说明这个人背书能力强，不能证明他是合格的项目经理）。因此，建议写 500 字左右。

第三部分实践。这部分是论文的重点，要详细论述在该项目（项目概述中描述的项目）中，你是如何进行项目××管理的。要写"你的"实际项目管理工作，因此这部分的内容每个人都应该不一样（因为项目不同），而且一个人能否把项目管理的思想、理论、工具、技术等真正用到实际的项目管理工作中，才是判断这个人是否具备"高级项目经理"能力和素质的依据。所以，这部分重点写 1000 字左右即可。

第四部分总结。这部分简单写一些感想、收获，给论文收尾，200 字左右即可。

除了本小节介绍的通用论文结构之外，还有其他的论文结构也可用在高项的论文考试中。这些结构不一定能够适用于所有题目，但对于以某些特定的知识域为题目的论文，这些结构是比较适合的。

17.2.2　论文结构 2：按照过程顺序

按照过程顺序指的是按照该知识域的项目管理过程的先后顺序（见表 16-1）。

首先，这种结构分为三大部分：

（1）项目概述（500 字左右）；

（2）××管理的理论和在本项目中的实践（1500 字左右）；

（3）总结（200 字左右）。

其次，该结构的重点在于第二部分（理论和实践）——1500 字的内容组织方式上。我们以论 IT 的质量管理的题目为例，这部分的结构如表 17-2 所列。

表 17-2　论文结构 2：按照项目管理过程的顺序

结构	论文内容	字数
一、项目概述		500 字左右
二、理论与实践（以质量管理为例）		
2.1 质量规划	质量规划的理论	150 字左右
	本项目的质量规划实践	250 字左右
2.2 质量保证	质量保证的理论	150 字左右
	本项目的质量保证实践	200 字左右
2.3 质量控制	质量控制的理论	150 字左右
	本项目的质量控制实践	600 字左右
三、总结（200 字左右）		

项目质量管理共包括质量规划、质量保证、质量控制三个过程。这三个过程属于三个不同的过程组（计划过程组、执行过程组、控制过程组），因此在组织第二部分的内容时，就可以按照这三个过程的顺序来编辑内容。具体地在写每个过程时，分别写出该管理过程的理论以及在实际项目中是如何完成这个过程的。

需要注意的是，这种结构不适合所有的知识域，例如"论 IT 项目的进度管理"这个题目，如果按照项目管理过程的顺序组织内容，则会造成头重脚轻的现象。在进度管理这个知识域中一共包括 7 个过程（规划进度管理、定义活动、排列活动顺序、估算活动资源、估算活动持续时间、制订进度计划、控制进度），其中前 6 个过程都属于计划过程组，只有最后一个过程属于控制过程组，如果进度管理的论文按照过程的顺序来写，则有 6/7 的内容都是在写进度计划，只有 1/7 的内容是进度控制，这与实际进度管理的特点不符。

适用于论文结构 2 的论文题目包括质量管理、沟通管理、采购管理、干系人管理。

17.2.3　论文结构3：先计划再控制

论文结构3与管理过程顺序的结构类似，其是先计划再控制的结构，论文分成三大部分：

（1）项目概述（500字左右）；

（2）××管理的理论和在本项目中的实践（1500字左右）；

（3）总结（200字左右）。

区别在于第二部分（理论和实践）的内容组织上，以"论IT项目的进度管理"为例，先计划再控制的结构如表17-3所列。

表17-3　论文结构3：先计划再控制的结构

结构	论文内容	字数
一、项目概述		500字左右
二、理论与实践（以质量管理为例）		
2.1 进度计划	进度计划的理论	350字左右
	本项目的进度计划	300字左右
2.2 进度控制	进度控制的理论	150字左右
	本项目的进度控制	700字左右
三、总结		200字左右

这种结构设计的原因是：一方面进度管理的7个过程中前6个过程属于计划过程组，最后1个过程属于控制过程组，所以可按照先计划、再控制的方式来组织内容；另一方面，虽然计划过程占了6/7，但是在实际项目的进度管理工作中，更多的时间和精力是在做控制（例如一个12个月的项目，制订进度计划的时间是在前1个月，后11个月是在做进度控制），因此本项目的进度控制应该花更多的文字详细描写（详细描述在项目实施过程中遇到的进度问题以及相应的解决措施）。

适用于论文结构3的题目包括范围管理、进度管理、成本管理、风险管理。

17.2.4　论文结构设计总结

综合分析上述三种论文的结构，可以发现一些特点：

1. 如果把通用结构中的第二、第三部分看作一个整体，那么17.2节中的三种结构在整体上是一致的，都可以被看作三大部分：项目概述、理论和实践、总结。这种一致性是由论文题目的要求决定的（论文题目就要求写这些内容）。

2. 四部分结构适用于所有题目，是通用结构。按照管理过程顺序的结构适用于质量管理、沟通管理、采购管理、干系人管理。先计划再控制的结构适用于范围管理、进度管理、成本管理、风险管理。

3．三种结构的不同点在于论文第二部分（理论和实践）的组织方式不一样。

4．三种结构的相同点在于：重实践、轻理论。理论要求写 500 字左右，实践要求写 1000 字左右，这本身就代表了实践更重要。只有实践部分才能显示一个人是否真正理解了项目管理的思想，真的能够在实际项目中做好管理工作。

5．这三种结构都是被很多学员在实际考试中应用过的，被证明是有效的结构。本质上，论文的结构设计恰恰可体现出一个人对写软考高项大论文这件事的理解和认识。

17.3　大论文内容要点

论文的结构设计合理，只是高项论文符合要求的前提（结构合理只是论文能够合格的必要但非充分条件），要想论文能够顺利通过，在结构合理的基础上还要做到内容达标。什么样的内容才算达标？论文写作时内容上需要注意什么问题？下面以四部分的通用结构为例，详细论述论文在内容上的要点。

17.3.1　正文项目概述

正文项目概述要做到两点：信息要全面；项目特点能够隐含地点题。

第一点信息要全面，指的是在项目概述中，要依据题目的要求把项目重要的基本信息都简要地介绍到位。

统计历年高项大论文的题目，对于项目概述的要求基本一致，其内容主要包括：项目背景、项目规模、发起单位、目的、项目内容、组织结构、项目周期、交付的产品等，并说明你在其中承担的工作（参考 17.2 节软考真题）。

做到这一点不难，提前准备好这些项目基本信息即可。上述信息一般在项目投标文件、项目总结报告中均可以很方便地找到。

第二点项目特点能够隐含地点题，是指论文作者要根据考题有侧重地突出项目在该考题所涉及的项目管理知识域上的挑战。

如果题目是"论 IT 项目的进度管理"，则在写这个项目的特点时应该突出这个项目在进度管理方面的要求高（时间紧，或由于是政治任务，所以甲方要求必须按时完工等）。如果题目是"论 IT 项目的质量管理"，则应该有意识地写项目在质量管理方面标准高、挑战大（由于是试点工程，甲方对项目质量要求很高；由于涉及核心业务，甲方对于项目的性能尤其看重等）。

这样点题的书写项目特点，能够为后文的内容做好铺垫，并显示出作者在项目选择和构思方面的用心。

也许会有同学担心："难道备考时我要准备很多项目以应对不同的题目吗？"其实不必，在备考时准备一个项目的相关基本信息即可。考试时根据具体的题目，有针对性地用一句话点题就可以了，因为在项目概述中无需展开详细描述。下面列举两段文字，分别针对不同的题目，但用的是一个项目供大家参考。

1．项目概述示例 1（进度管理）

题目：论信息化项目的进度管理

2012 年 9 月，我公司承建了基于信息技术的北京市某郊区县数字化校园建设一期项目。该项目是北京市某区教委信息中心为响应北京市加快信息化建设步伐、实现无纸化教学、高效课堂、电子书包、给学生减负的号召而设立的试点项目，项目投资金额为 2500万元，涉及区教委信息中心以及高中、初中、小学在内的 10 所学校。其中，区教委信息中心为项目甲方，10 所学校为项目的用户方。本项目规定了一卡通，教学评估作为本次数字化校园的必建项目。门户网站、家校互动、录课教室、PAD 教室作为本次数字化校园的选作项目。本项目作为首批郊区县的数字化校园试点，区教委领导及信息中心非常重视，要求项目必须在 2013 年 8 月正式运行。因此，除了涉及面广、项目干系人众多等特点，该项目对进度的要求十分严格（一句话点题——进度严格）。

作为本项目的项目经理，我直接负责该项目的管理和实施，团队成员包括：需求分析及总体设计 8 人，软件系统开发 15 人，硬件环境搭建 20 人。

2．项目概述示例 2（质量管理）

题目：论信息化项目的质量管理

2012 年 9 月，我公司承建了基于信息技术的北京市某郊区县数字化校园建设一期项目。该项目是北京市某区教委信息中心为响应北京市加快信息化建设步伐、实现无纸化教学、高效课堂、电子书包、给学生减负的号召而设立的试点项目，项目投资金额为 2500万元，计划工期 11 个月，涉及区教委信息中心以及高中、初中、小学在内的 10 所学校。其中，区教委信息中心为项目甲方，10 所学校为项目的用户方。本项目规定了一卡通，教学评估作为本次数字化校园的必建项目。门户网站、家校互动、录课教室、PAD 教室作为本次数字化校园的选作项目。

另外，本项目作为首批郊区县的数字化校园试点，具有重要的示范效应，其成败直接影响后续项目的立项，区教委领导及信息中心非常重视，要求高质量的完成，因此，除了时间紧、项目干系人众多等一般特点，该项目对质量的要求尤其严格（一个自然段点题——质量管理有挑战）。

作为本项目的项目经理，我直接负责该项目的管理和实施，团队成员包括：需求分析及总体设计 8 人、软件系统开发 15 人、硬件环境搭建 20 人。

上述示例中的项目概述，项目信息基本全面，特点是能够点题，是完全合格的。可以发现它们写的都是一个项目，因为题目不同，所以项目特点也就不同了。

17.3.2　正文理论部分

无论采用什么结构，正文的理论部分加起来写 500 字左右即可。在这部分建议写出的内容包括（相关内容在本书第 8 章中已经写明，读者还可以参考高项的官方教程以及

PMBOK 的相关内容）：

- 该知识域的核心作用。例如范围管理包括确保项目做且只做所需的全部工作，进度管理包括为管理项目按时完成所需的各个过程等。
- 该知识域包括的项目管理过程及简要说明。例如，定义活动是识别和记录为完成项目可交付成果而需采取的具体行动的过程，其主要作用是将工作包分解为活动，作为对项目工作进行估算、进度规划、执行、监督和控制的基础。
- 该知识域涉及的典型技术和重要管理文件。例如，进度网络分析是创建项目进度模型的一种综合技术。它通过多种分析技术，如关键路径法、关键链法、假设情景分析和资源优化技术等来计算项目活动未完成部分的最早和最晚开始日期，以及最早和最晚完成日期；进度基准是经过批准的进度模型，只有通过正式的变更控制程序才能进行变更，用作与实际结果进行比较的依据。其中包含基准开始日期和基准结束日期。在监控过程中，将用实际开始和结束日期与批准的基准日期进行比较，以确定是否存在偏差。

在实际应试过程中，要根据论文题目的具体要求，在理论部分把该知识域涉及的相关知识写全面，同时注意控制字数，不要写得过多。

1．理论部分示例 1（沟通管理）

项目沟通管理的理论：通过学习我了解到，沟通管理包括三个过程，即规划沟通、管理沟通、控制沟通，其核心目的是确保项目信息及时且恰当地规划、收集、生成、发布、存储、检索、管理、控制、监督和最终处置。

（1）规划沟通属于计划过程

它为项目的沟通工作制定合适的沟通方式、计划、策略，主要作用是识别和记录与干系人最有效率且最有效果的沟通方式。此过程依据项目管理计划、干系人登记册等信息，应用沟通需求分析、沟通技术、会议、模型等技术，制订合理的《沟通管理计划》。《沟通管理计划》是整个项目开展沟通工作最重要的依据，详细描述谁需要什么样的信息、何时需要、用怎样的方法传递等。

（2）管理沟通属于执行过程

它是依据《沟通管理计划》和其他相关信息具体开展项目沟通工作的过程。其主要作用是促进干系人之间实现有效率且有效果的沟通。采用恰当的沟通技术和方法，确保信息被正确地收集、生成、发布和接收，是管理沟通过程的关键。

（3）控制沟通属于控制过程

该过程在整个项目生命周期中对沟通进行监督和控制，以确保满足干系人对信息的需求。该过程需要及时发现并处理项目沟通存在的问题，并在需要的时候更新相关管理计划。

2．理论部分示例 2（进度管理）

对项目进度管理理论的认识：项目进度管理是对项目的进度进行规划与控制，使项目能够按时完成。通过系统地学习项目管理知识，我认识到进度管理包含 7 个过程，其中前 6 个过程属于计划过程组，最后 1 个过程属于控制过程组。

（1）进度管理中的计划过程

在项目的规划阶段，要根据 6 个管理过程来编制进度计划，包括规划进度管理、定义活动、排列活动顺序、估算活动资源、估算活动时间、制订进度计划。这些过程的核心目的就是编制进度计划作为后续进度控制的依据。在此阶段，需要综合使用关键路径法、关键链路法、假设情景分析和资源优化等技术，把工作包进一步分解为活动，分析这些活动的逻辑关系，结合项目资源估算活动时间，最终经批准形成《进度基准》和《项目进度计划》。之所以需要这么多的管理过程和专业技术，就是为了让这个进度计划更科学、更符合项目实际情况。

（2）进度管理中的控制过程

计划的作用在于给控制提供依据。在项目实施阶段，进度管理的重心就是依据计划进行进度的控制。这个过程需要监督项目活动状态，更新项目进展，管理进度基准变更，其主要作用是提供发现计划偏离的方法，从而可以及时采取纠正和预防措施以降低风险，最终使项目按时完成。在这个过程中，可能需要采取绩效审查、资源优化、进度压缩等控制技术。

这两个示例均是按照四部分的通用结构，把理论集中在单独的第二部分来写。对于其他论文结构，把理论的相关内容拆分再放到合适的位置即可。仔细阅读这两个示例不难发现：示例 1 是按照管理过程顺序来写；示例 2 是按照先计划再控制的结构来写的，这与 17.2 节中的论文结构 2、论文结构 3 是吻合的（这种吻合源自项目管理理论本身的特点），拆分起来也很方便。

17.3.3　正文实践部分

实践部分是整篇论文的重点，实践部分包括两个要点：本项目××管理计划的制订；本项目的××控制工作。

在 16.2 节中提到过，做计划、做控制代表了项目管理的精髓，当针对一个具体的项目来写具体管理工作时，要重点描写计划和控制过程。在具体的作过程中，需要注意以下事项：

- 计划要具体。需要让人一目了然地知道这是本项目的计划。具体写并不是要事无巨细地把所有计划的细节都写出来，而是要写出要点。例如，写项目的进度计划，至少要有项目生命周期阶段的划分，要有里程碑日期；写项目的成本计划要有估算、预算编制的依据，要有最终的预算结果。

- 控制重点写问题。计划制订完成后，项目按部就班地执行就好，这不需要详细写（也没有亮点），应该详细写的是问题。这里的问题指的是：当项目发生了某种事件或情况突发，将会威胁项目计划的达成（从管理的视角来看，只有那些有可能影响计划实现的情况才是问题）。写问题内容包括描述问题、分析问题、解决问题，其中需要强调和注意的是："分析问题"的时候要结合计划去分析，这才能体现出作者的管理水平。

1. 项目整体进度计划的制订

在本项目中，区教委信息中心与公司主要高层领导对此项目非常重视，因为这不仅关系到本区县信息化建设的发展，而且关系到公司在行业内的声誉。在 2012 年 9 月 2 日，由公司组织，信息中心主任带头，各学校校长及总务主任响应，召开了项目的开工会，这预示着项目正式启动。开会时，信息中心主任发言，要学校积极配合公司进行调研，同时特别强调要在保证项目质量的前提下确保项目如期完工。

根据以往公司在其他省市同类项目的项目经验，并结合本项目的具体建设内容和要求，制订了本项目的整体进度计划如下：

①需求分析及确认需要 8 人干一个月，计划 2012 年 10 月底完成，完成标志为信息中心及学校校长在需求确认书上签字。

②总体设计 8 人干一个月，计划 2012 年 11 月底完成，完成标志为经过公司评审环节。

③软件系统开发为 5 人干 5 个月，计划 2013 年 4 月底完成。

④硬件基础搭建每学校需要 4 人，共历时 4 个月，计划 2013 年 3 月底完成，并且硬件基础搭建和软件开发工作要并行施工。

⑤内部测试一个半月，客户验收测试需要半个月，修改、完善、发布需要一个月，计划 2013 年 7 月底完成（这就是具体的进度计划）。

同时，我特别要求项目必须少出差错，应及时发现问题，要求每个学校实施的负责人每天写工作日汇报，由我汇总后在公司每周五召开的项目进度碰头会上，向公司领导进行汇报。

2. 项目实施中的进度控制

随着项目的逐步实施，我面临了一些具体的问题，例如在硬件搭建阶段：

本项目的一卡通功能是基于无线网的无线射频技术来实现的，同时教学评估系统以软件搭载监控摄像头来实现，系统运转必须要有良好的综合布线系统的支撑。但是，石碑小学的机房老旧，各种网线如蜘蛛网一样盘插在陈旧的机柜里，因此必须对该学校进行重新布线。这必然会导致项目成本增加，并威胁整个硬件搭建进度的达成（描述问题）。

通过分析项目的进度计划，我发现硬件基础搭建工作是"非关键工作"，具有 1 个月的总时差。也就是说，工作可以延期 1 个月而不影响项目整体进度（结合计划来分析问题）。

因此，我一方面协调石碑小学的领导及教委信息中心的相关负责人，配合其对机房的重新综合布线工程进行变更（这就需要 1 个月的时间）；另一方面，要求公司提前做好变更批准后的准备工作，在不影响学校的正常教学及学生正常上课的前提下，我向公司申请加派 5 名经验丰富的施工人员，采取了夜间施工的办法，确保变更批准后重新综合布线能够尽快完成。通过上述努力，我们于 2013 年 4 月完成了项目整体硬件搭建工作，保证了系统测试、客户验收、系统上线等后续工作能按期进行。

需要特别强调的是：实践部分一定注意，要写清"这个项目的具体工作"。有的同学在写实践部分的内容时会写很多空话（与本项目无关或者太通用就是空话），这就犯了低级错误（见 17.4 节）。

17.3.4　正文总结部分

正文总结部分写一些经验、教训、收获、感想等内容即可。

1．总结部分示例 1（进度管理）

通过这个项目的进度管理，我认识到：

（1）对于相对复杂的信息化项目的进度管理，首先要保证进度计划科学、合理。同时最好在制订计划时设置一定的进度储备以应对各种问题和风险，这也是本项目做的不到位的地方。

（2）对于项目实施过程中遇到的具体问题，在分析、讨论问题的技术解决方案的同时，一定要注意该问题对整体进度计划的影响，并采取有针对性的措施。这样，能够从技术和管理两方面兼顾，得到更合适的解决方案。

一个好的项目经理，一定是在不断地学习和实践中成长起来的，我有信心！

2．总结部分示例 2（质量管理）

通过这个项目我更加深刻地理解到，做好质量管理需要做到质量计划科学、合理，质量保证严谨、规范，质量控制细致、严格。这三个过程相辅相成，共同促进项目质量目标的实现。

对于信息化项目，变更几乎不可避免，而大部分变更都会不同程度地影响项目质量。面对变更，要对其从质量、成本、进度等各方面进行分析讨论，准确把握变更影响，从而制订出合适的应对方案。

17.3.5　摘要

摘要就是概述正文，即复正文的重要内容，用 300 字告诉读者正文的 2200 字写了什么，一言以蔽之，"摘要就是，正文写什么，摘要就写什么"。

1．摘要示例 1（进度管理）

2012 年 9 月—2013 年 7 月，我公司承建了北京市某郊区县数字化校园建设一期试点项目，本项目投资金额为 2500 万元，涉及区教委信息中心以及高中、初中、小学在内的 10 所学校。本项目作为首批郊区县的数字化校园建设试点，区教委领导及信息中心非常重视，并要求本项目必须在 2013 年 8 月正式运行，项目对进度要求十分严格。

结合上述项目，首先阐述我对信息化项目进度管理理论上的认识和理解，介绍进度管理各个过程的作用。然后，根据该项目的具体特点，介绍我所制订的进度计划。并针对该项目实施过程中硬件搭建阶段所遇到的具体问题，分析该问题对项目进度的影响和我所采取的措施。最后，提出我对信息化项目进度管理的一点建议。

2．摘要示例 2（质量管理）

2012 年 9 月—2013 年 7 月，我公司承建了北京市某郊区县数字化校园建设一期试点项目，本项目投资金额为 2500 万元，涉及区教委信息中心以及其辖区内的高中、初中、小学共 10 所学校。本项目作为首批郊区县的数字化校园建设试点，具有重要的示范效应，其成败直接影响后续项目的立项，因此项目具有质量要求高、时间紧、干系人众多等特点。

结合上述项目，首先阐述我对信息化项目质量管理理论上的认识和理解，然后根据该项目的具体特点，从制定质量规划、执行质量保证、实施质量控制三方面，详细论述我在该项目中的质量管理工作，并针对项目实施中遇到的具体质量问题，介绍相关分析及处理方案。最后，提出我对信息化项目质量管理的建议。

17.4　大论文常见问题

在多年的软考培训工作过程中，笔者为很多学员批注、修改了大量的论文，从中提炼出一些共性问题。这些问题有的属于低级错误，注意即可；有的则反映作者对于项目管理的理解，需要认真思考、仔细体会。本节把这些共性问题梳理出来并给出应对建议。

17.4.1　问题 1：不恰当地参考范文

很多同学在拿到范文后，写论文时简单地把范文中的项目概述替换一下就作为自己的内容，后续的内容、自然段划分、过渡词，甚至实践当中的问题都完全照抄范文，这么做是完全错误的。

一篇文章前后语言组织的风格不一致十分容易被看出来，一篇论文是照搬的范文还是自己用心写的内容（参考、借鉴不等于完全照抄），判卷老师很容易就能分辨。

应试者一定要做到任何范文（包括 17.3 节中的示例）都只是参考，在动笔写论文之前一定要端正态度，根据题目的要求自己思考、自己书写范文。

17.4.2　问题 2：正文不写项目概述

有的同学在摘要中写了一些项目的基本信息，然后在正文中就不写项目概述了，而且还觉得这么做是有道理的，是为了避免正文与摘要重复。这是非常严重的错误。这说明他根本不懂什么是摘要。一个人如果连摘要是什么都搞不清楚，那么他写的论文也很难合格。

应试者一定要做到：不要害怕摘要与正文有重复。摘要就是要重复正文中的重要内容，用简短的文字告诉读者你都写了什么。

17.4.3　问题 3：项目概述信息不全

一些应试者对项目概述写了很多文字，但重要的基本信息仍然有缺失，例如不写项目周期，忘写项目投资，没有项目建设内容等。

应试者一定要做到：在项目概述中要把基本信息写全，让人读完就能清晰地把握项目的基本情况。具体参考 17.3.1 小节中的示例。

项目概述中的注意事项如下：

（1）只要不涉密，写真实的项目名称是可以的，也可以用××××代替某些机构或公司的名称，但注意不要全是××。例如：

我公司中标了"北京航信集团综合业务系统开发项目"——这么写正确。

我公司中标了"北京××集团综合业务系统开发项目"——这么写正确。

我公司中标了"北京××集团××××系统开发项目"——这么写不正确。

（2）项目的规模不要太小，一个投资 20 万元，周期时长为 4 周的软件开发项目不一定需要制订那么多子计划，因此就不适合用在高项的论文中。建议项目的规模在几百万元～几千万元。

（3）作者的身份是甲方还是乙方？其实都可以。只要你的论文中项目真实、理论准确、实际问题分析科学，不论你是以甲方还是乙方的身份都是合格的。需要注意的是，软考中的项目管理理论（十大知识域）是站在乙方项目经理的角度来论述的，因此笔者认为在写论文时站在乙方项目经理的角度写相对容易一些。

17.4.4　问题 4：实践部分中计划写得太具体

根据我公司之前同类项目经验，并结合本项目的具体建设内容和要求，我制订了本项目的沟通计划如下：

（1）每月召开一次各部门总经理参加的沟通会议，总经理室陆总与会并汇报项目进展、当前项目风险及需要领导层决断及支持事项。

（2）每周召开一次项目组内三方讨论会议，信息科技部、信用卡中心、承建乙方主要项目负责人与会，沟通当前整体项目进展、风险、下一阶段工作安排、各方协调配合事项。

（3）每日召开一次三方测试问题沟通会议，确认测试进度、发现问题原因、解决时效问题。

（4）每日召开一次各部门业务骨干测试沟通会议，学习最新移植规则，完成测试工作责任分派，沟通测试进度，讲解测试问题。

这是我的一个学员在写沟通管理论文中的"本项目的沟通管理计划"内容。读完之后给人的感觉是"你的沟通管理计划就只有这 4 条"，这显然不妥。

计划要既概括、又具体，上面的文字可以改成：

根据本项目干系人的具体期望，并参考我公司类似项目中的文件，我制订了《北京航信集团综合业务系统开发项目沟通管理计划》，计划中明确了各类干系人的沟通需求、需要沟通的信息、负责沟通的人员、问题升级程序等内容，保证该计划能够最大程度地符合项目特点、满足各方需要（这就是概括）。

例如：在团队内部实行每日站会，用 15 分钟沟通各自工作进展；每月组织各部门总经理参加项目例会，汇报项目绩效，沟通当前项目风险，以及需要领导层决断和支持的事项（这就是具体）。最终，该计划得到了项目各相关干系人的支持。

用书名号把重要的计划文件写明，并写出计划包括的主要方面，这就是概括；举例说明（而不是逐条列举）计划当中的某个具体内容，这就是具体。

17.4.5　问题 5：控制部分对于问题的描述和分析不能针对主题

下面是一篇论文实践部分控制阶段的问题描述和解决方案。

在项目的实施过程中，我面临了以下问题：

在需求规格说明书评审阶段，市场部的业务负责人提出由于经常出差，需要手机端处理业务的需求，之后我对市场部、产品部与各用户进行了访谈和调研，确定了该需求的必要性，之后立即召集项目组开了几次会，广泛听取了大家的意见，得到了初步的解决方案。

针对上述变更问题，我们立即启动了"变更风险预案"，并从进度和成本两方面对其进行分析，发现目前项目组成员的技能无法完成此需求，于是与领导进行了沟通，说明了现状，获得了领导的支持。一方面通过招聘符合要求的技术人员，另一方面我发现手机端需求的开发可以与 PC 端开发在大多数时间并行开展，从而消除了这项变更对项目整体进度的影响。此需求的变更让我们也可及时通知到项目的干系人，获得了他们的支持后使项目在计划内完成交付。

大家判断一下，这段文字是在写沟通管理、风险管理、进度管理，还是干系人管理？好像都可以，这就是典型的没写出针对性，跑偏了。

再次强调，问题的描述尤其是问题的分析，要针对主题。如果论文的主题是干系人管理，那么就应该重点从干系人参与的角度去分析、解决问题。

例如，在项目的实施过程中，我面临并处理了以下问题：

在开发阶段，客户市场部的业务负责人提出希望系统能够支持手机端处理业务，因为他经常出差，用 PC 不方便。针对这一需求，我迅速判断出这与项目原来的范围不一致，若要实现这个需求，将会增加成本并有可能延误进度。

为了处理这个问题，我首先找到团队技术负责人，让他从技术角度估算实现这个需求需要增加的工作量（大约需要 6 人开发 4 周）；然后，我和团队技术负责人与客户方项目主管和该市场部负责人进行了一次临时会议，他们均表示这个需求非常必要，并同意增加预算，但希望不要延期。基于此次会议，我启动了"需求变更流程"，将客户的要求和我方准备的方案（客户追加预算，我方通过增加资源并行开发以保证进度）进行了说明，由于提前跟客户已经达成了共识，变更申请及方案迅速得到批准。在后期开发的过程中，客户市场部负责人非常配合，需求的细化和功能测试他都主动参与。最终该需求得以顺利实现，没有影响项目进度，而且客户的满意度也非常好。

强调人、强调会议、强调参与、强调配合，这才是干系人管理的论文中合适的分析、解决问题的表达方式。

在论述项目管理的实践工作当中的问题时，问题的描述、分析、解决要写出针对性，要围绕主题来写，这需要提前思考、好好构思。而论文中的这部分内容也正是判卷老师判断你是否真正具备将理论应用到实践工作中的能力的主要依据。

17.5　大论文范文

本节利用 17.2 节提到的三种论文结构，基于同一个项目编写了三篇论文供读者参考。

17.5.1　结构 1 范文（通用结构、进度管理）

1. 论文题目：论信息系统项目的进度管理

项目进度管理是保证项目的所有工作都在指定的时间内完成的重要管理过程。管理项目进度是每个项目经理在项目管理过程中耗时耗力最多的一项工作，项目进度与项目成本、项目质量密不可分。

请以"信息系统项目的进度管理"为题，分别从以下三方面进行论述：

1. 概要叙述你参与管理过的信息系统项目（项目背景、项目规模、发起单位、目的、项目内容、组织结构、项目周期、交付的产品等），并说明你在其中承担的工作。

2. 结合信息系统项目管理实际情况，并围绕以下要点论述你对信息系统项目进度管理的认识。

（1）项目进度管理过程包含的主要内容。

（2）项目进度管理中常用的主要技术和重要输出。

3. 请结合论文中所提到的项目，介绍在该项目中是如何进行进度管理的（请叙述具体做法），并总结你的心得体会。

2. 摘要

2012 年 9 月—2013 年 7 月，我公司承建了北京市某郊区县数字化校园建设一期试点项目，本项目投资金额为 2500 万元，涉及区教委信息中心以及高中、初中、小学在内的 10 所学校。本项目作为首批郊区县的数字化校园建设试点，区教委领导及信息中心非常重视，并要求本项目必须在 2013 年 8 月正式运行，项目对进度要求十分严格。

结合上述项目，首先阐述了我在理论上对信息化项目进度管理的认识和理解，介绍了进度管理各个过程的作用。然后根据该项目的具体特点，介绍了我所制订的进度计划，并针对该项目实施过程中硬件搭建阶段所遇到的具体问题，分析了该问题对项目进度的影响和我所采取的措施。最后，提出了我对信息化项目进度管理的一点收获。

3．正文

论信息系统项目的进度管理正文见表 17-4。

表 17-4　正文概述

结构	正文内容
一、项目概述	2012 年 9 月，我公司承建了基于信息技术的北京市某郊区县数字化校园建设一期项目。该项目是北京市某区教委信息中心为响应北京市加快信息化建设步伐、实现无纸化教学、高效课堂、电子书包、给学生减负的号召而设立的试点项目，项目投资金额为 2500 万元，涉及区教委信息中心以及高中、初中、小学在内的 10 所学校。其中，区教委信息中心为项目甲方，10 所学校为项目的用户方。本项目规定校园一卡通、教学评估作为本次数字化校园的必建项目，门户网站、家校互动、录课教室、PAD 教室作为本次数字化校园的选作项目。本项目作为首批郊区县的数字化校园试点，区教委领导及信息中心非常重视，要求项目必须在 2013 年 8 月正式运行，因此，除了涉及面广、项目干系人众多等特点，该项目对进度的要求十分严格。 作为本项目的项目经理，我直接负责该项目的管理和实施，团队成员包括：需求分析及总体设计 8 人、软件系统开发 15 人、硬件环境搭建 20 人
二、我对项目进度管理理论的认识	项目进度管理是对项目的进度进行规划与控制，使项目能够按时完成。通过系统的学习项目管理知识，我认识到进度管理包含 7 个过程，其中前 6 个过程属于计划过程组，后 1 个过程属于控制过程组
	2.1　进度管理中的计划过程 在项目的规划阶段，要通过 6 个管理过程来制订进度计划，内容包括：①规划进度管理；②定义活动；③排列活动顺序；④估算活动资源；⑤估算活动时间；⑥制订进度计划。这些过程的核心目的就是编制进度计划以作为后续进度控制的依据。在此阶段需要综合使用关键路径法、关键链法、假设情景分析和资源优化等技术，把工作包进一步分解为活动，分析这些活动的逻辑关系，结合项目资源估算活动时间，最终经批准形成《进度基准》和《项目进度计划》。之所以需要这么多的管理过程和专业技术，就是为了让这个进度计划更科学、更符合项目实际情况
	2.2　进度管理中的控制过程 计划的作用在于给控制提供依据，在项目实施阶段进度管理的重心就是依据计划做进度的控制。 这个过程需要监督项目活动状态，更新项目进展，管理进度基准变更，其主要作用是发现计划偏离的方法，从而可以及时采取纠正和预防措施以降低风险，最终让项目按时完成。在这个过程中，可能需要采取绩效审查、资源优化、进度压缩等控制技术

续表

三、本项目的进度管理实践工作	**3.1　项目整体进度计划的制订** 在本项目中，区教委信息中心与公司主要高层领导对此项目非常重视，因为这不仅关系到本区县信息化建设的发展，而且关系到公司在行业内的声誉，在 2012 年 9 月 2 日，由公司组织，信息中心主任带头，各学校校长及总务主任响应，召开了项目的开工会，这预示着项目正式启动。开会时，信息中心主任发言，要求学校积极配合公司进行调研，同时特别强调要在保证项目质量的前提下确保项目如期完工。 根据以往公司在其他省市同类项目的项目经验，并结合本项目的具体建设内容和要求，制订了本项目的整体进度计划如下： ①需求分析及确认需要 8 人干一个月，计划 2012 年 10 月底完成，完成标志为信息中心及学校校长在需求确认书上签字。②总体设计需要 8 人干一个月，计划 2012 年 11 月底完成，完成标志为经过公司评审环节。③软件系统开发需要 15 人干 5 个月，计划 2013 年 4 月底完成。④硬件基础搭建每所学校需要 4 人，共历时 4 个月，计划 2013 年 3 月底完成，并且硬件基础搭建和软件开发工作要并行施工。⑤内部测试一个半月，客户验收测试需要半个月，修改、完善、发布需要一个月，计划 2013 年 7 月底完成（这就是具体的进度计划）。 同时，我特别要求项目必须少出差错，应及时发现问题，要求每个学校实施的负责人每天写工作日汇报，由我汇总后在公司每周五召开的项目进度碰头会上向公司领导进行汇报 **3.2　项目实施中的进度控制** 随着项目的逐步实施，我面临了一些具体的问题，例如在硬件搭建阶段： 本项目的一卡通功能是基于无线网的无线射频技术实现的，同时教学评估系统以软件搭载监控摄像头来实现，系统运转必须要有良好的综合布线系统的支撑。但是，石碑小学的机房老旧，各种网线如蜘蛛网一样盘插在陈旧的机柜里，因此，必须对该学校进行重新布线。这必然会导致项目成本增加，并威胁整个硬件搭建进度的达成。 通过分析项目的进度计划，我发现硬件基础搭建工作是非关键工作，具有 1 个月的总时差，即该工作可以延期 1 个月而不影响项目整体进度。 因此，我一方面协调石碑小学的领导及教委信息中心的相关负责人，配合其对机房的重新综合布线工程进行变更（这就需要 1 个月的时间）；另一方面，我要求公司提前完成好变更批准后的准备工作，在不影响学校的正常教学及学生正常上课的前提下，向公司申请加派 5 名经验丰富的施工人员，采取了夜间施工的办法确保变更批准后重新综合布线能够尽快完成。通过上述努力，我们于 2013 年 4 月完成了项目整体硬件搭建工作，保证了系统测试、客户验收、系统上线等后续工作能够按期进行
四、收获与总结	通过这个项目的进度管理，我认识到： ①对于相对复杂的信息化项目的进度管理，首先要保证进度计划科学、合理。同时最好在制订计划时设置一定的进度储备以应对各种问题和风险，这也是本项目做得不到位的地方。 ②对于项目实施过程中遇到的具体问题，在分析、讨论问题解决方案的同时，一定要注意该问题对整体进度计划的影响，并采取有针对性的措施，这样能够从技术和管理两方面兼顾，得到更合适的解决方案。 一个好的项目经理一定是在不断地学习和实践中成长起来的

17.5.2　结构 2 范文（按过程顺序、质量管理）

1. 论文题目：论信息系统项目的质量管理

成功的项目管理是在约定的时间、范围、成本以及质量的要求下，达到项目干系人的期望。质量管理是项目管理中非常重要的一个方面，质量与范围、成本和时间都是项目是否成功的关键因素。

请以"信息系统项目的质量管理"为题，分别从以下三个方面进行论述：

1. 概要叙述你参与管理过的信息系统项目（包括项目的背景、项目规模、发起单位、目的、项目内容、组织结构、项目周期、交付的产品等），并说明你在其中承担的工作。

2. 结合项目管理实际情况，并围绕以下要点论述你对信息系统项目质量管理的认识。

（1）项目质量与进度、成本、范围之间的密切关系。

（2）项目质量管理的过程及其输入和输出。

（3）项目质量管理中用到的工具和技术。

3. 请结合论文中所提到的信息系统项目，介绍在该项目中是如何进行质量管理的（可叙述具体做法），并总结你的心得体会。

2. 摘要

2012 年 9 月～2013 年 7 月，我公司承建了北京市某郊区县数字化校园建设一期试点项目，本项目投资金额为 2500 万元，涉及区教委信息中心以及其辖区内的高中、初中、小学共 10 所学校。本项目作为首批郊区县的数字化校园建设试点，具有重要的示范效应，其成败直接影响后续项目的立项，因此项目具有质量要求高、时间紧、干系人众多等特点。

结合上述项目，首先阐述了我对信息化项目质量管理理论上的认识和理解，然后根据该项目的具体特点，从制定质量规划、执行质量保证、实施质量控制三个方面，详细论述了我在该项目中的质量管理工作。并针对项目实施中遇到的具体质量问题，介绍了我的相关分析及处理方案。最后，提出了我对信息化项目质量管理的收获。

3. 正文

论信息系统项目的质量管理正文见表 17-5。

表 17-5　正文概述

结构	正文内容
一、项目概述	2012 年 9 月，我公司为响应北京市加快信息化建设步伐，实现无纸化教学、高效课堂、电子书包、给学生减负等目标，承建了基于现代信息技术的北京市某郊区县数字化校园建设一期试点项目。本项目投资金额为 2500 万元，涉及区教委信息中心以及其辖区内的高中、初中、小学共 10 所学校。其中，区教委信息中心为项目甲方，10 所学校为项目的用户方。本项目规定了校园一卡通、教学评估作为本次校园数字化项目学校的必建项目。门户网站、家校互动、录课教室、PAD 教室作为本项目某些学校的选作项目

续表

一、项目概述	另外，本项目作为首批郊区县的数字化校园试点，具有重要的示范效应，其成败直接影响后续项目的立项，区教委领导及信息中心非常重视，要求高质量地完成，除了时间紧、项目干系人众多等特点，该项目对质量的要求特别严格。 作为本项目的项目经理，我直接负责该项目的实施和管理，团队成员包括：需求分析及总体设计 8 人、软件系统开发 15 人、硬件环境搭建 20 人
二、对质量管理理论的认识和在本项目中的实践	质量管理是项目管理中很重要的环节，其核心在于执行组织确定的质量政策，履行目标与职责，从而使项目满足其预定的需求。项目的质量与项目进度、成本、范围存在相互影响、相互制约的关系，如果质量标准过高则会导致成本增加进度延期；质量过低又会令项目成果不被客户接受。因此，做好项目的质量管理对于管理者而言至关重要。 项目质量管理主要包括三个过程：（1）规划质量管理；（2）执行质量保证；（3）实施质量控制。 **2.1　明确项目需求，制订质量计划** 规划质量管理是识别项目及其可交付成果的质量要求和标准，并描述项目将如何证明符合质量要求的过程。它的作用是为整个项目中如何管理和确认质量提供指南和方向。 在本项目中，我们收集需求工程师的现场调研信息，并与项目甲方多次讨论，最终梳理出了校园一卡通、教学评估、门户网站、家校互动、录课教室、PAD 教室等 6 个大项的建设任务，共 53 项具体功能，然后灵活运用实验设计、质量功能展开（QFD）等方法，对每一项功能列出了具体的性能指标。例如，教学评估任务中的图像识别与处理功能，要求图像识别准确率>97%，学生课堂典型动作（举手、起立）判断速度<100ms。最终，我们编制了《数字校园项目质量指标体系》并通过了甲方和用户的确认。 根据上述项目质量指标体系，并借鉴我公司的《质量管理体系》组织项目团队召开了质量计划专题会议，制订出了《数字校园项目质量管理计划》。该计划明确了质量保证措施、应遵循的规范、具体责任人、流程、控制点、时间点等。例如，该计划明确规定了质量管理人员：我为负责人，1 人为软件系统质量控制员，1 人为硬件系统质量控制员 **2.2　利用质量审计，执行质量保证** 实施质量保证内容包括审计质量要求和质量控制测量结果，它是采用合理的质量标准和操作性定义的过程。过程的主要作用是促进质量过程改进，即质量保证关注项目建设过程的规范性，并致力于增强满足质量要求的能力。 在此环节，我们主要运用了技术审计和管理审计相结合的手段。审计工作由我公司专门的质量保证小组提供支持，项目组的两名质量管理员具体实施。对于审计中出现的问题，我们及时更正。例如，公司的 QA 发现项目中的外包采购评审均采用会审的形式，这会造成流程效率低下。针对该建议，我们将评审形式根据金额大小分为电子评审、会审两种模式，有效提高了评审的效率。另外，在审计中，我还邀请了区信息中心（甲方）副主任参与，这极大地提高了甲方对我们项目质量的信心

二、对质量管理理论的认识和在本项目中的实践	2.3 采用多种技术，实施质量控制 控制质量是监督并记录质量活动执行结果，以便评估绩效并推荐必要的变更。其主要作用包括：识别过程低效或产品质量低劣的原因，采取相应措施消除这些问题；确认项目的可交付成果及工作满足主要干系人的既定需求，可以进行最终验收。质量控制过程目的就是致力于满足质量要求。 在本项目中，我采取的质量控制步骤如下： ①将整个项目的实施按生命周期进行划分，包括需求分析阶段、设计阶段、实施阶段、试运行阶段和验收阶段，并确定每一阶段的完成标准如《质量管理计划中》的需求说明书、详细设计方案等。 ②QC 人员组织相关专家根据《质量管理计划》开展评审。 ③出具评审结果，若评审通过则将相关可交付物提交项目组，并确定下一阶段工作的输入；若不通过则及时返回修改。 随着项目的逐步实施，我面临并处理了具体的质量问题。 永宁小学设备陈旧，服务器、交换机已经工作了 6 年，若按原来的项目计划继续使用则会导致学生课堂典型动作（举手、起立）判断速度<100ms，这一标准不能实现。针对这一问题，我认为上述性能标准属于教学评估的内容，是必建项目，也是将来项目甲方最关心的系统性能之一，所以，解决方案需要新增相关硬件设备。 根据上述分析，我们采取了两步走的方式： ①由校方写一份学校现状和需求说明，并出具固定资产报废申请，提交区教委装备中心审核。 ②由公司业务小陈向区教委信息中心说明情况，申请以合同补充协议的方式追加一台联想 RD720 服务器和一台交换机。这样，一方面加快了变更审批的流程，另一方面保证了该性能指标未受任何影响。 通过紧抓质量计划、质量保证、质量控制，本项目得以高质量的完成，起到了很好的示范作用，得到了项目甲方的高度认可
三、收获与总结	通过这个项目，我更加深刻地理解到做好质量管理需要做到质量计划科学、合理；质量保证严谨、规范；质量控制细致、严格。这三个过程相辅相成，共同促进项目质量目标的实现。 对于信息化项目，变更几乎不可避免，而大部分变更都会不同程度地影响项目质量，所以面对变更，要对其从质量、成本、进度等各方面进行分析讨论，准确把握变更影响，从而制定合适的应对方案

17.5.3　结构 3 范文（先计划再控制、进度管理）

1. 论文题目：论信息系统项目的进度管理

项目进度管理是保证项目的所有工作都在指定的时间内完成的重要管理过程。管理项目进度是每个项目经理在项目管理过程中耗时、耗力最多的一项工作，项目进度与项目成本、项目质量密不可分。

请以"信息系统项目的进度管理"为题，分别从以下三个方面进行论述：

1. 概要叙述你参与管理过的信息系统项目（项目的背景、项目规模、发起单位、目的、项目内容、组织结构、项目周期、交付的产品等），并说明你在其中承担的工作。

2．结合信息系统项目管理实际情况，并围绕以下要点论述你对信息系统项目进度管理的认识。

（1）项目进度管理过程包含的主要内容。

（2）项目进度管理中常用的主要技术和重要输出。

3．请结合论文中所提到的项目，介绍在该项目中是如何进行进度管理的（请叙述具体做法），并总结你的心得体会。

2．摘要

2012 年 9 月～2013 年 7 月，我公司承建了北京市某郊区县数字化校园建设一期试点项目，本项目投资金额为 2500 万元，涉及区教委信息中心以及高中、初中、小学在内的 10 所学校。本项目作为首批郊区县的数字化校园建设试点，区教委领导及信息中心非常重视，并要求本项目必须在 2013 年 8 月正式运行，项目对进度要求十分严格。

结合上述项目，首先阐述了进度管理中计划过程组包括的过程，并介绍了针对该项目所制订的具体的进度计划，然后分析了进度控制过程的主要过程和技术，并针对该项目实施过程中硬件搭建阶段所遇到的具体问题，分析了对项目进度的影响和所采取的措施。最后，提出了我对信息化项目进度管理的一点建议。

3．正文

论信息系统项目的进度管理正文见表 17-6。

表 17-6　正文概述

结论	正文内容
一、项目概述	2012 年 9 月，我公司承建了基于信息技术的北京市某郊区县数字化校园建设一期项目。该项目是北京市某区教委信息中心为响应北京市加快信息化建设步伐，实现无纸化教学、高效课堂、电子书包、给学生减负的号召而设立的试点项目，项目投资金额为 2500 万元，涉及区教委信息中心以及高中、初中、小学在内的 10 所学校。其中，区教委信息中心为项目甲方，10 所学校为项目的用户方。本项目规定了校园一卡通、教学评估作为本次数字化校园的必建项目，门户网站、家校互动、录课教室、PAD 教室作为本次数字化校园的选作项目。本项目作为首批郊区县的数字化校园试点，区教委领导及信息中心非常重视，要求项目必须在 2013 年 8 月正式运行。因此，除了涉及面广、项目干系人众多等特点，该项目对进度的要求十分严格。 作为本项目的项目经理，我直接负责该项目的管理和实施，团队成员包括：需求分析及总体设计 8 人、软件系统开发 15 人、硬件环境搭建 20 人
二、对进度管理理论的认识和在本项目的管理实践	项目进度管理是对项目的进度进行规划与控制，使项目能够按时完成。通过系统的学习项目管理知识，我认识到进度管理包含 7 个过程，其中前 6 个过程属于计划过程组，后 1 个过程属于控制过程组。 **2.1 进度管理计划相关过程的理论** 在项目的规划阶段，要通过 6 个管理过程来制订进度计划，包括：①规划进度管理；②定义活动；③排列活动顺序；④估算活动资源；⑤估算活动时间；⑥制订进度计划。这些过程的核心目的就是编制进度计划作为后续进度控制的依据。

续表

	在此阶段需要综合使用关键路径法、关键链法、假设情景分析和资源优化等技术，把工作包进一步分解为活动、分析这些活动的逻辑关系，结合项目资源估算活动时间，最终经批准形成《进度基准》和《项目进度计划》。之所以需要这么多的管理过程和专业技术，就是为了让这个进度计划更科学、更符合项目实际情况
二、对进度管理理论的认识和在本项目的管理实践	**2.2　本项目进度计划的制订** 在本项目中，区教委信息中心与公司主要高层领导对此项目非常重视，因为这不仅关系到本区县信息化建设的发展，而且关系到公司在行业内的声誉，在 2012 年 9 月 2日，由公司组织，信息中心主任带头，各学校校长及总务主任响应，举办了项目的开工会，这预示着项目正式启动。开会时，信息中心主任发言，要求学校积极配合公司进行调研，同时特别强调要在保证项目质量的前提下保证项目如期完工。 根据以往我公司在其他省市同类项目的项目经验，并结合本项目的具体建设内容和要求，制订了本项目的整体进度计划如下： ①需求分析及确认需要 8 人干一个月，计划 2012 年 10 月底完成，完成标志为信息中心及学校校长在需求确认书上签字。②总体设计需要 8 人干一个月，计划 2012 年 11月底完成，完成标志为经过公司评审环节。③软件系统开发为 15 人干 5 个月，计划2013 年 4 月底完成。④硬件基础搭建每所学校需要 4 人，共历时 4 个月，计划 2013年 3 月底完成，并且硬件基础搭建和软件开发工作要并行施工。⑤内部测试需要一个半月，客户验收测试需要半个月，修改、完善、发布需要一个月，计划 2013 年 7 月底完成（这就是具体的进度计划）。 同时，我特别要求项目必须少出差错，应及时发现问题。要求每个学校实施的负责人每天写工作日汇报，由我汇总后在公司每周五召开的项目进度碰头会上向公司领导进行汇报
	2.3　进度控制相关理论 计划的作用在于给控制提供依据，在项目实施阶段进度管理的重心就是依据计划进行进度的控制。 这个过程需要监督项目活动状态，更新项目进展，管理进度基准变更。其主要作用是提供发现计划偏离的方法，从而可以及时采取纠正和预防措施以降低风险，最终让项目按时完成。在这个过程中，可能需要采用绩效审查、资源优化、进度压缩等控制技术
	2.4　项目实施中的进度控制 随着项目的逐步实施，我面临了一些具体的问题，例如在硬件搭建阶段： 本项目的一卡通功能是基于无线网的无线射频技术实现的，教学评估系统是用软件搭载监控摄像头来实现的，系统运转必须要有良好的综合布线系统的支撑。但是，石碑小学的机房老旧，各种网线如蜘蛛网一样盘插在陈旧的机柜里，因此，必须对该学校进行重新布线，这必然会导致项目成本增加，并拖延整个硬件搭建进度

二、对进度管理理论的认识和在本项目的管理实践	通过分析项目的进度计划，我发现硬件基础搭建工作是非关键工作，具有 1 个月的总时差，即该工作可以延期 1 个月而不影响项目整体进度。因此，我一方面协调石碑小学的领导及教委信息中心的相关负责人，配合其对机房的重新综合布线工程进行变更（这就需要 1 个月的时间）；另一方面，我要求公司提前做好变更批准后的准备工作，在不影响学校的正常教学及学生正常上课的前提下，向公司申请加派 5 名经验丰富的施工人员，采取了夜间施工的办法确保变更批准后重新综合布线能够尽快完成。通过上述努力，我们于 2013 年 4 月完成了项目整体硬件搭建工作，保证了系统测试、客户验收，系统上线等后续工作能够按期完成
三、收获与总结	通过这个项目的进度管理，我认识到： ①对于相对复杂的信息化项目的进度管理，首先要保证进度计划科学、合理。同时，最好在制订计划时设置一定的进度储备时间以应对各种问题和风险，这也是本项目做得不到位的地方。 ②对于项目实施过程中遇到的具体问题，在分析、讨论问题解决方案的同时，一定要注意该问题对整体进度计划的影响，并采取有针对性的措施。这样才能够从技术和管理两方面兼顾，得到更合适的解决方案。 一个好的项目经理，一定是在不断地学习和实践中成长起来的